高等职业教育机械类专业“十二五”规划教材

机械基础

主　编　刘瑞荣　项　春

副主编　李昭鸿

参　编　王　莺　左燕军

中国铁道出版社
CHINA RAILWAY PUBLISHING HOUSE

内 容 简 介

本书强调“实用为主，必需和够用为度”，在知识与结构上有所创新，不仅符合高职学生的认知特点，而且紧密联系一线生产实际，真正体现学以致用。

本书共分为五个模块，分别为机械制图、常用金属材料与热处理、常用机构和机械传动、轴系零件、液压传动基础知识。

与本书配套的《机械基础习题集》同时出版，习题集的编排顺序与本书一致，内容有所扩充，可供选择练习。习题集后附有一套理论测试卷，可供模拟考试使用。

本书适合作为高等职业院校工业管理、市场营销、电气等专业机械基础课程的教学用书，也可作为其他非机械类专业的教学用书，还可供相关行业技术工人参考。

图书在版编目（CIP）数据

机械基础 / 刘瑞荣，项春主编. —北京：中国铁道出版社，2012.9
高等职业教育机械类专业“十二五”规划教材
ISBN 978-7-113-14887-4

Ⅰ.①机… Ⅱ. ①刘… ②项… Ⅲ. ①机械学－高等职业教育－教材 Ⅳ. ①TH11

中国版本图书馆 CIP 数据核字(2012)第 192428 号

书　　名：机械基础
作　　者：刘瑞荣　项　春　主编

策　　划：张永生　　　　读者热线：400-668-0820
责任编辑：张永生　何红艳
封面设计：付　巍
封面制作：刘　颖
责任印制：李　佳

出版发行：中国铁道出版社（100054，北京市西城区右安门西街 8 号）
网　　址：http:// www.51eds.com
印　　刷：北京铭成印刷有限公司
版　　次：2012 年 9 月第 1 版　　2012 年 9 月第 1 次印刷
开　　本：787mm × 1092mm　1/16　印张：13.5　字数：326 千
印　　数：1～3 000 册
书　　号：ISBN 978-7-113-14887-4
定　　价：28.00 元

前言

FOREWORD

本书以高等职业学院专业人才培养方案和课程标准为依据，以培养生产第一线高级专门人才为目标而编写。

本书按照工业技术管理的需要，以专业为导向，强调“实用为主，必需和够用为度”，将机械制图的基本技能与机械工程基础进行了整合，体现了新技术、新方法，反映了工业生产中采用的新材料、新设备、新工艺，突出了实用性，满足了现代教学的需求。

本书共分为五个模块，分别为机械制图、常用金属材料与热处理、常用机构和机械传动、轴系零件、液压传动基础知识。

各章内容均按最新的国家标准编写，学生通过学习，能识读机械图样和掌握材料的性能，了解常用机构、机械传动的工作原理及液压传动的常识，并利于学生综合素质的形成和科学思维方式与创新能力的培养。

为便于学生自学，书中的文字叙述通俗、详尽，图例丰富，所选零部件的图样尽量做到既源于生产实际，又紧密结合专业需要；全书大量使用立体图，利于培养学生的空间想象能力。

本书由武汉电力职业技术学院刘瑞荣、浙江水利水电专科学校项春任主编，武汉电力职业技术学院李昭鸿任副主编，参加编写的还有浙江水利水电专科学校王莺、武汉电力职业技术学校左燕军。具体分工为：刘瑞荣编写前言、绪论、课题一、课题三、课题八、课题九、课题十、课题十一、课题十二、课题十三、课题十七；项春编写课题五、课题七；李昭鸿编写课题十四、课题十五、课题十六；王莺编写课题六；左燕军编写课题二、课题四。本书在编写过程中还得到了武汉电力职业技术学院、浙江水利水电专科学校领导、教务处和科研处的大力支持和帮助，同时也先后得到许多单位和人员的帮助以及书后的参考资料作者的帮助，在此一并表示诚挚的谢意。

与本书配套的《机械基础习题集》同时出版，习题集的编排顺序与本书一致，内容有所扩充，可供选择。习题集后附有一套理论测试卷，可供模拟考试使用。

由于编者水平有限，加上时间仓促，若有疏漏、欠妥和不足之处，敬请读者批评指正。

编　者

2012年6月

目 录

CONTENTS

绪 论

一、课程的性质及研究对象

本课程是研究机械中机械制图、常用金属材料与热处理、常用机构和机械传动、轴系零部件、液压传动，研究其工程图样的绘制与识读规律和方法、金属材料的性能、牌号、热处理方法、机械工作原理、结构特点、一些零部件的应用和维护的一门学科。本课程是一门既有理论又有实践的重要的技术基础课程。

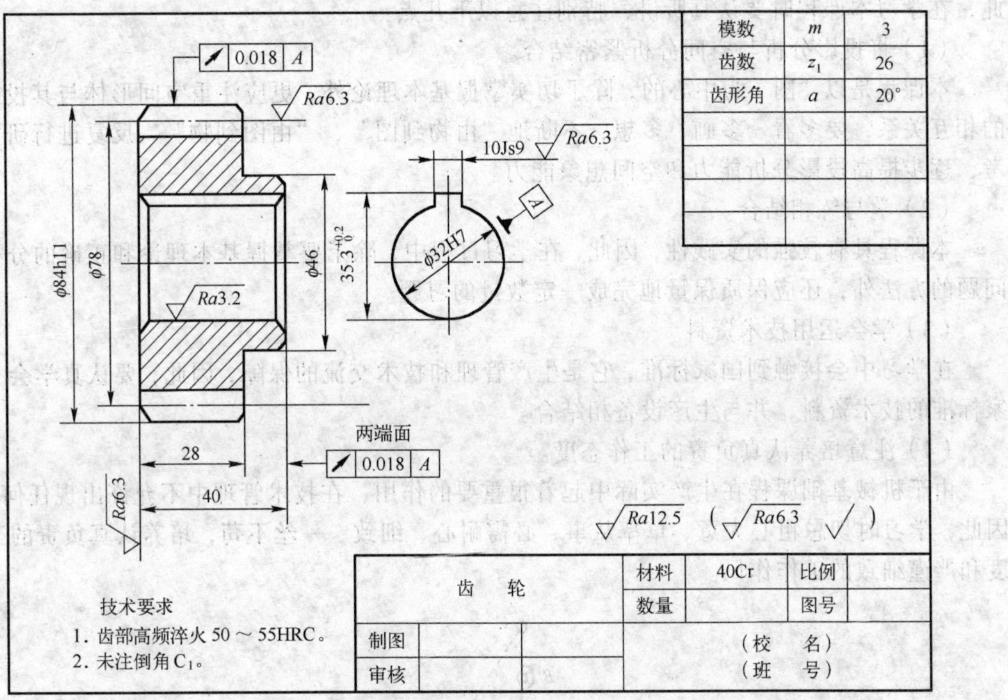

图 0－1 齿轮零件图

二、课程的学习目标

（1）掌握《机械制图》等标准和用正投影法图示空间物体的基本理论和方法。

（2）学习正确使用绘图仪器、计算机和徒手进行画图和读工程图样的基本知识、方法和技能。

（3）认识常用机构的运动特性，掌握机械传动的基本原理和应用特点。

（4）了解常用零件的损坏形式及维护方法。

（5）知道金属材料牌号、应用及热处理方法。

（6）看懂液压传动回路图。

（7）培养学生具有较强的空间想象能力和思维能力。

（8）具有耐心细致的工作作风和严肃认真的工作态度，养成良好的职业道德。

三、本课程的主要内容与学习方法

1.基本内容

（1）机械制图。

（2）金属材料及热处理。

（3）机械零件与机械传动。

（4）液压传动。

（5）计算机绘图（另一本书）。

2.学习方法

本课程的特点是既有系统理论又偏重于实践，所以要重视理论的理解并赋予实际应用。因此，在学习本课程时要认真听讲，特别注意以下几点：

（1）将投影分析与空间分析紧密结合。

本课程是以“图”为中心的，除了切实掌握基本理论外，更应注重空间形体与其投影之间的相互关系，要多看、多画、多想，不断地“由物到图”、“由图到物”，反复进行研究与思考，逐步提高投影分析能力和空间想象能力。

（2）学与练相结合。

本课程具有较强的实践性，因此，在学习过程中，除了要掌握基本理论和正确的分析解决问题的方法外，还应保质保量地完成一定数量的习题。

（3）学会运用技术资料。

在学习中会接触到国家标准，它是生产管理和技术交流的保障，因此，要认真学会查阅国家标准的技术资料，并与生产设备相结合。

（4）注意培养认真负责的工作态度。

由于机械基础课程在生产实际中起着很重要的作用，在技术管理中不允许出现任何差错。因此，学习时切忌粗心大意、草率从事，必需耐心、细致、一丝不苟，培养认真负责的工作态度和严谨细致的工作作风。

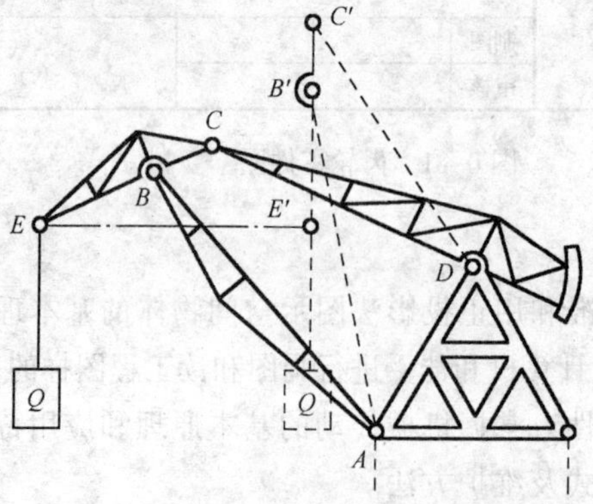

图0-2　鹤式起重机构

模块一　机械制图

课题一　制图的基本知识和技能

知识点：

◆ 常用绘图工具的使用方法。

◆ 国家标准对工程制图的基本规定。

◆ 平面图形的画图步骤。

技能点：

◆ 正确使用绘图工具和徒手画图的方法，按照国家标准的规定绘制平面图形。

本课题摘要介绍国家标准对制图的有关规定和常见的绘图方式及几何作图方法。

任务 1　绘图工具和用品的使用方法

正确使用绘图工具和仪器是确保绘图质量，提高绘图速度的重要因素。本任务简要介绍常用的制图工具、仪器及其使用方法。

一、图板

图板是供铺放、固定图纸用的矩形木板，其上表面应平整。图板的左侧边称为导边，应平直光滑。绘图时，用胶带将图纸固定在适当位置上。

二、丁字尺和三角板

丁字尺由尺头和尺身构成，主要用来画水平线（见图 1–1），配合三角板画垂直线（见图 1–2）和常用角度的斜线（见图 1–3）。使用时，尺头内侧必须靠紧图板的导边，上下移动到绘图所需的位置绘图。

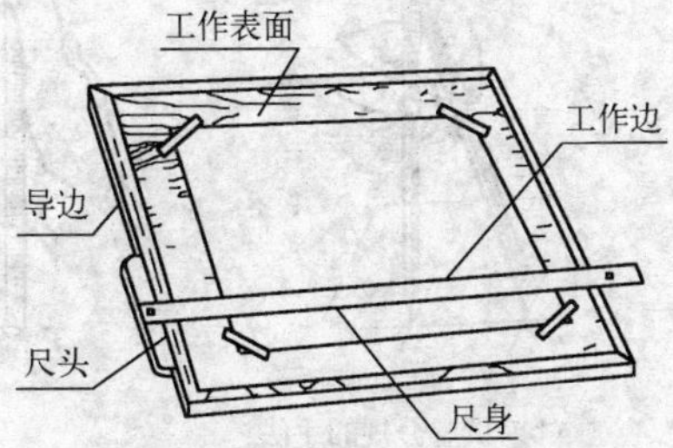

图 1–1　图板和丁字尺

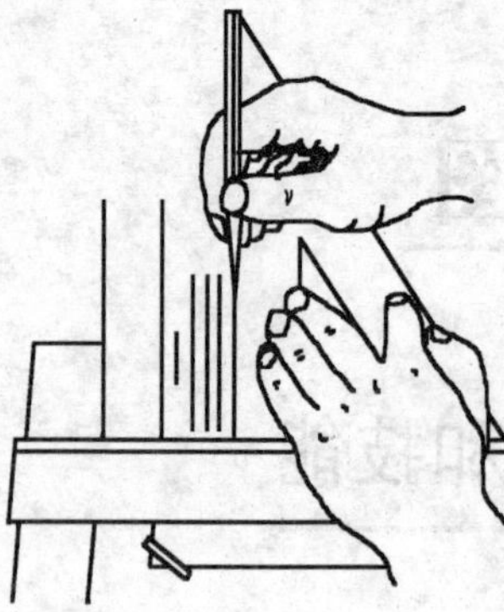

图 1-2 用三角板和丁字尺画垂线

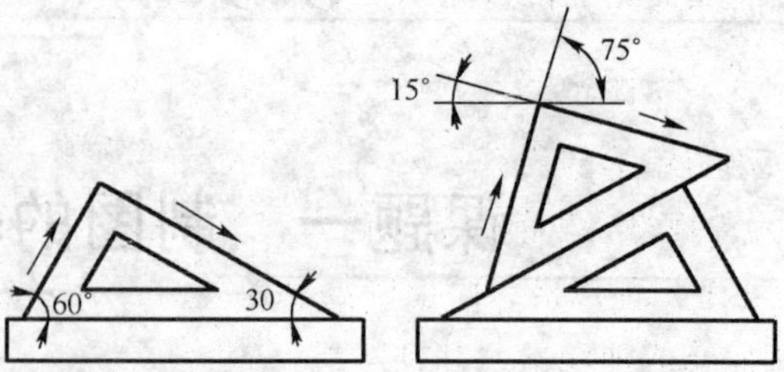

图 1-3 用三角板和丁字尺配合画 15° 倍数角斜线

三、圆规

圆规用来画圆和圆弧。在使用前应先调整圆规针腿，使针尖略长于铅芯，圆规的铅芯可磨削成约 75° 的斜面，如图 1-4（a）所示，画图时应使针尖和铅芯尽可能与纸面垂直，然后按顺时针方向并稍有倾斜地转动圆规，如图 1-4（b）、（c）所示。

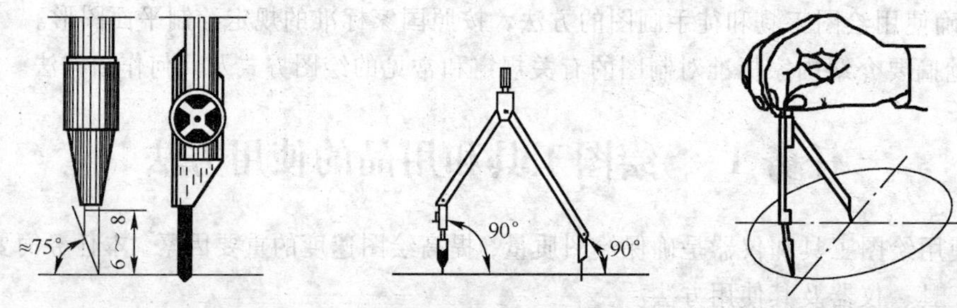

（a）铅芯脚和针脚高低的调整　（b）画圆时，针脚和铅芯脚应垂直纸面　（b）画圆时，圆规应按顺时针方向旋转并稍向前倾斜

图 1-4 用圆规画图的方法

四、分规

分规是用来量取线段的长度和等分线段的工具。

分规的两腿端部均为钢针，当两腿合拢时，两针尖应对齐。分规的使用方法如图 1-5 所示。

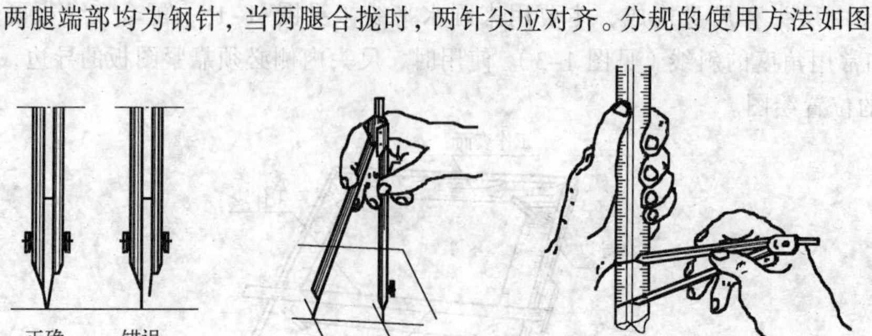

（a）针尖对齐　（b）调整分规的手法　（c）截取尺寸的手法

图 1-5 分规的使用方法

五、绘图纸

绘图纸应质地坚实且洁白，不易起毛。绘图前，应用丁字尺测绘绘图纸的水平边使其放正，然后将其固定在图板上。

六、绘图铅笔

绘图铅笔的铅有软硬之分，可根据铅笔杆上的字母来辨认，字母B表示软铅，它有B、2B~6B六种规格，B前的数字越大，表示铅越软，而且越深、越黑；字母H表示硬铅，它有H、2H~6H六种规格，H前的数字越大，表示铅越硬；字母HB则表示铅软硬适中。在绘图时H型画底稿或加深虚线和细实线；HB型写字和画箭头；B、2B型来加深粗实线。

画圆时，圆规的铅芯应比画直线的铅芯软一级。

不同型号的铅笔用来画粗细不同的线条，所用铅笔的磨削要采用正确的方法。图1-6所示的铅笔的铅芯可削磨成两种，锥形用于画细实线和写字，楔形用于加深。

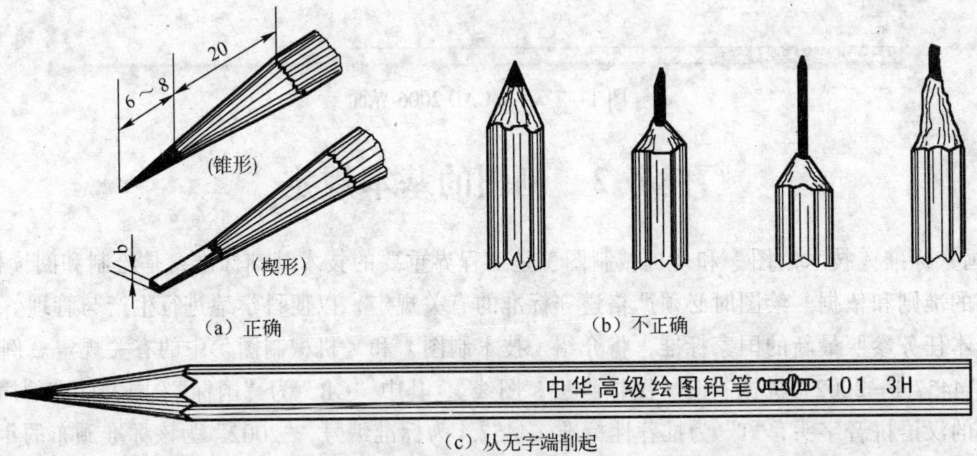

图1-6　铅笔的削法

七、计算机及绘图软件

用计算机绘图需要有一台计算机设备，且最低配置要求为：

（1）CPU：Pentium 11 166MHz。

（2）内存：64MB RAM。

（3）硬盘：320MB硬盘空间。

（4）光驱：8倍速以上光驱。

（5）Windows：98/ME/2000/XP/2003。

用以满足绘图软件AutoCAD 2006的运行。

AutoCAD是目前世界上最流行的计算机辅助绘图软件之一，具有简便易学、精确无误的优点，得到了广泛应用（见图1-7）。

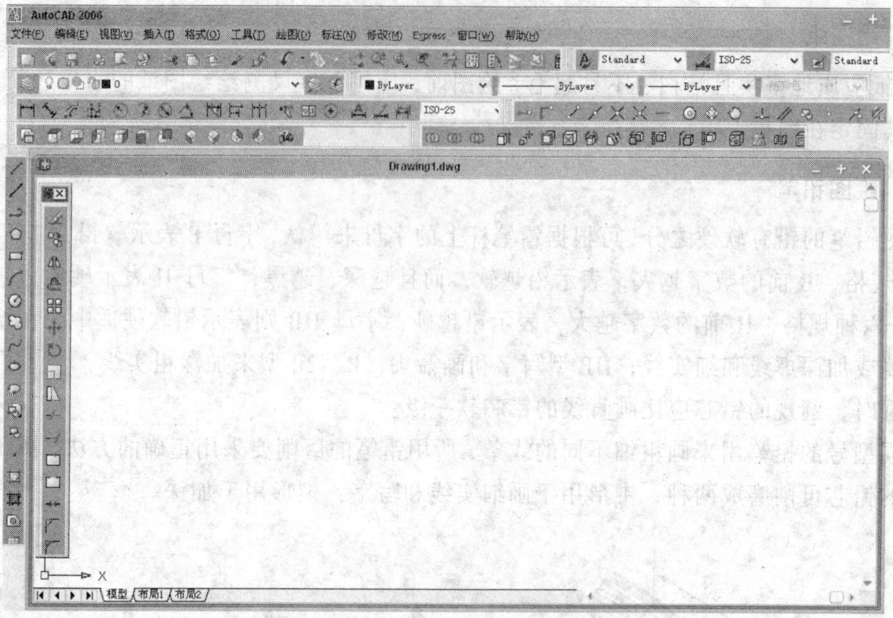

图 1－7 AutoCAD 2006 界面

任务 2 制图的基本规定

国家标准《技术制图》和《机械制图》是工程界重要的技术基础标准，是绘制和阅读机械图样的准则和依据。绘图时必须严格遵守标准的有关规定，以便科学地进行生产与管理。

本任务参照最新的国家标准，将介绍《技术制图》和《机械制图》中的有关规定。例如，GB/T 4457.4—2002《机械制图 图样画法 图线》，其中“GB”为“国标”（国家标准的简称）两字的汉语拼音字头，“T”为推荐性标准，4457.4 为标准编号，“2002”为该标准颁布的年号。

一、图纸幅面和格式（GB/T 14689—2008）

1. 图纸的基本幅面

绘制技术图样时优先采用代号为 A0、A1、A2、A3、A4 的五种基本幅面，如表 1–1 所示，其尺寸关系如图 1–8 所示。

表 1－1 图纸幅面及图框尺寸

<table>
<tr><td colspan="2">幅面代号</td><td>A0</td><td>A1</td><td>A2</td><td>A3</td><td>A4</td></tr>
<tr><td colspan="2">B×L</td><td>841×1 189</td><td>594×841</td><td>420×594</td><td>297×420</td><td>210×297</td></tr>
<tr><td rowspan="3">边框</td><td>a</td><td colspan="5">25</td></tr>
<tr><td>c</td><td colspan="3">10</td><td colspan="2">5</td></tr>
<tr><td>e</td><td colspan="2">20</td><td colspan="3">10</td></tr>
</table>

2. 图框格式

图框格式有两种：一种是保留装订边的图框，用于需要装订的图样，如图 1–8（a）所示；另一种是不留装订边的图框，用于不需要装订的图样，如图 1–8（b）所示。同一产品图纸只能采用一种格式，装订时通常采用 A3 横装或 A4 竖装。

图框线用粗实线绘制，具体尺寸如表 1-1 所示。

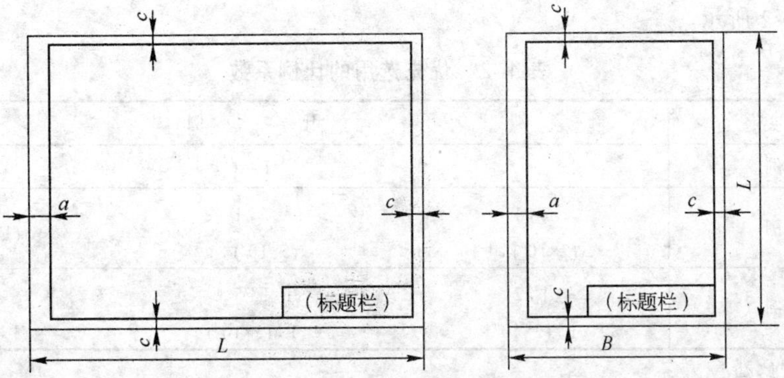

（a）留装订边

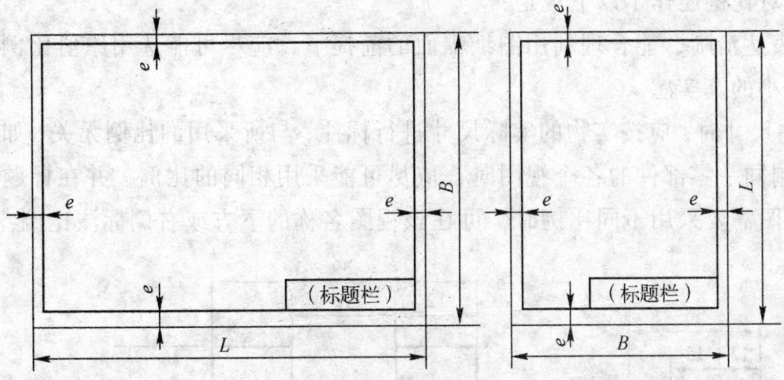

（b）不留装订边

图 1-8　图框格式

3. 标题栏

每张图纸上均须画出标题栏，国家标准（GB/T 10609.1—2008）对标题栏的内容、格式及尺寸做统一规定。本书建议制图作业中采用图 1-9 所示的格式。

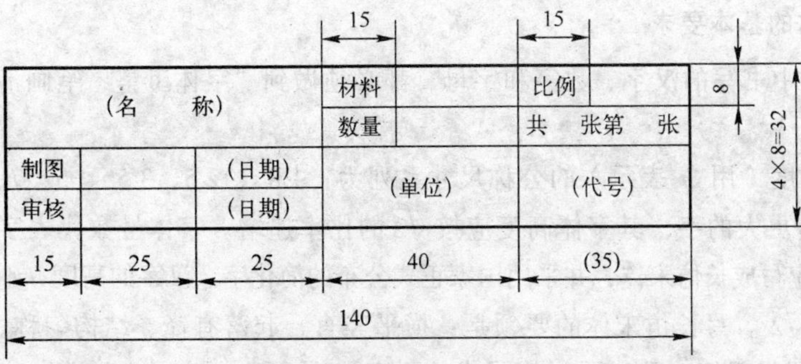

图 1-9　零件图标题栏格式

二、比例（GB/T 14690—1993）

比例是指图样中图形与其实物相应要素的线性尺寸之比。绘制图样时，可根据物体的大小及结构的复杂程度，采用原值比例、放大比例或缩小比例。国家标准规定了各种比例的比例系数，如表 1-2 所示。

表 1-2　优先选用的比例系数

种　类	比　例		
原值比例	1∶1		
放大比例	2∶1 (2×10^n)∶1	5∶1 (5×10^n)∶1	(1×10^n)∶1
缩小比例	1∶2 1∶(2×10^n)	1∶5 1∶(5×10^n)	1∶10 1∶(1×10^n)

注：n 为正整数。

国家标准对比例还作了以下规定：

（1）在表达清晰、能合理利用图纸幅面的前提下，应尽可能选用原值比例，以便从图样上得到实物大小的真实感。

（2）标注尺寸时，应按实物的实际尺寸进行标注，与所采用的比例无关，如图 1-10 所示。

（3）绘制同一零部件的各个视图时，应尽可能采用相同的比例，并在标题栏比例栏中填写。当某个视图需要采用不同比例时，可在该视图名称的下方或右侧标注比例。

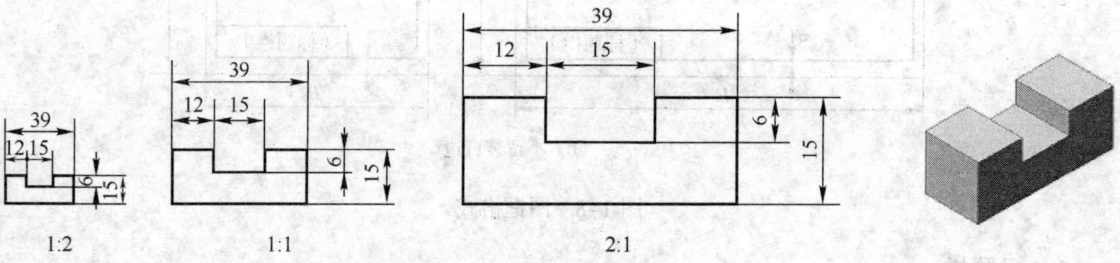

图 1-10　按实物的实际尺寸进行标注

三、字体（GB/T 14691—1993）

1．书写字体的基本要求

（1）在图样中书写的汉字、数字和字母，都必须做到“字体工整，笔画清楚、间隔均匀、排列整齐”。

（2）字体高度（用 h 表示）的公称尺寸系列为：1.8 、2.5、3.5 、5、7、10、14、20，单位为 mm。如需更大的字，其字体高度应按 $\sqrt{2}$ 的比率递增。字体号数代表字体的高度。

（3） 汉字应写成长仿宋体，并采用国家正式公布的简化字。汉字的高度 h 不应小于 3.5 mm，其字宽一般为 $h/\sqrt{2}$ 。写长仿宋体的要领是：横平竖直、起落有锋、结构匀称、填满方格。书写时，各基本笔画应粗细一致，要一笔写成，不宜勾描。

（4）字母和数字分 A 型和 B 型。A 型字体的笔画宽度 d 为字高 h 的 1/14，B 型字体的笔画宽度 d 为字高 h 的 1/10。在同一图样上，只允许一种形式的字体。

（5）数字和字母可写成斜体和直体。斜体字字头向右倾斜，与水平基准线成 75°。

2．汉字、数字和字母的示例（见表 1-3）

表 1-3　字体

字体		示例
长仿宋体汉字	10 号	字体工整笔画清楚间隔均匀排列整齐
	7 号	横平竖直注意起落结构均匀填满方格
	5 号	技术制图机械电子汽车船舶土木建筑矿山井坑港口纺织服装
	3.5 号	图纹齿轮噪子接线飞行指导驾驶舱位填施工引水通风闸阀坝棉麻化纤
阿拉伯数字		*0123456789*
拉丁字母	大写	*ABCDEFGHIJKLMNO*
	小写	*abcdefghijklmnopq*
罗马字母		*I II III IV V VI VII VIII IX X*

四、图线（GB/T 4457.4—2002）

在绘制图样时，应采用规定的标准图线。表 1-4 所示为机械图样中常用图线的名称、线型、宽度及其主要用途。

表 1-4　常用图线

名称代号	线型	宽度	主要用途
粗实线	——————	d(0.5 ~ 2mm)	可见轮廓线
细实线	——————	约 d/2	尺寸线、尺寸界线、剖面线、引出线等
虚线	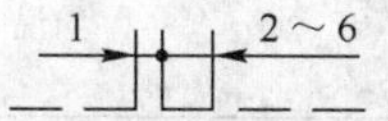	约 d/2	不可见轮廓线
细点画线	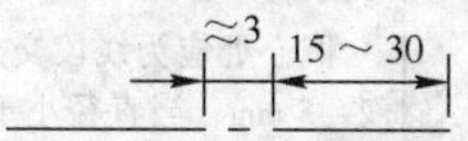	约 d/2	轴线、对称中心线
粗点画线	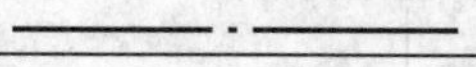	d	有特殊要求的表面的表示线
双点画线	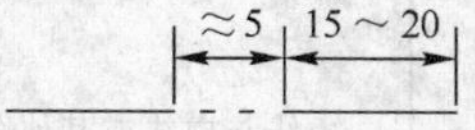	约 d/2	假想投影轮廓线、中断线
双折线	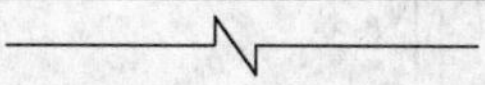	约 d/2	断裂处的边界线
波浪线		约 d/2	断裂处的边界线、视图和局部剖视的分界线

按 GB/T 4457.4—2002 规定，在机械图样中采用粗细两种线宽，它们之间的比例为 2：1，粗实线的宽度为 d，d 应在 0.25、0.35、0.5、0.7、1、1.4、2（单位：mm）中根据图样的类型、尺寸、比例等要求确定，优先采用 d=0.5 mm 或 d=0.7mm。常用图线的用途示例如图 1-11 所示。

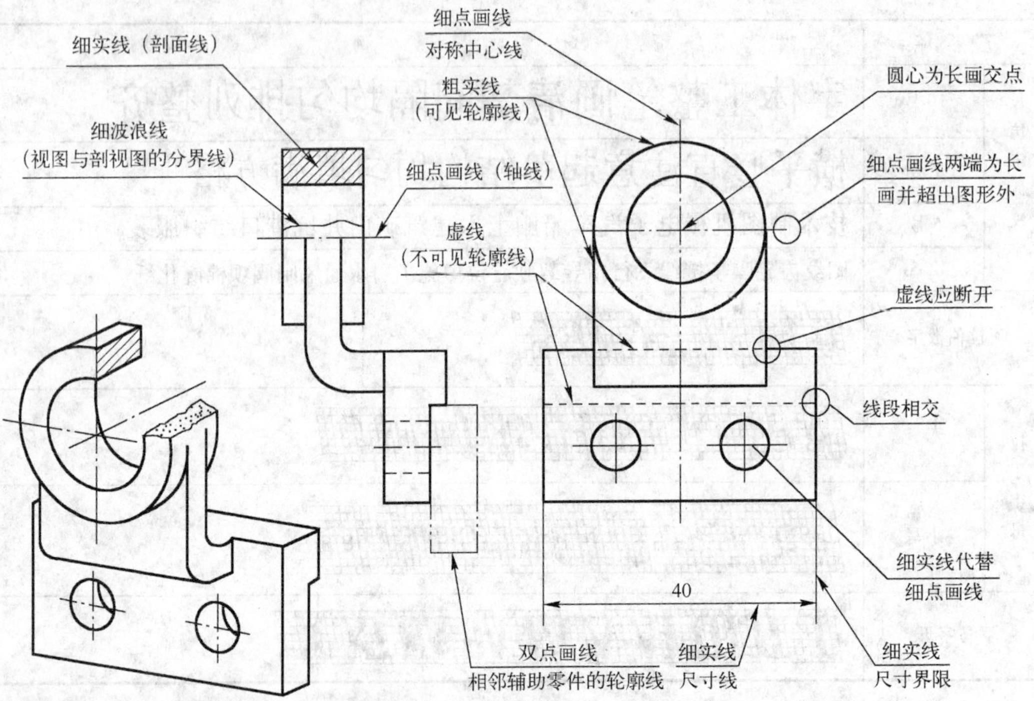

图 1-11　各种图线的主要用途

在绘图过程中，除了正确掌握图线的标准和用法以外，还应遵守以下各点：

（1）同一图样中同类图线的宽度应保持一致。

（2）虚线、点画线及双点画线的线段长度和间隔应各自大致相等。

具体绘制图线的注意事项如表 1－5 所示。

表 1－5　图线画法正误对比

图　例		说　明
正　确	错　误	
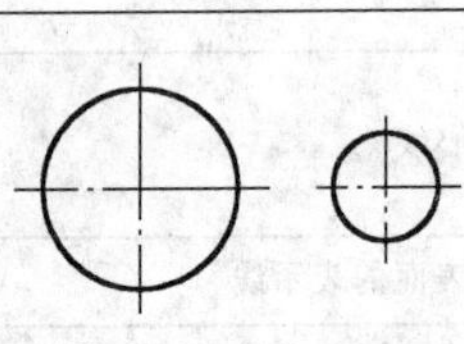	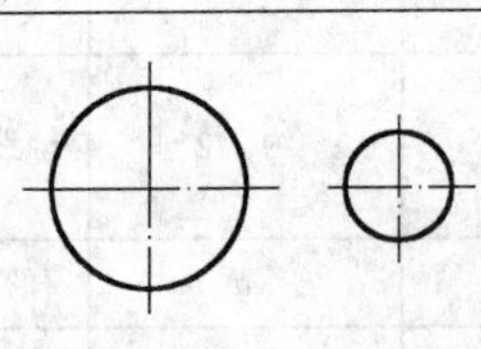	圆心处应为线段交点，中心线应超出圆周 2 ~ 5 mm；当直径小于 12 mm 时，中心线可用细实线画出
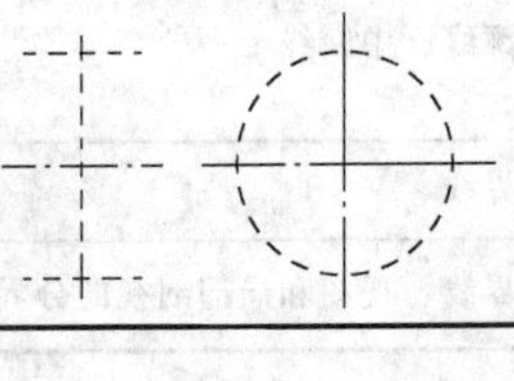	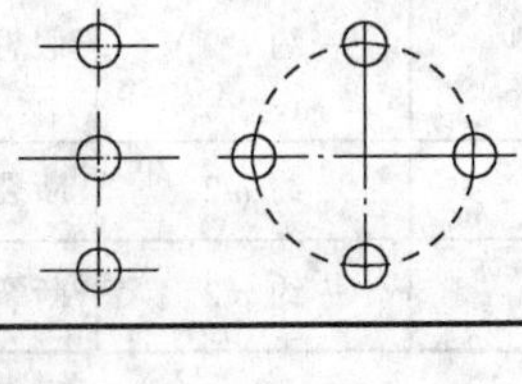	虚线与虚线或其他图线相交时，应以线段相交

续表

图例		说明
正确	错误	
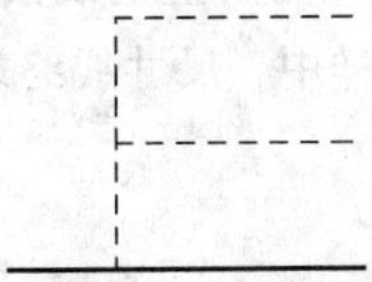	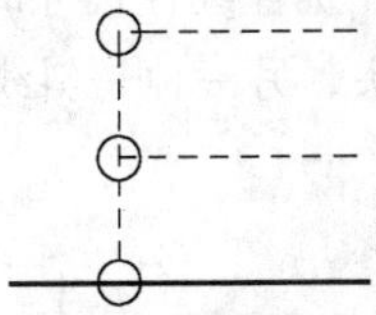	虚线与虚线或其他图线垂直相交时，在垂足处不应留有空隙
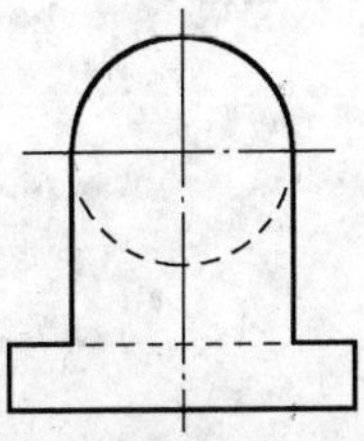	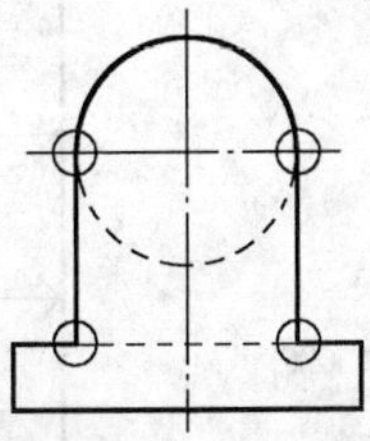	虚线为粗实线的延长线时，应留出空隙

五、尺寸注法（GB/T 4458.4—2003）

图形只能表达零部件的形状，而零部件的大小是通过图样中的尺寸来确定的，因此，标注尺寸是一项极为重要的工作，必须严格遵守国家标准中的有关规定。

1.标注尺寸的基本规则

（1）零部件的真实大小应以图样上所注的尺寸数值为依据，与图形的大小及绘图的准确度无关。

（2）图样中的尺寸，以毫米为单位时，不需标注单位的代号或名称，如采用其他单位，则必须注明相应单位的代号或名称，如 45°、20 cm。

（3）图样中的尺寸，应为该图样所示零部件的最后完工的尺寸，否则应另加说明。

（4）零部件的每一个尺寸，一般只标注一次，并应标注在反映该结构最清晰的图上。

2. 尺寸组成

完整的尺寸由尺寸界限、尺寸线和尺寸数字三部分组成，如图 1-12 所示。

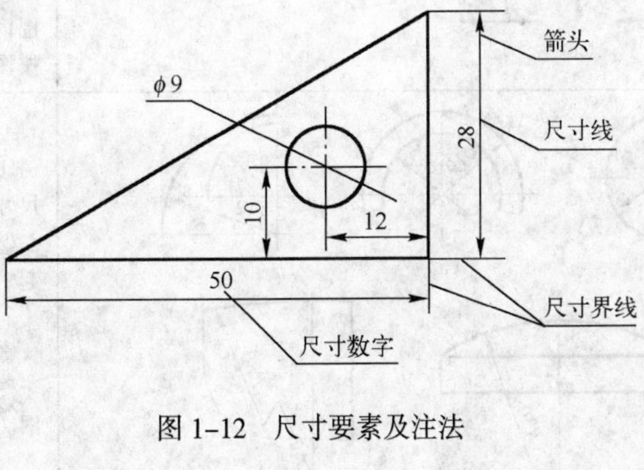

图 1-12 尺寸要素及注法

（1）尺寸界限。尺寸界限用来表示所注尺寸范围的界限。尺寸界限用细实线绘制，并应从图形的轮廓、轴线或对称中心线引出，宜超出尺寸线的终端 2 ~ 3 mm。

（2）尺寸线。尺寸线用来表示尺寸的范围，用细实线绘制，不能用其他图线代替，一般也不能与其他图线重合或画在其延长线上。标注线性尺寸时，尺寸线必须与所注的线段平行。

尺寸线的终端有两种形式，一种是箭头，另一种是斜线。在机械图样中，尺寸线终端推荐采用箭头终端形式，如图 1-13 所示。

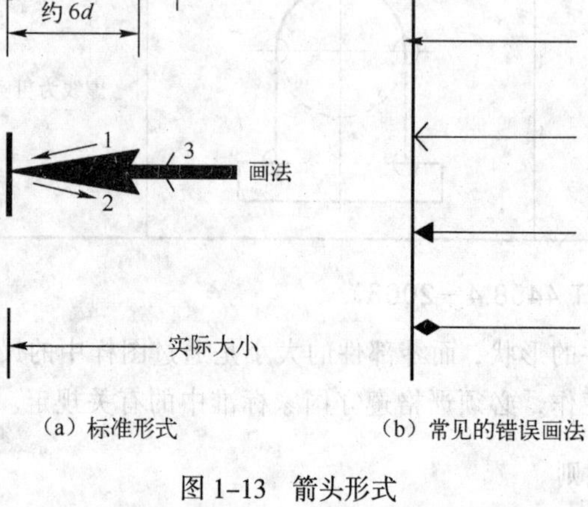

（a）标准形式　　（b）常见的错误画法

图 1-13　箭头形式

（3）尺寸数字。尺寸数字应尽量注写在图形外面，当标注有困难时，也可标注在图形内，但不可与任何图线重合，当无法避免时，必须将该图线断开。

3．尺寸注法示例（见表 1-6）

表 1-6　常见尺寸注法示例

尺寸类别	图　　例	说　　明
线性尺寸数字注写方向	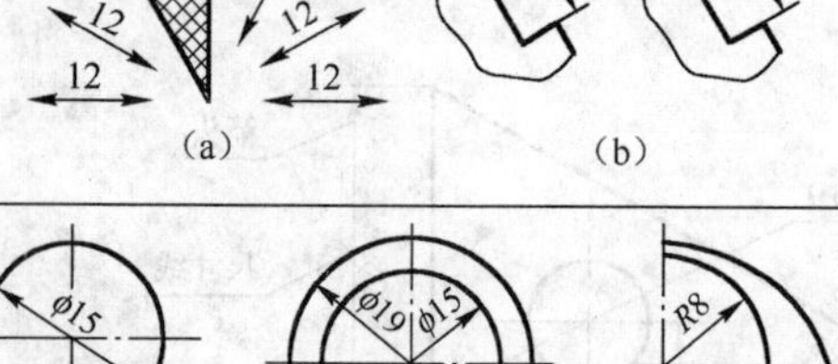	① 尺寸数字一般注写在尺寸线的上方。水平尺寸字头朝上，垂直尺寸字头朝左，倾斜尺寸的字头有朝上的趋势； ② 尽量避免在图(a)所示 30°范围内标尺寸，当无法避免时，允许按图（b）的形式标注
圆和圆弧	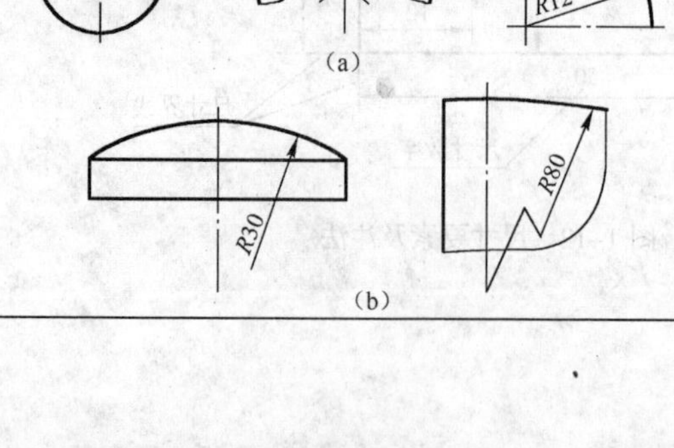	① 圆——尺寸线通过圆心，在尺寸数字前加注符号“φ”； ② 圆弧——尺寸线从圆心画起，在数字前加注符号“R”如图（a）所示； ③ 当圆弧半径过大时，圆心位于图形之外较远处，半径的注法如图（b）所示

续表

尺寸类别	图　例	说　明
小尺寸	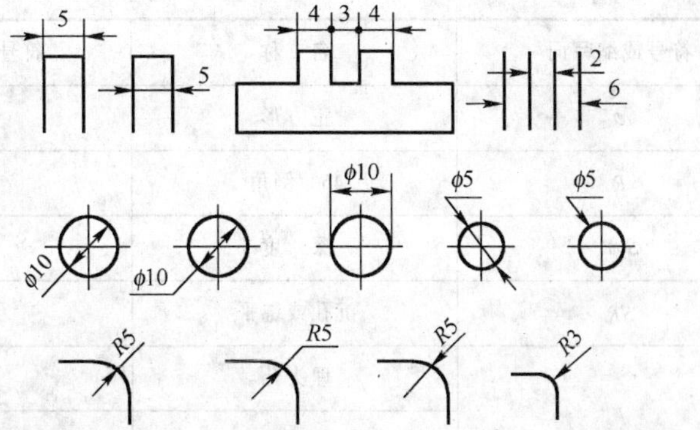	① 当位置不够标注尺寸数字或箭头时，可按图例中形式标注； ② 几个小尺寸连续标注时，可用圆点代替两个连续尺寸间的箭头
球面尺寸	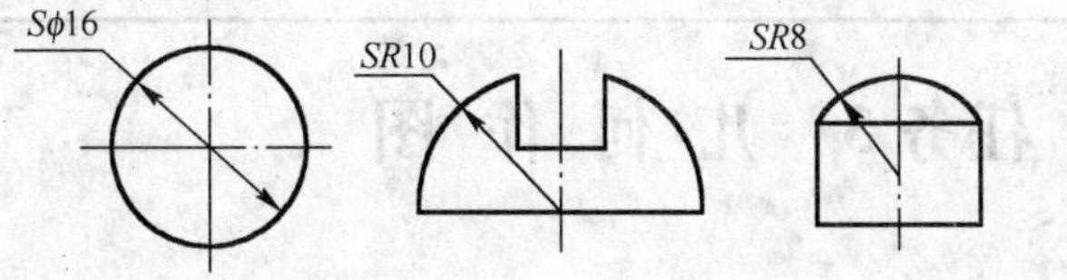	标注圆球的直径或半径时，应在“ϕ”或“R”前加注符号“S”
角度	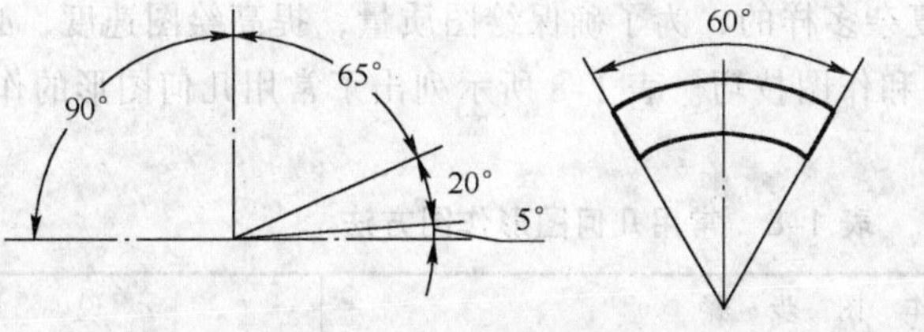	尺寸线是以角顶为中心的圆弧，角度数字一律水平正写

图 1-14 所示用正误对比的方法，列举了初学标注尺寸时一些常见错误。

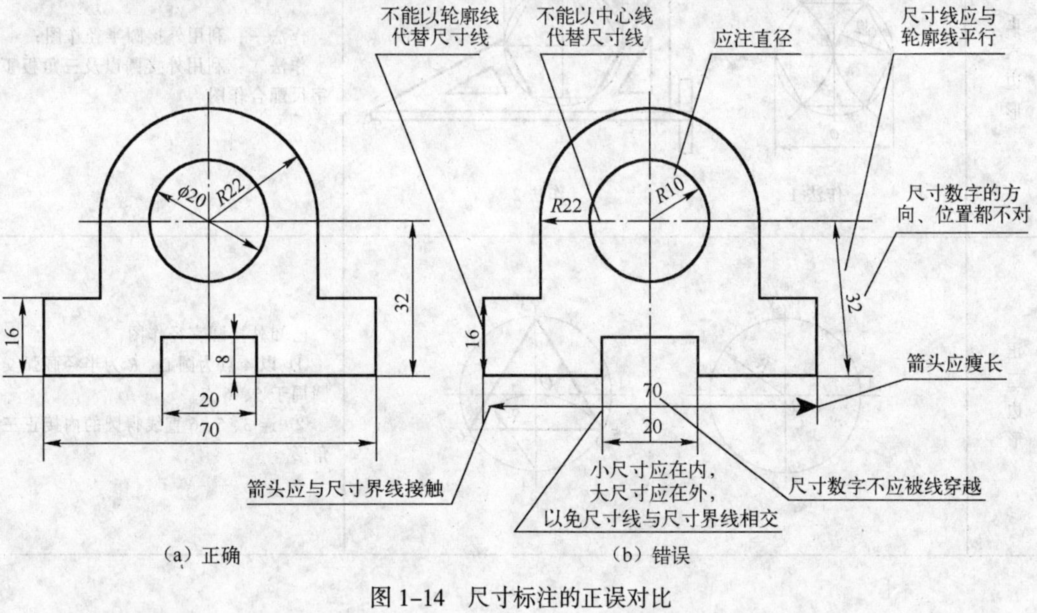

（a）正确　　（b）错误

图 1-14　尺寸标注的正误对比

标注尺寸时，应尽可能使用符号和缩写词。常用的符号和缩写词如表 1-7 所示。

表 1-7　常用符号和缩写词

名　称	符号或缩写词	名　称	符号或缩写词
直　径	ϕ	正方形	□
半　径	R	45° 倒角	C
球直径	$S\phi$	深　度	↧
球半径	SR	沉孔或锪平	⌴
厚　度	t	埋头孔	⌵
		均　布	EQS

任务 3　几 何 作 图

一、常用几何图形画法

机械零件的轮廓形状是复杂多样的，为了确保绘图质量，提高绘图速度，必须熟练掌握一些常见几何图形的作图方法和作图技巧。表 1-8 所示列出了常用几何图形的作图方法。

表 1-8　常用几何图形作图方法

项　目	作　图　步　骤	说　　明
正六边形	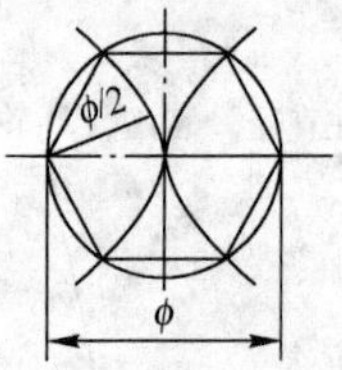 作法 1 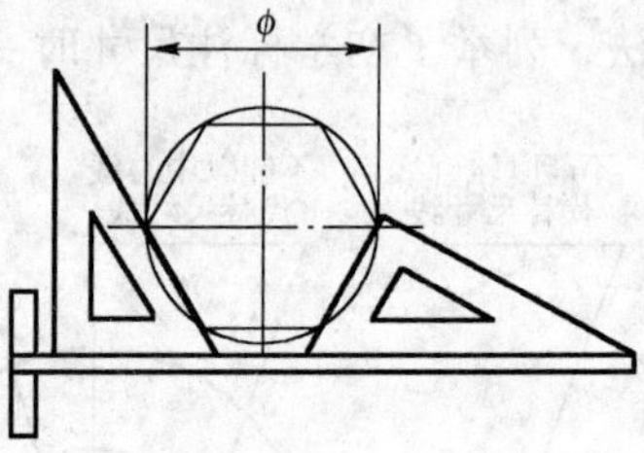 作法 2	作法一：利用外接圆半径作图； 作法二：利用外接圆以及三角板丁字尺配合作图
正三边形	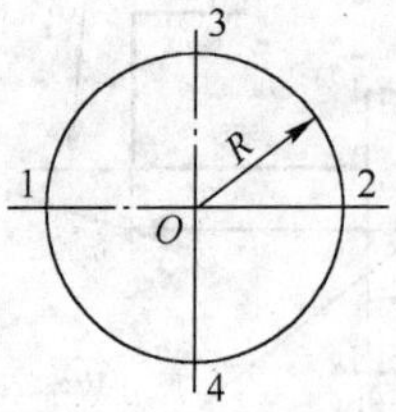 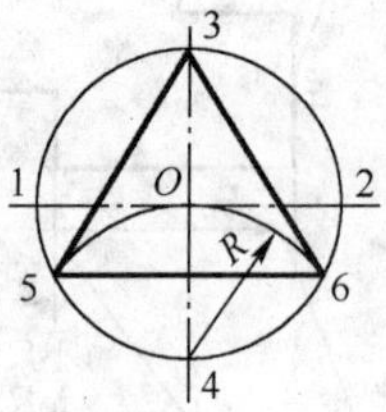	已知外接圆直径作图 ① 以 4 点为圆心，R 为半径画弧交圆周于 5、6 点。 ② 连 3、5、6 直线得圆的内接正三角形

续表

项　目	作　图　步　骤	说　　明
斜度	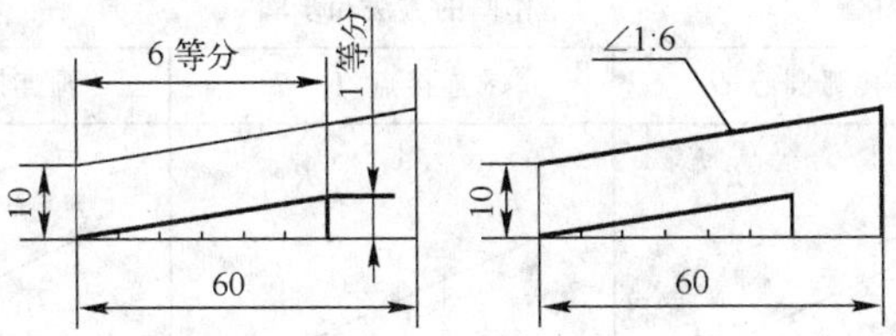	斜度是指直线或平面对另一直线或平面的倾斜程度
锥度	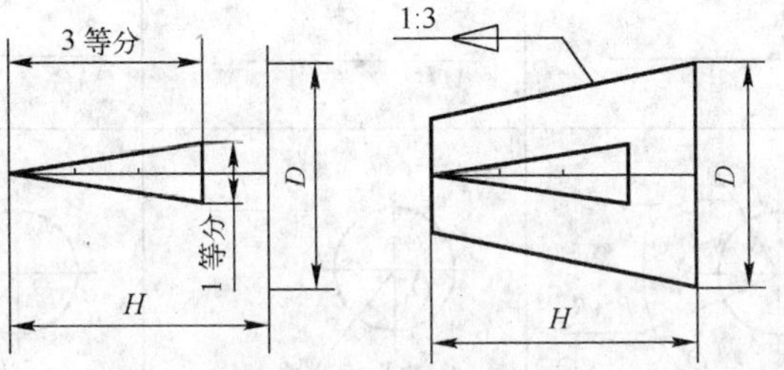	锥度是指圆锥的底圆直径 D 与高度 H 之比
椭圆	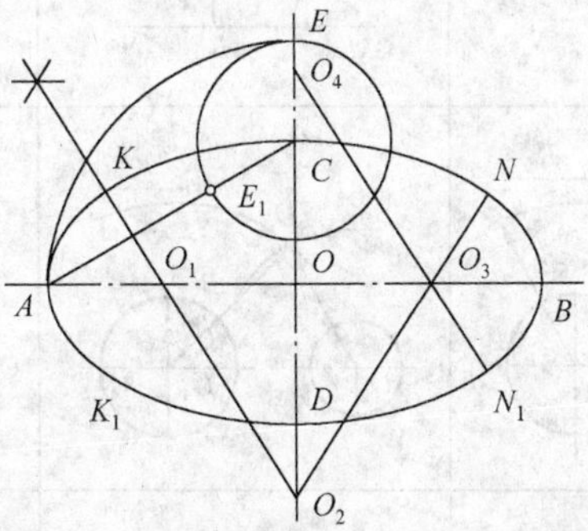	① 连接椭圆长短轴的端点 A、C； ② 取 $CE=CE_1=OA-OC$； ③ 作 AE_1 的中垂线，与两轴交于点 O_1、O_2，并作对称点 O_3、O_4； ④ 分别以 O_1、O_2、O_3、O_4 为圆心，以 O_1A、O_2C、O_3B、O_4D 为半径作弧，切于 K、N、N_1、K_1 即得

二、圆弧连接

圆弧连接是指用已知半径的圆弧将两个已知元素（直线、圆弧、圆）光滑地连接起来，即平面几何中的相切。其中的连接点就是切点，所作圆弧称为连接弧。作图的要点是准确地作出连接弧的圆心和切点。连接弧的圆心是利用圆心的动点运动轨迹相交的概念确定的。

1. 圆弧连接的作图原理

（1）直线间圆弧连接。与已知直线相切，半径为 R 的圆弧，所求圆心的轨迹是与已知直线平行且距离等于 R 的两条直线，切点是自求出的圆心向已知直线所作垂线的垂足，如表 1–9 所示。

（2）两圆弧间的圆弧连接。与已知圆弧（圆心 O_1，半径 R_1）外切，半径为 R 的圆弧，其圆心的轨迹是以 O_1 为圆心，以 $R+R_1$ 为半径的已知圆弧的同心圆，切点是 O_1 与 O 的连心线与已知圆弧的交点；而与已知圆弧（圆心 O_2，半径 R_2）内切，半径为 R 的圆弧，其圆心的轨迹是以 O_2 为圆心，以 $R-R_2$ 为半径的已知圆弧的同心圆。切点是 O_2 与 O 的连心线与已知圆弧的交点，如表 1–9 所示。

2. 圆弧连接作图方法

表 1-9 圆弧连接作图方法

	已知条件	作图的方法和步骤		
		求连接弧圆心 O	求连接点 A、B	画连接弧，描粗
切两已知直线	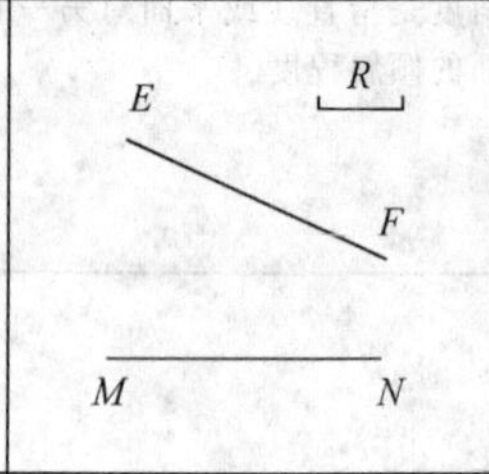	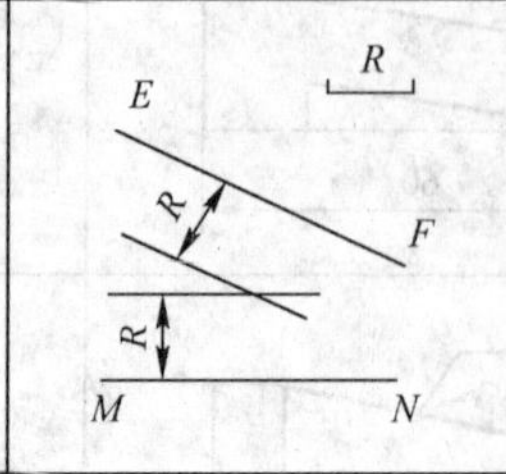	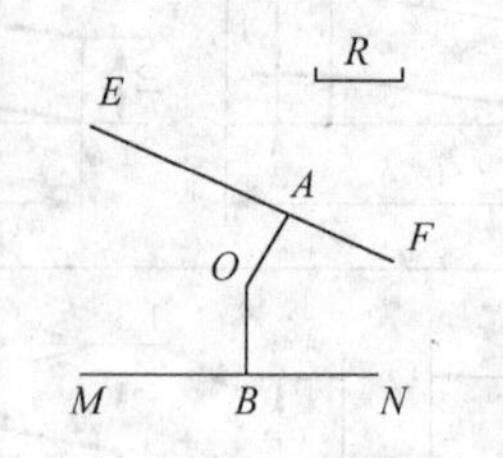	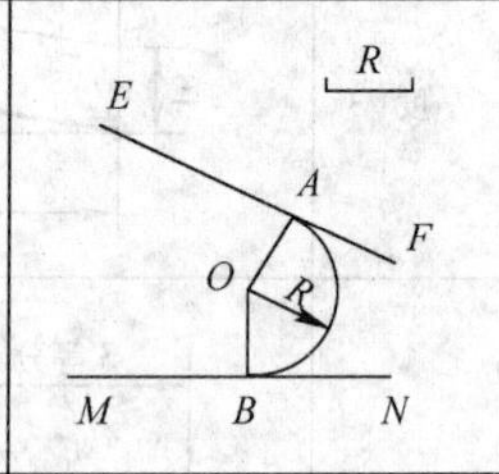
切已知直线和圆弧	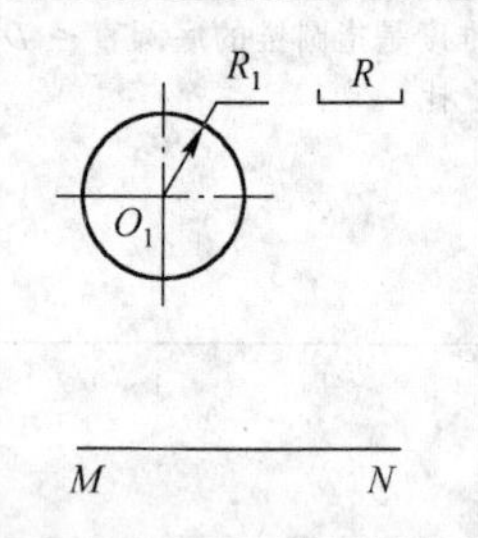	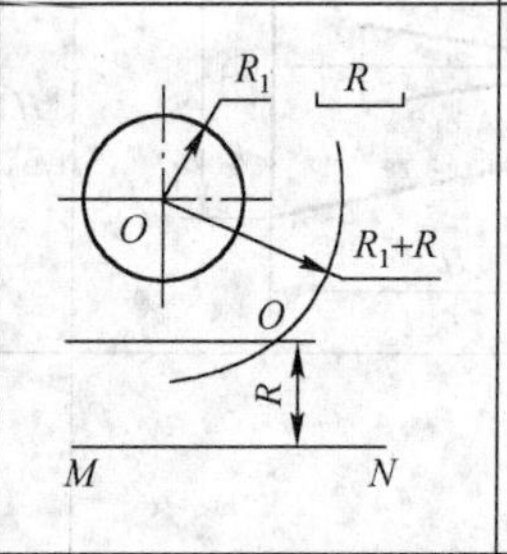	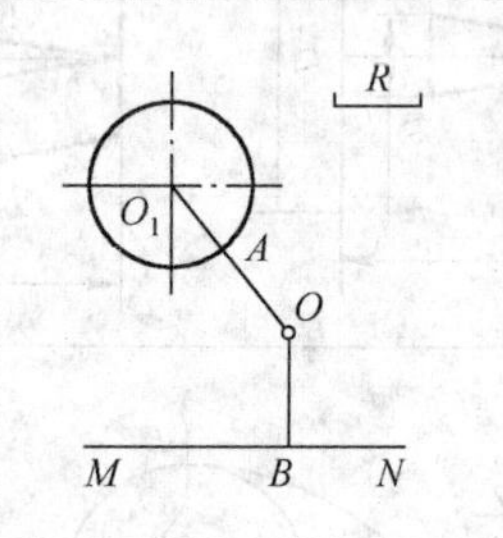	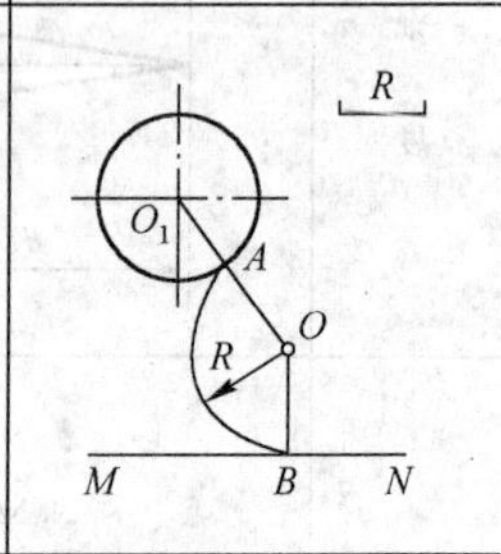
外切两已知圆弧	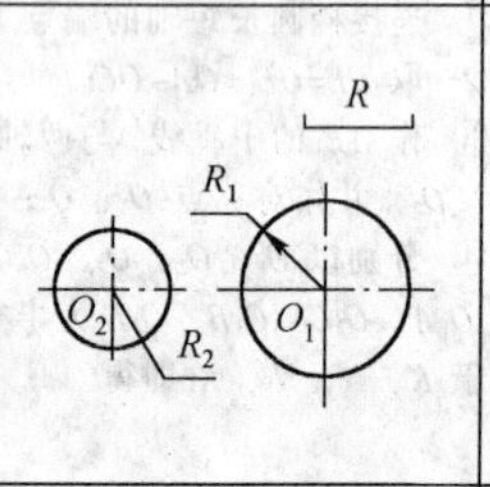	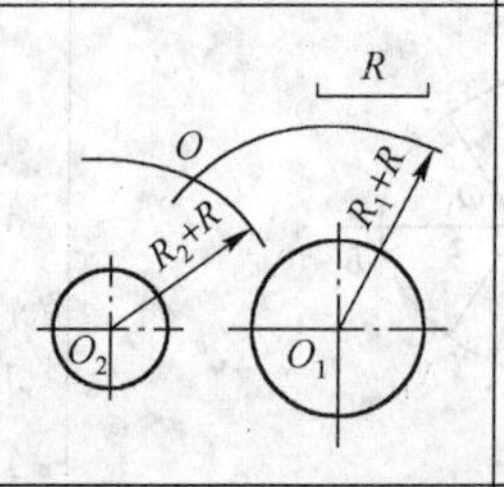	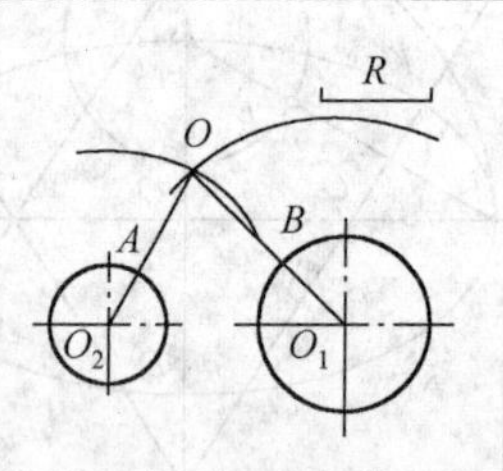	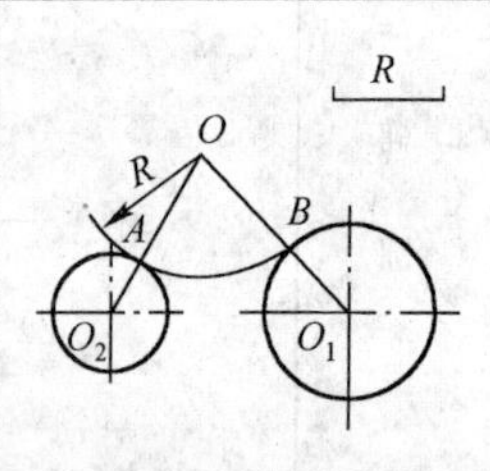
内切两已知圆弧	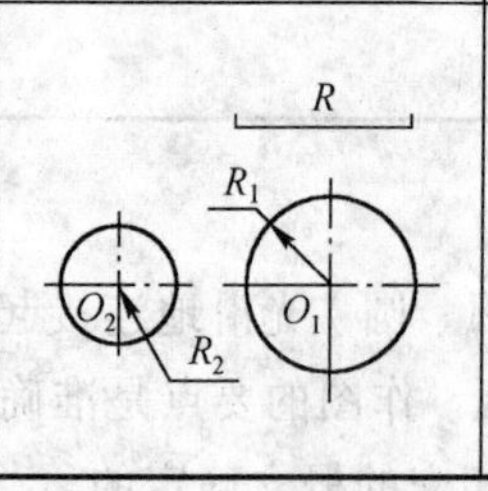	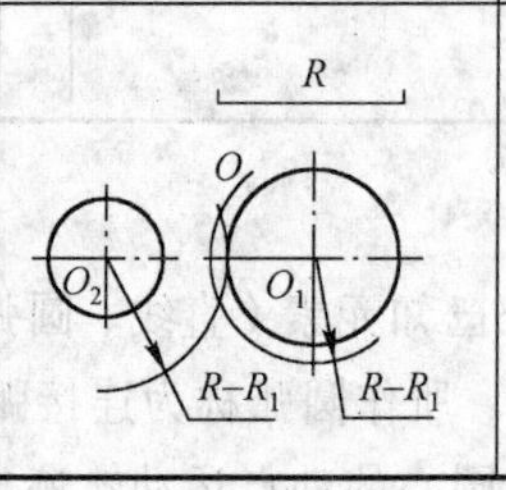	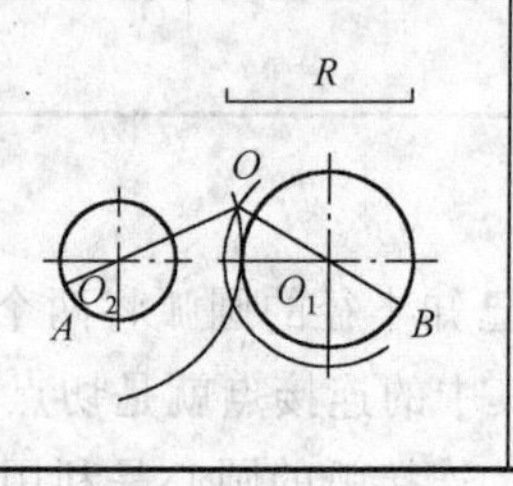	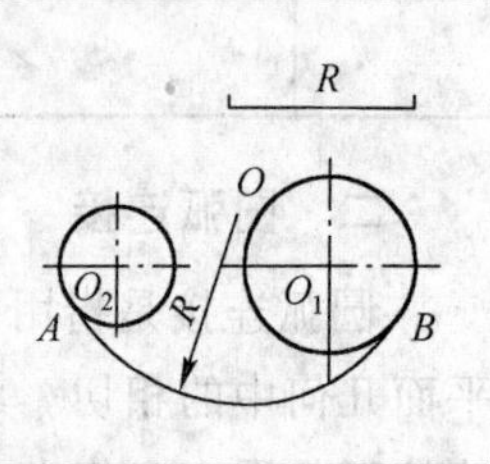

【例1-1】 用已知半径 R 作与圆弧 O_1 外连接（外切）及与圆弧 O_2 内连接（内切），如图 1-15（a）所示。

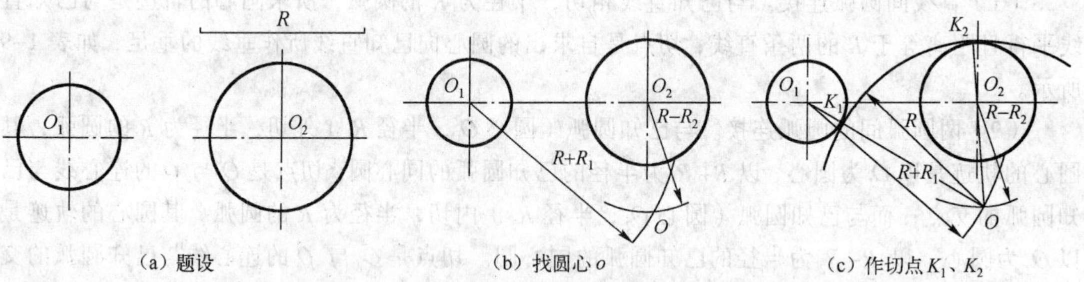

（a）题设　（b）找圆心 o　（c）作切点 K_1、K_2

图 1-15 圆弧混合连接作图（一）

作图：

（1）找连接圆弧圆心：以 O_1 为圆心，$R+R_1$ 为半径画弧；以 O_2 为圆心，$R-R_2$ 为半径画弧，两个圆弧的交点是 O，即为所求，如图 1–15（b）所示。

（2）找切点：分别过 OO_1、OO_2 作直线并延长，两直线分别与已知圆弧相交，其交点 K_1、K_2 即为切点，如图 1–15（c）所示。

（3）画连接圆弧：以 O 为圆心，R 为半径，由 K_1 至 K_2 画弧（见图 1–15（c））。

完成作图。

【例 1–2】　用已知半径 R 作与圆弧 O_1 内连接（内切）并与直线 L 相切，如图 1–16（a）所示。

作图：

（1）找连接圆弧圆心：以 O_1 为圆心，R_1-R 为半径画弧；作距离 L 为 R 的平行线，两线段的交点为 O，即为所求，如图 1–16（b）所示。

（2）找切点：过 OO_1 作直线并将其延长，与已知圆弧相交，得交点 K_1 即为切点；以 O 为起点向 L 作垂线，垂足即是切点 K_2，如图 1–16（c）所示。

（3）画连接圆弧，完成作图：以 O 为圆心，R 为半径，由 K_1 至 K_2 画弧（见图 1–16（c））。

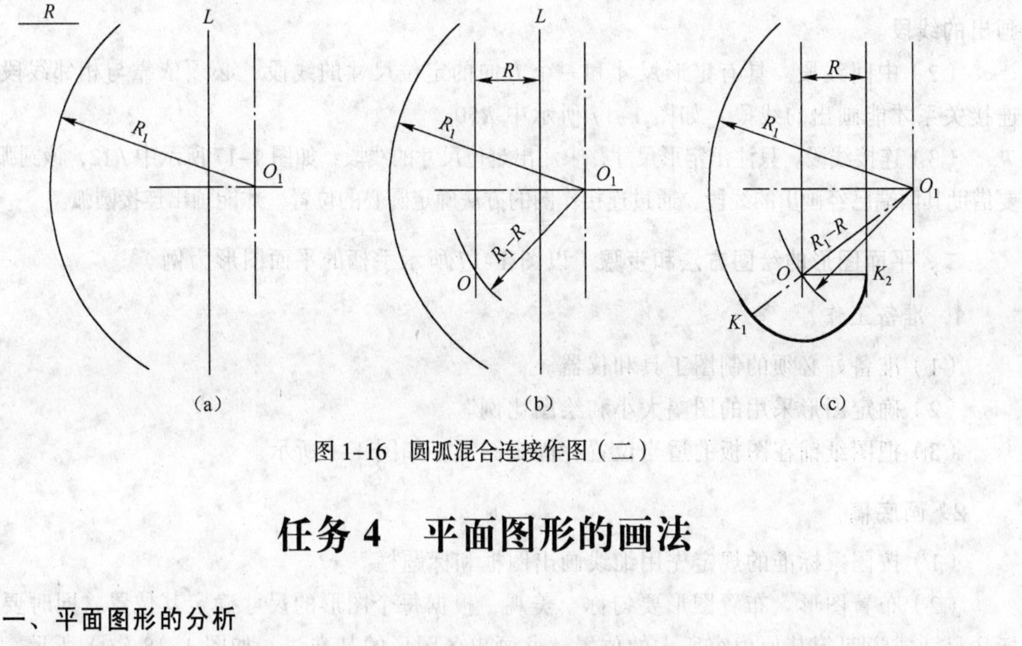

图 1–16　圆弧混合连接作图（二）

任务 4　平面图形的画法

一、平面图形的分析

平面图形一般由一个或多个封闭线框组成，这些封闭线框是由一些线段连接而成。因此，要想正确地绘制平面图形，首先必须对平面图形进行尺寸分析和线段分析。

1. 尺寸分析

平面图形中的尺寸按其作用可以分为定形尺寸和定位尺寸两大类。

（1）定形尺寸。确定平面图形上几何元素的形状和大小的尺寸称为定形尺寸。例如，直线的长短、圆的直径、圆弧的半径等，如图 1–17 所示中 $R10$、$\phi 6$。

（2）定位尺寸。确定平面图形上几何元素间相对位置的尺寸称为定位尺寸。例如，直线的位置，圆心的位置等，如图 1-17 所示中 45、8。

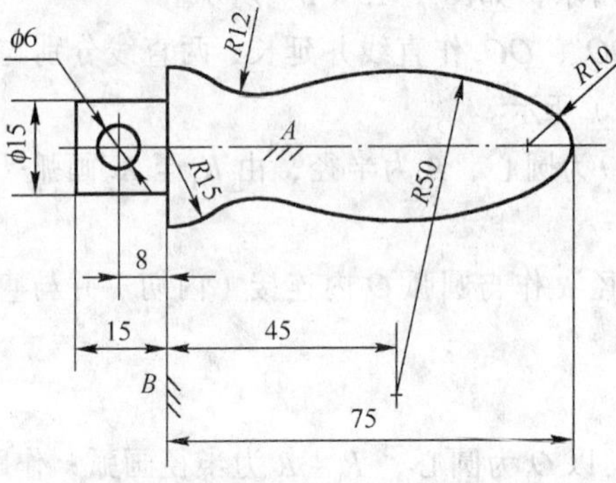

图 1-17 平面图形——手柄的轮廓

2. 线段分析

平面图形中的线段（直线、圆弧），根据其定位尺寸的完整与否可分为三类。

（1）已知线段。定形、定位尺寸全部注出的线段，如图 1-17 所示中 *R*10、*R*15，能直接画出的线段。

（2）中间线段。具有定形尺寸和一个方向的定位尺寸的线段，必须依靠与相邻线段间的连接关系才能画出的线段，如图 1-17 所示中 *R*50。

（3）连接线段。只注出定形尺寸，未注出定位尺寸的线段，如图 1-17 所示中 *R*12，该圆弧必须要借助其两端已经画出的线段，通过连接作图的方法确定圆心的位置，才能画出连接圆弧。

二、平面图形的绘图方法和步骤（以图 1-17 所示手柄的平面图形为例）

1. 准备工作

（1）准备好必须的制图工具和仪器。

（2）确定图形采用的图幅大小和绘图比例。

（3）把图纸铺在图板的适当位置，固定图纸，如图 1-1 所示。

2. 画底稿

（1）按国家标准的规定先用细线画出图框和标题栏。

（2）布置图形。布置图形要匀称、美观，根据每个图形的尺寸确定其位置，同时要考虑标注尺寸或说明等其他内容所占的位置。并画出各图形的基准线，如图 1-18（a）所示。

（3）在正确分析图形尺寸及线段的基础上,用 3H（2H）铅笔轻轻画出底稿。

① 画已知线段，如图 1-18（b）所示。

② 画中间线段，如图 1-18（c）所示。

③ 画连接线段，如图 1-18（d）所示。

3. 检查全图

仔细检查全图，如有错误和缺点，及时修正并擦去多余的线段，如图 1-18(e)所示。

4．描深底稿

加深要用 B 或 2B 铅笔。加深过程中尽量将同一种线型一起加深。顺序为：

（1）加深粗实线。先加深圆或圆弧，再从图形的左上方开始，顺次向下加深水平粗实线，其次依次加深铅垂方向粗实线，最后加深其余粗实线。

（2）加深细线。按上述顺序，用 H 铅笔加深所有细实线、点画线和虚线等。

（3）画箭头、注尺寸、画代号等，如图 1-18（f）所示。

5．填写标题栏

填写标题栏和其他必要说明，完成图样。

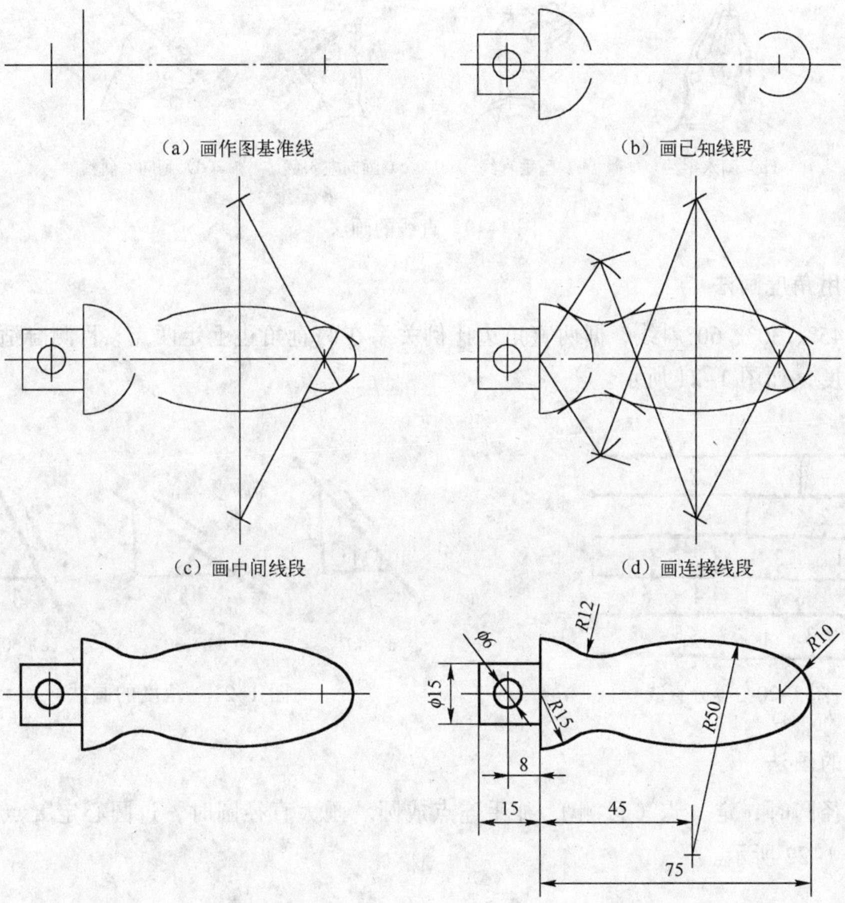

图 1-18　手柄平面图形的作图步骤

任务 5　徒手画图的方法

徒手草图是不用绘图仪器及工具，采取目测比例徒手画出的一种图样。工程技术人员常用草图来表达自己的设计方案、构想。现场测绘时，技术人员也是先徒手画草图，再画正式的仪器图。因此要求工程技术人员必须具备徒手绘制草图的能力。徒手绘制草图不但要求快，还要保证图形正确，比例匀称，线型分明，字体工整，图面整洁。为了保证能绘制出合格的草图，必须掌握其绘制方法。

一、直线的画法

画直线时，手腕不能转动，手握铅笔，运笔自然，并尽量使铅笔与所画的线垂直，眼睛则要看着图线的终点。画水平线时，可将纸稍倾斜一点放置，以便于作图，画竖直线时，从上向下画比较顺利，如图 1–19 所示；当所需画线较长时，手腕不宜靠图纸上，可凭目测将线段分成不同等份，然后分段将其画出，如图 1–20 所示，向左、右画斜线时不要转动图纸，以免笔误。

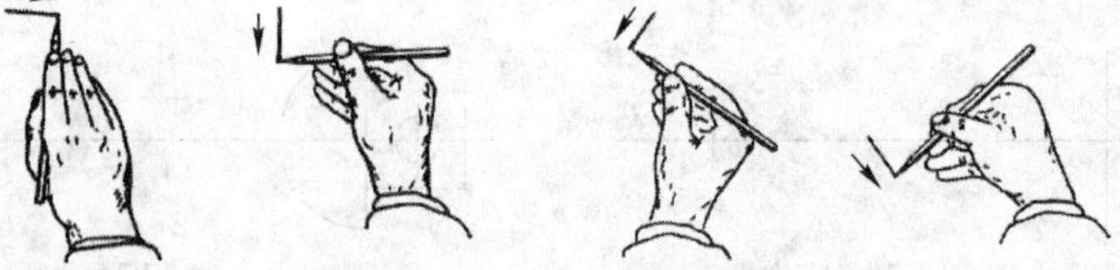

（a）画水平线　（b）画垂直线　（c）画向左斜线　（d）画向右斜线

图 1–19　直线的画法

二、常用角度画法

练习画 45°、30°、60°斜线，据两直角边比例关系在两直角边上定两点，目测合适后再连两点，画出角度，如图 1–21 所示。

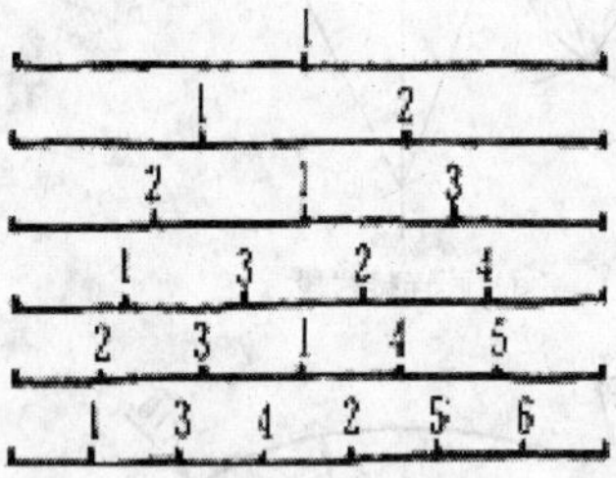

图 1–20　等分直线

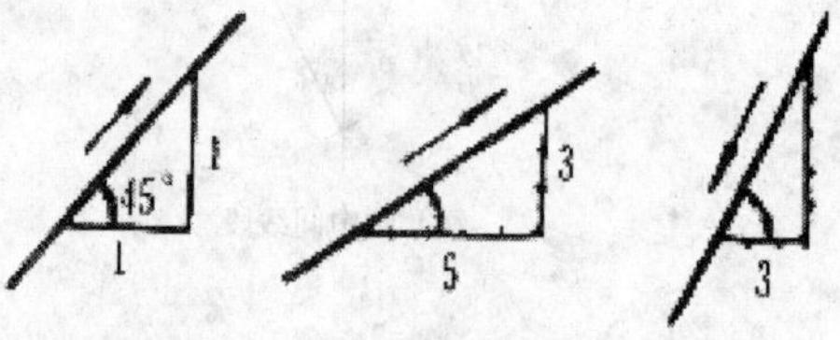

（a）45°　（b）30°　（c）60°

图 1–21　角度的画法

三、圆的画法

画小直径圆时，定 4 点（目测），徒手连点成圆。画大直径圆时，过圆心定 8 点，连 8 点成圆，如图 1–22 所示。

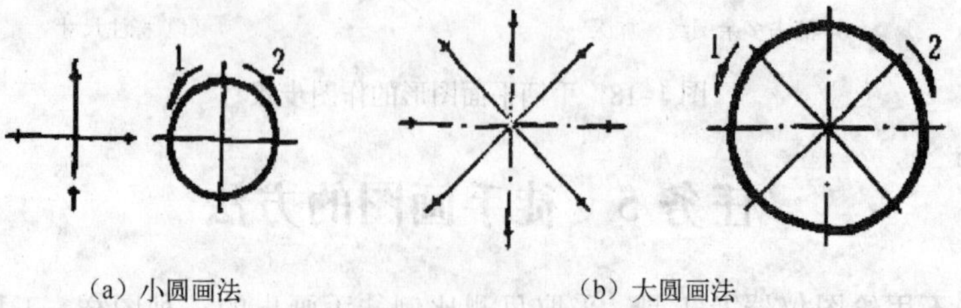

（a）小圆画法　（b）大圆画法

图 1–22　圆的画法

四、椭圆画法

（1）画长轴、短轴；

（2）画一对 45° 十字点画线；

（3）画菱形；

（4）画圆弧与菱形相切，如图 1-23 所示。

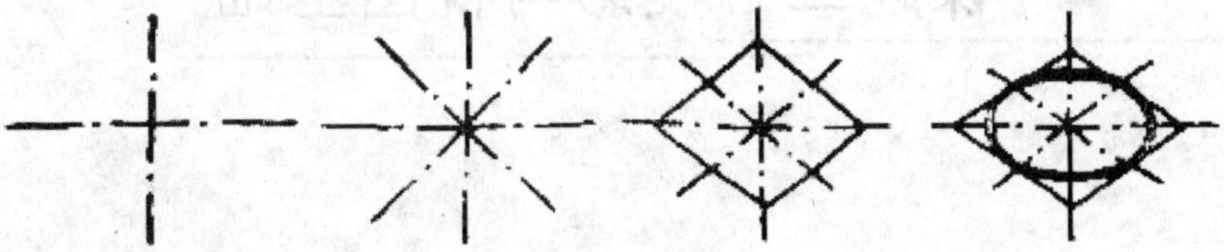

图 1-23　椭圆的画法

五、圆角画法（见图 1-24）

六、曲线连接画法（见图 1-25）

图 1-24　圆角的画法

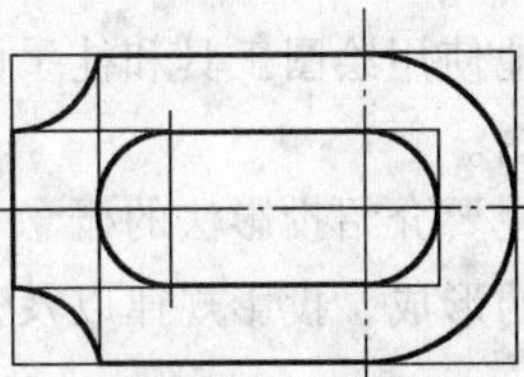

图 1-25　曲线连接画法

初学徒手绘图时，宜在方格纸上进行，以便图线画得平直和确定图形的尺寸比例，如图 1-26 所示。

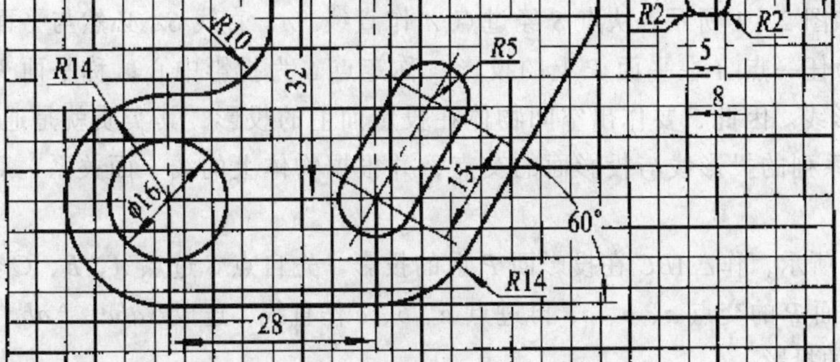

图 1-26　徒手在方格纸上绘平面图形草图

课题二 投影与视图基础

知识点：

◆ 投影法的概念和基本性质。

◆ 三投影面体系和三视图的形成。

◆ 几何体的投影方法。

技能点：

◆正确地使用绘图工具和徒手画图的方法，按照国家标准的规定，利用正投影法绘制基本几何体三视图。

本课题主要介绍投影法的概念、种类、应用；讲解正投影法的基本性质；介绍三投影面体系和三视图的形成、投影规律以及几何体的投影相关知识。

任务1 投 影 法

在工程界中，人们常用到各种图样，如机械图样、建筑图样等。这些图样都是按照不同的投影方法绘制出来的，而机械图样是用正投影法绘制的。

一、投影法的概念

日常生活中，我们看到太阳光或灯光照射物体时，在地面或墙壁上出现物体的影子，这就是一种投影现象。我们把光线称为投射线（或称投影线），地面或墙壁称为投影面，影子称为物体在投影面上的投影。

进一步从几何观点来分析投影的形成。设有一定点 S 和任一点 A，以及不通过点 S 和点 A 的平面 P，如图 2－1 所示，从点 S 经过点 A 作直线 SA，直线 SA 必然与平面 P 相交于一点 a，则称点 a 为任一点 A 在平面 P 上的投影，称定点 S 为投影中心，称平面 P 为投影面，称直线 SA 为投影线。因此，要作出空间物体在投影面上的投影，其实质就是通过物体上的点、线、面作出一系列的投影线与投影面的交点，并根据物体上的线、面关系，对交点进行恰当的连线。

如图 2－1 所示，作$\triangle ABC$ 在投影面 P 上的投影。先自点 S 过点 A、B、C 分别作直线 SA、SB、SC 与投影面 P 的交点 a、b、c，再过点 a、b、c 作直线，连成$\triangle abc$，$\triangle abc$ 为空间的$\triangle ABC$ 在投影面 P 上的投影。

这种用投射线通过物体，向选定的面投影，并在该面上得到图形称为投影法。

二、投影法的种类及应用

1. 中心投影法

投影中心距投影面在有限远的地方，投影时投影线汇交于投影中心的投影法称为中心投影法，如图 2-2 所示。

缺点：中心投影不能反映物体的形状和大小，不适用于绘制机械图样。

优点：有立体感，工程上常用这种方法绘制建筑物的透视图。

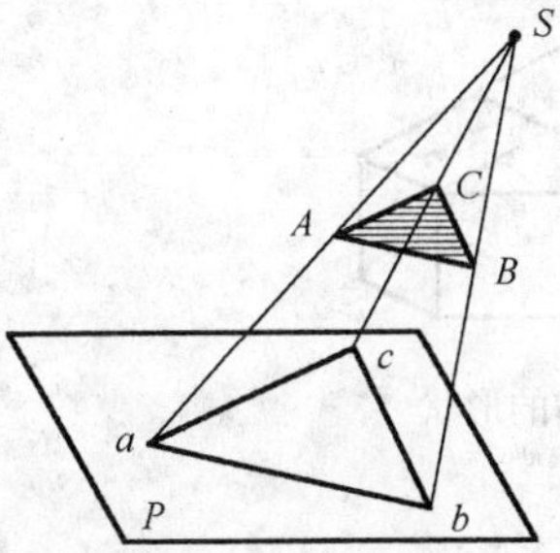

图 2-1　投影法

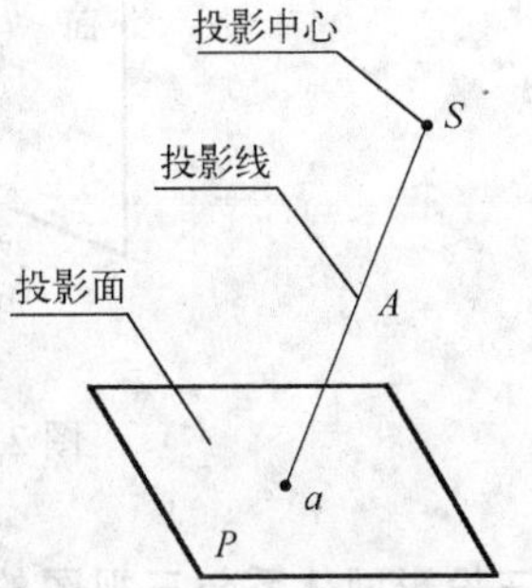

图 2-2　中心投影法

2. 平行投影法

投影中心距离投影面在无限远的地方，投影时投影线都相互平行的投影法称为平行投影法，如图 2-3 所示。

根据投影线与投影面是否垂直，平行投影法又可分为两种：

（1）斜投影法——投影线与投影面相倾斜的平行投影法，如图 2-3（a）所示。

（2）正投影法——投影线与投影面相垂直的平行投影法，如图 2-3（b）所示。

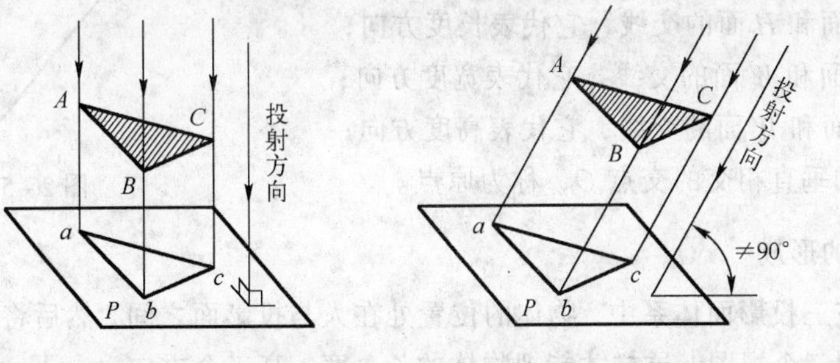

图 2-3　平行投影法

正投影法优点：能够表达物体的真实形状和大小，作图方法也较简单，广泛用于绘制机械图样。

任务 2　物体的三视图

机械制图中，通常假设人的视线为一组平行的，且垂至于投影面的投影线，在投影面上所得到的正投影称为视图。

通常情况下，一个视图不能确定物体的形状。如图 2－4 所示，两个形状不同的物体，它们在投影面上的投影都相同。因此，要反映物体的完整形状，必须增加由不同投影方向所得到的几个视图，互相补充，才能将物体表达清楚。工程上常用的是三视图。

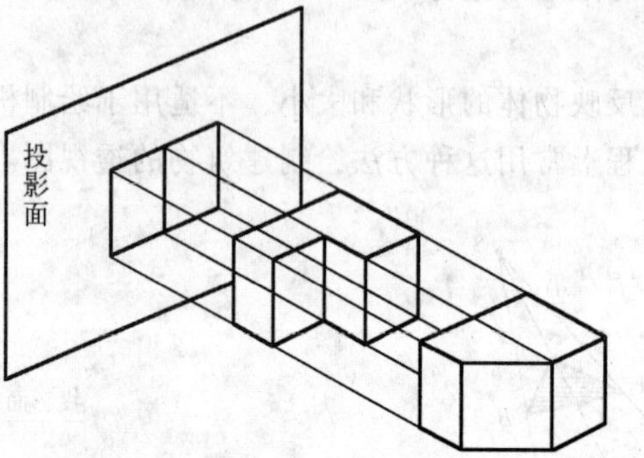

图 2－4　一个视图无法确定物体的形状

一、三投影面体系与三视图的形成

1. 三投影面体系的建立

三投影面体系由三个互相垂直的投影面所组成，如图 2－5 所示。

在三投影面体系中，三个投影面分别为：

正立投影面：简称为正面，用 V 表示；

水平投影面：简称为水平面，用 H 表示；

侧立投影面：简称为侧面，用 W 表示。

三个投影面的相互交线，称为投影轴。它们分别是：

OX 轴：V 面和 H 面的交线，它代表长度方向；

OY 轴：H 面和 W 面的交线，它代表宽度方向；

OZ 轴：V 面和 W 面的交线，它代表高度方向；

三个投影轴垂直相交的交点 O，称为原点。

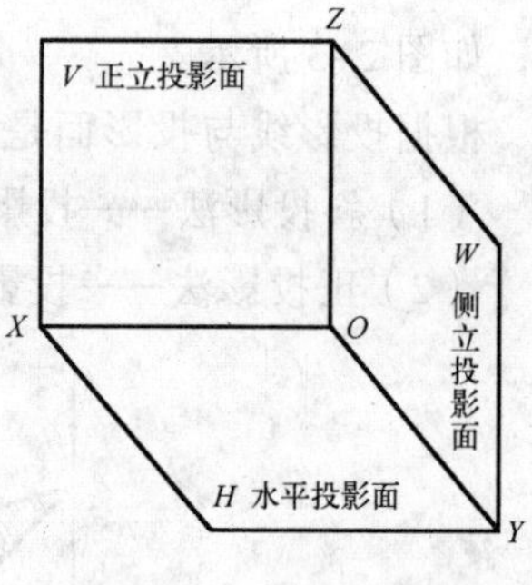

图 2－5　三投影面体系

2. 三视图的形成

将物体放在三投影面体系中，物体的位置处在人与投影面之间，然后将物体对各个投影面进行投影，得到三个视图，这样才能把物体的长、宽、高三个方向，上下、左右、前后六个方位的形状表达出来，如图 2－6（a）所示。三个视图分别为：

主视图：从前往后进行投影，在正立投影面（V 面）上所得到的视图。

俯视图：从上往下进行投影，在水平投影面（H 面）上所得到的视图。

左视图：从前往后进行投影，在侧立投影面（W 面）上所得到的视图。

3. 三投影面体系的展开

在实际作图中，为了画图方便，需要将三个投影面在一个平面（纸面）上表示出来，规定：使 V 面不动，H 面绕 OX 轴向下旋转 90°与 V 面重合，W 面绕 OZ 轴向右旋转 90°与 V 面重合，这样就得到了在同一平面上的三视图，如图 2－6（b）所示。可以看出，俯视图在主视图的下

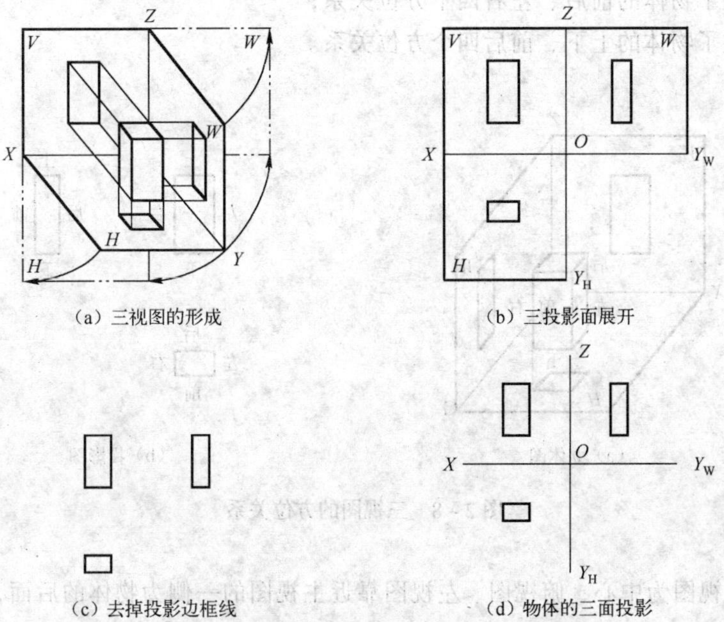

（a）三视图的形成　（b）三投影面展开
（c）去掉投影边框线　（d）物体的三面投影

图 2－6　三视图的形成

方，左视图在主视图的右方。在这里应特别注意：同一条 OY 轴旋转后出现了两个位置，因为 OY 是 H 面和 W 面的交线，也就是两投影面的共有线，所以 OY 轴随着 H 面旋转到 OY_H 的位置，同时又随着 W 面旋转到 OY_W 的位置。为了作图简便，投影图中不必画出投影面的边框，如图 2－6（c）所示。由于画三视图时主要依据投影规律，所以投影轴也可以进一步省略，得到物体的三面投影图，如图 2－6（d）所示。

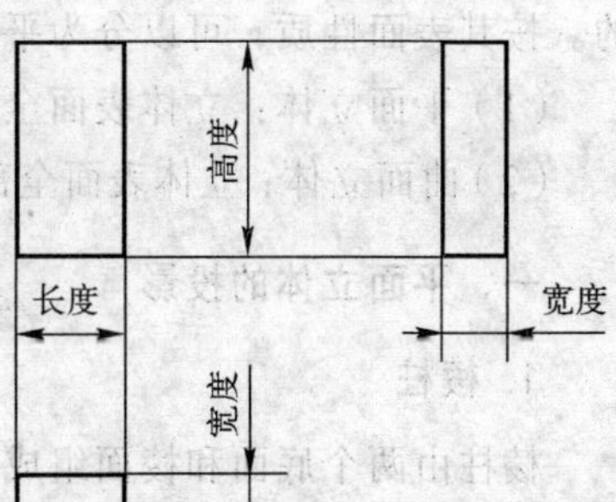

图 2－7　视图间的“三等”

二、三视图的投影规律

从图 2－7 所示可以看出，一个视图只能反映两个方向的尺寸，主视图反映了物体的长度和高度，俯视图反映了物体的长度和宽度，左视图反映了物体的宽度和高度。由此可以归纳出三视图的投影规律：

主、俯视图“长对正”（即等长）；

主、左视图“高平齐”（即等高）；

俯、左视图“宽相等”（即等宽）。

三视图的投影规律反映了三视图的重要特性，也是画图和读图的依据。无论是整个物体还是物体的局部，其三面投影都必须符合这一规律。

三、三视图与物体方位的对应关系

物体有长、宽、高三个方向的尺寸，有上下、左右、前后六个方位关系，如图 2－8（a）所示。六个方位在三视图中的对应关系如图 2－8（b）所示。

主视图反映了物体的上下、左右四个方位关系；

俯视图反映了物体的前后、左右四个方位关系；

左视图反映了物体的上下、前后四个方位关系。

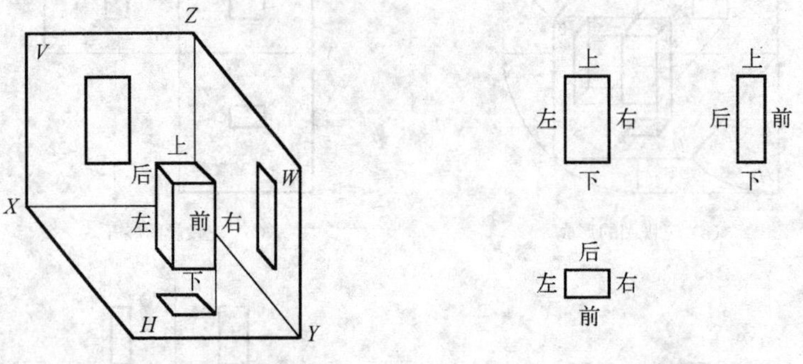

（a）立体图　　（b）投影图

图 2－8　三视图的方位关系

注意：以主视图为中心，俯视图、左视图靠近主视图的一侧为物体的后面，远离主视图的一侧为物体的前面。

任务 3　几何体的投影

机器上的零件，不论形状多么复杂，都可以看作是由基本几何体按照不同的方式组合而成的。按其表面性质，可以分为平面立体和曲面立体两类。

（1）平面立体：立体表面全部由平面所围成的立体，如棱柱和棱锥等。

（2）曲面立体：立体表面全部由曲面或曲面和平面所围成的立体，如圆柱、圆锥、圆球等。

一、平面立体的投影

1. 棱柱

棱柱由两个底面和棱面组成，棱面与棱面的交线称为棱线，棱线互相平行。棱线与底面垂直的棱柱称为正棱柱。

棱柱的投影，以正六棱柱为例。如图 2－9（a）所示为一正六棱柱，由上、下两个底面（正六边形）和六个棱面（长方形）组成。设将其放置成上、下底面与水平投影面平行，并有两个棱面平行于正投影面。

上、下两底面均为水平面，它们的水平投影重合并反映实形，正面及侧面投影积聚为两条相互平行的直线。六个棱面中的前、后两个为正平面，它们的正面投影反映实形，水平投影及侧面投影积聚为一直线。其他四个棱面均为铅垂面，其水平投影均积聚为直线，正面投影和侧面投影均为类似形，如图 2-9 所示。

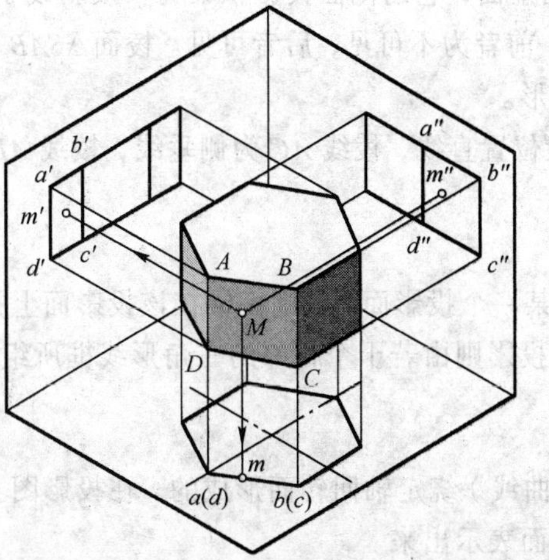

（a）立体图

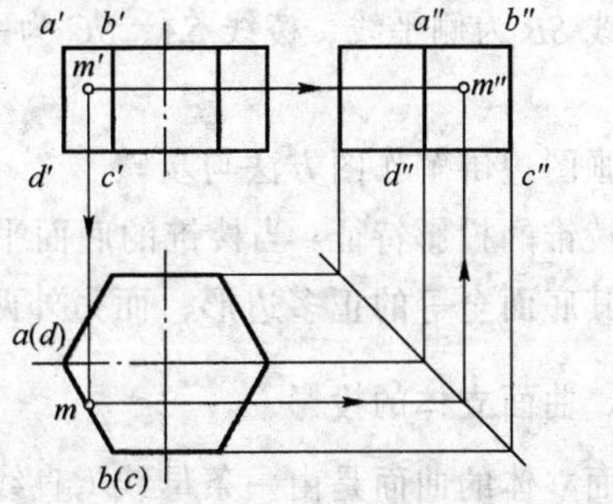

（b）投影图

图 2－9　正六棱柱的投影

正棱柱的投影特征：当棱柱的底面平行某一个投影面时，则棱柱在该投影面上投影的外轮廓为与其底面全等的正多边形，而另外两个投影则由若干个相邻的矩形线框所组成。

2. 棱锥

棱锥的投影，以正三棱锥为例。如图 2－10（a）所示为一正三棱锥，它的表面由一个底面（正三角形）和三个侧棱面（等腰三角形）围成，设将其放置成底面与水平投影面平行，并有一个棱面垂直于侧投影面。

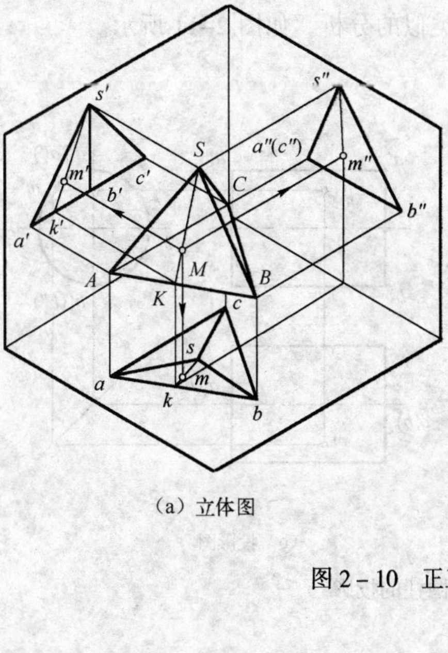

（a）立体图

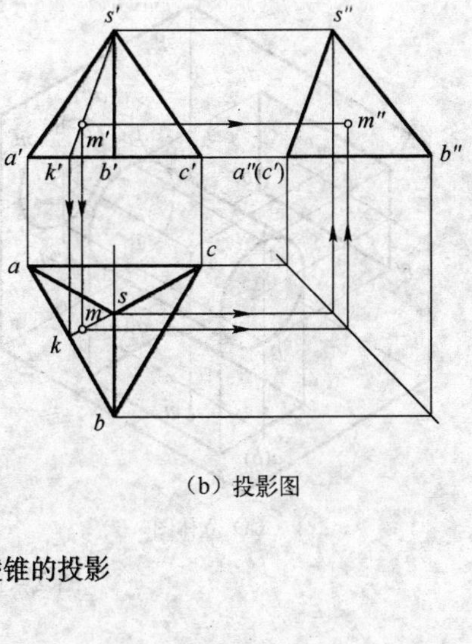

（b）投影图

图 2－10　正三棱锥的投影

由于锥底面△ABC为水平面，所以它的水平投影反映实形，正面投影和侧面投影分别积聚为直线段 $a'b'c'$ 和 $a''(c'')b''$。棱面△SAC为侧垂面，它的侧面投影积聚为一段斜线 $s''a''(c'')$，正面投影和水平投影为类似形△$s'a'c'$ 和△sac，前者为不可见，后者可见。棱面△SAB和△SBC均为一般位置平面，它们的三面投影均为类似形。

棱线 SB 为侧平线，棱线 SA、SC 为一般位置直线，棱线 AC 为侧垂线，棱线 AB、BC 为水平线。

边画图边讲解作图方法与步骤。

正棱锥的投影特征：当棱锥的底面平行某一个投影面时，则棱锥在该投影面上投影的外轮廓为与其底面全等的正多边形，而另外两个投影则由若干个相邻的三角形线框所组成。

二、曲面立体的投影

曲面立体的曲面是由一条母线（直线或曲线）绕定轴回转而形成的。在投影图上表示曲面立体就是把围成立体的回转面或平面与回转面表示出来。

1. 圆柱

圆柱表面由圆柱面和两底面所围成。圆柱面可看作一条直母线 AB 围绕与它平行的轴线 OO_1 回转而成。圆柱面上任意一条平行于轴线的直线，称为圆柱面的素线。

圆柱的投影：画图时，一般常使其轴线垂直于某个投影面。

如图 2－11（a）所示，圆柱的轴线垂直于侧面，圆柱面上所有素线都是侧垂线，因此圆柱面的侧面投影积聚成为一个圆。圆柱左、右两个底面的侧面投影反映实形并与该圆重合。两条相互垂直的点画线，表示确定圆心的对称中心线。圆柱面的正面投影是一个矩形，是圆柱面前半部与后半部的重合投影，其左右两边分别为左右两底面的积聚性投影，上、下两边 $a'a'_1$、$b'b'_1$ 分别是圆柱最上、最下素线的投影。最上、最下两条素线 AA_1、BB_1 是圆柱面由前向后的转向线，是正面投影中可见的前半圆柱面和不可见的后半圆柱面的分界线，也称为正面投影的转向轮廓素线。同理，可对水平投影中的矩形进行类似的分析，如图 2-11 所示。

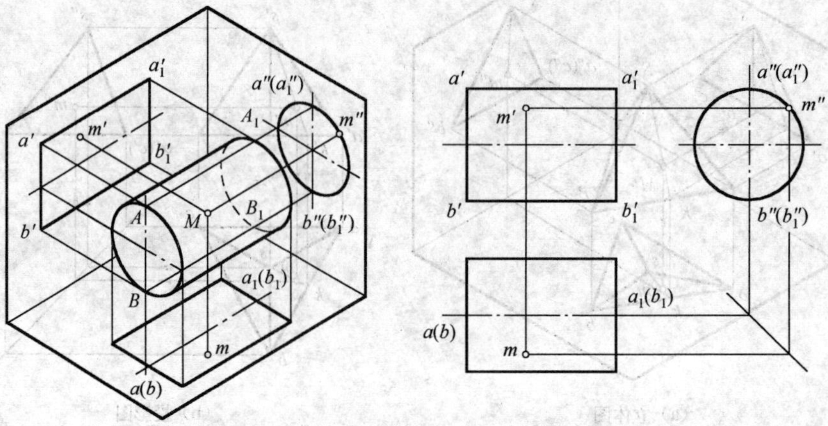

（a）立体图　　　　（b）投影图

图 2－11　圆柱的投影

圆柱的投影特征：当圆柱的轴线垂直某一个投影面时，必有一个投影为圆形，另外两个投影为全等的矩形。

2. 圆锥

圆锥表面由圆锥面和底面所围成。如图 2－12（a）所示，圆锥面可看作是一条直母线 *SA* 围绕与它平行的轴线 *SO* 回转而成。在圆锥面上通过锥顶的任一直线称为圆锥面的素线。

圆锥的投影。画圆锥面的投影时，也常使其轴线垂直于某一投影面。

如图 2－12（a）所示位置的圆锥，其轴线是铅垂线，底面是水平面，图 2－12（b）是它的投影图。圆锥的水平投影为一个圆，反映底面的实形，同时也表示圆锥面的投影。圆锥的正面、侧面投影均为等腰三角形，其底边均为圆锥底面的积聚投影。正面投影中三角形的两腰 $s'a'$、$s'c'$ 分别表示圆锥面最左、最右轮廓素线 *SA*、*SC* 的投影，它们是圆锥面正面投影可见与不可见的分界线。*SA*、*SC* 的水平投影 *sa*、*sc* 和横向中心线重合，侧面投影 $s''a''$（c''）与轴线重合。同理可对侧面投影中三角形的两腰进行分析。

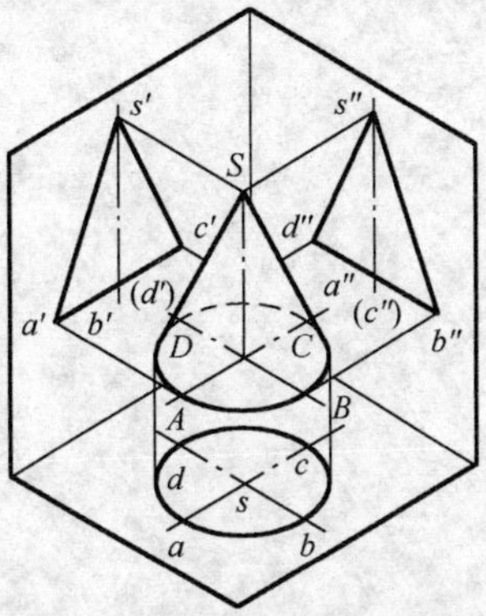

（a）立体图

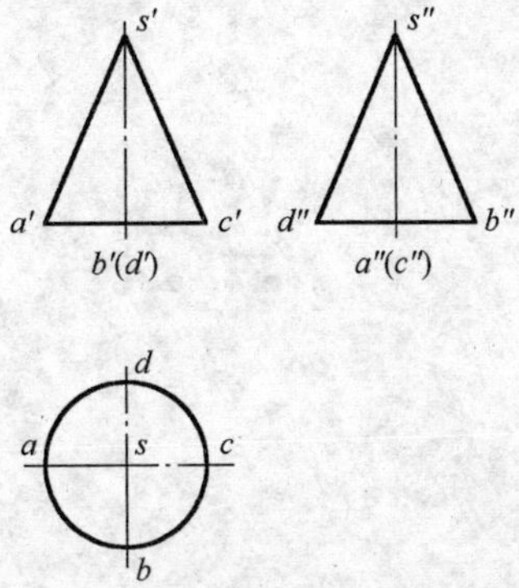

（b）投影图

图 2－12　圆锥的投影

圆锥的投影特征：当圆锥的轴线垂直某一个投影面时，则圆锥在该投影面上投影为与其底面全等的圆形，另外两个投影为全等的等腰三角形。

3. 圆球

圆球的表面是球面，如图 2－13(a)所示，圆球面可看作是一条圆母线绕通过其圆心的轴线回转而成。

圆球的投影。如图 2－13（a）所示为圆球的立体图，如图 2－13（b）所示为圆球的投影图。圆球在三个投影面上的投影都是直径相等的圆，但这三个圆分别表示三个不同方向的圆球面轮廓素线的投影。正面投影的圆是平行于 *V* 面的圆素线 *A*（它是前面可见半球与后面不可见半球的分界线）的投影。与此类似，侧面投影的圆是平行于 *W* 面的圆素线 *C* 的投影；水平投影的圆是平行于 *H* 面的圆素线 *B* 的投影。这三条圆素线的其他两面投影，都与相应圆的中心线重合，不应画出。

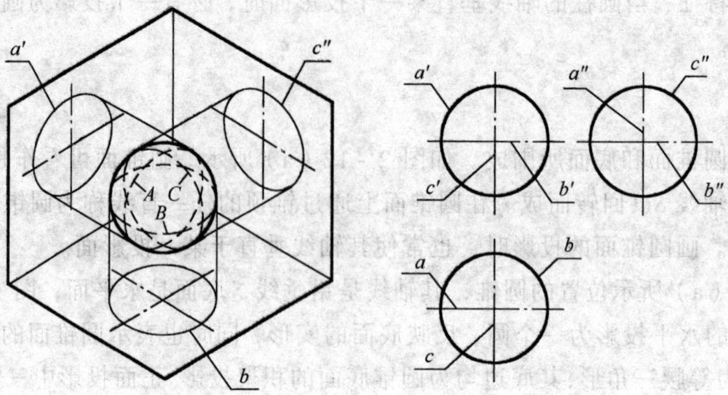

（a）立体图　　（b）投影图

图 2－13　圆球的投影

课题三　识读截断体与相贯体的三视图

知识点：

◆ 带切口立体的特殊位置投影图画法和原理。

◆ 两圆柱正交的简化画法。

技能点：

◆ 能识读两个同轴回转体相交时的相贯线。

◆ 能识读切割体的三视图。

实际的机器零件不可能都是一个完整的基本立体，而往往是基本体被一个或多个平面截切，如图 3–1（a）所示；或是两立体相交形成的整体，如图 3–1（b）所示。将图示的两种立体分别称为截断体和相贯体。

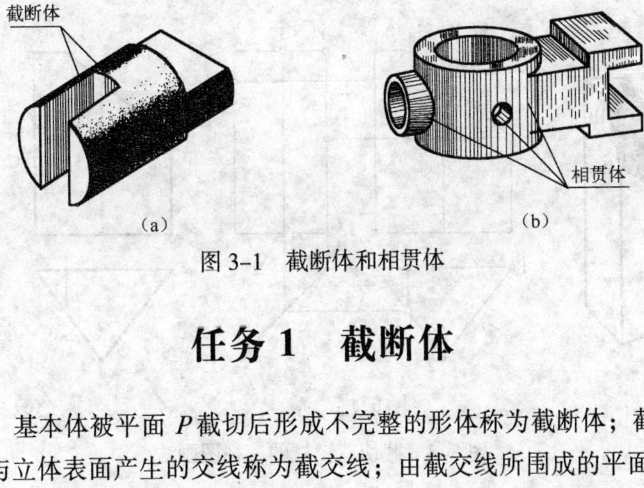

图 3–1　截断体和相贯体

任务 1　截断体

如图 3–2 所示，基本体被平面 *P* 截切后形成不完整的形体称为截断体；截切立体的平面 *P* 称为截平面；截平面与立体表面产生的交线称为截交线；由截交线所围成的平面图形称为截断面。

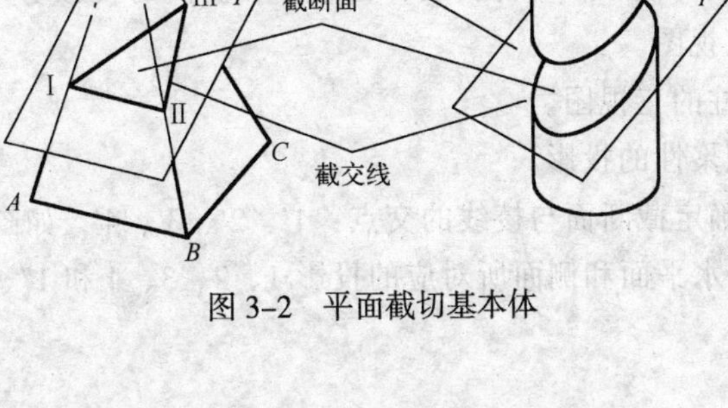

图 3–2　平面截切基本体

截断体中未被截切的部分仍按原三视图的投影方法形成，而求截断面就是找截交线。通过掌握截交线的画法，以画促读。

1. 截交线的基本性质

（1）截交线既在截平面上，又在立体表面上，因此截交线是截平面与立体表面的共有线，截交线上的点也都是他们的公共点。求作截交线就是求截平面与立体表面的共有点和共有线。

（2）截交线是一个封闭的平面图形。

2. 求截交线的方法与步骤

（1）分析被截立体的形状、截断面的形状及空间位置。

（2）画基本体的视图。

（3）画截断面有积聚性的投影。

（4）求出截断面与立体表面的一系列共有点，依次连接成截交线。

一、平面截切平面立体

平面与平面立体相交，其截交线是由直线围成的平面多边形，多边形的边是截平面与平面立体表面的交线，多边形的顶点是截平面与平面立体棱线的交点。因此，求平面立体的截交线可归结为求截平面与立体表面的交线或求截平面与立体上棱线的交点。

【例 3-1】 求三棱柱被平面 *P* 截切后的三视图，如图 3-3 所示。

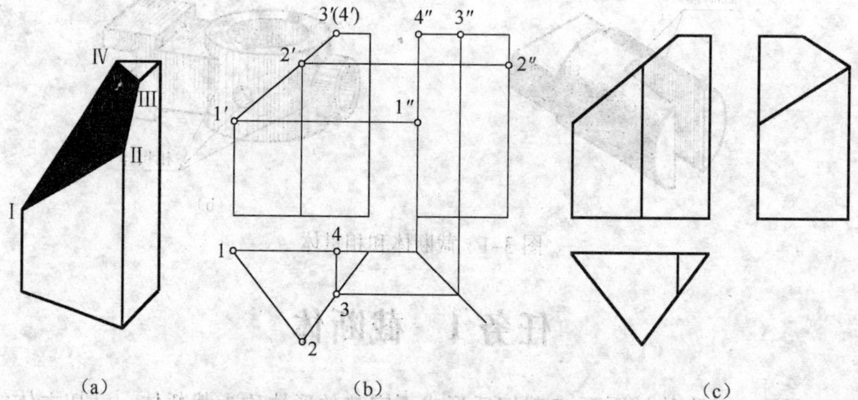

图 3-3　截切三棱柱的三视图画法

解：（1）分析截切体与截面的投影特性。

三棱柱被正垂面截切后形成的截面为四边形。四边形的四个顶点为Ⅰ、Ⅱ、Ⅲ、Ⅳ，如图 3-3 所示。截面在正面的投影积聚为斜线，在水平和侧面的投影均为类似形（四边形）。

（2）画基本体的三视图。

用细实线画出三棱柱的三视图。

（3）画截断面有积聚性的投影。

主视图上一斜线。确定截断面与棱线的交点：1′、2′、3′、4′，如图 3-3（b）所示。

（4）求出这四点在水平面和侧面所对应的投影 1、2、3、4 和 1″、2″、3″、4″，依次连接各点的同面投影，即得截交线的水平投影和侧面投影。

（5）擦去截除部分的投影，加深图线。

【例 3-2】 求正四棱锥被正垂面 P 截切后的水平投影和侧面投影，如图 3–4 所示。

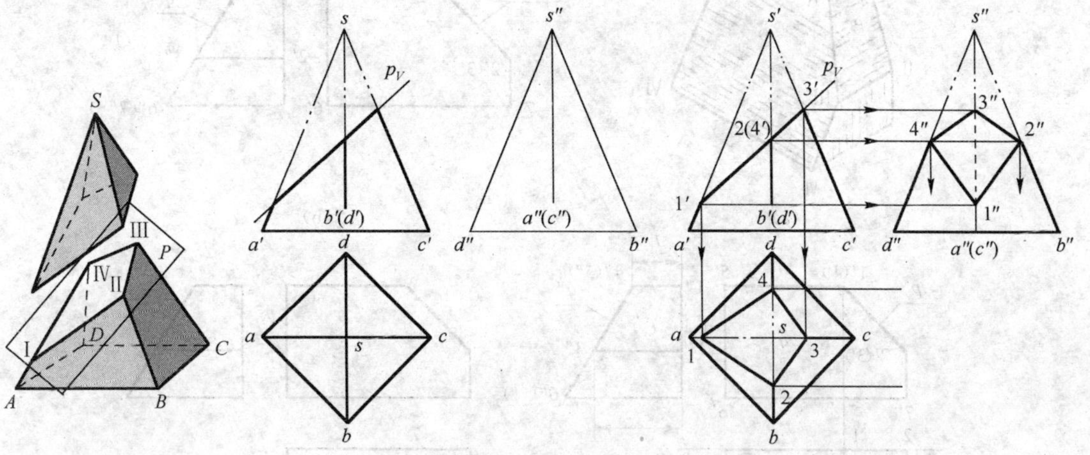

（a）直观图　（b）题目　（c）作图结果

图 3–4　平面截切四棱锥后截交线画法

（1）分析截切体与截面的投影特性。

由图中可知截平面 P 与四棱锥的四个棱面相交，截交线为四边形，它的四个顶点为截平面与四条棱线的交点。

（2）画基本体的三视图。

用细实线画出四棱锥的三视图。

（3）画截断面有积聚性的投影。

平面 P 为正垂面，1′3′直线段为截交线的正面投影。利用其正面投影具有积聚性的特点。可直接得到各棱线与平面 P 交点的正面投影 1′、2′、3′、4′。

（4）分别求出截交线各顶点的水平投影 1、2、3、4 和侧面投影 1″、2″、3″、4″，依次连接各点的同面投影，即得截交线的水平投影和侧面投影。由于 3c 的侧面投影不可见，所以 3″1″之间画成虚线。

（5）擦去截除部分的投影，加深图线。

【例 3–3】求四棱柱被平面 P 与 Q 截切后的俯视图，如图 3–5 所示。

（1）分析截切体与截面的投影特性。

四棱柱被正垂面 P 截切后形成的截面为四边形。四边形的四个顶点为Ⅰ、Ⅱ、Ⅲ、Ⅳ，如图 3–5 所示。截面在正面的投影积聚为斜线，在水平和侧面的投影均为类似形（四边形）。

四棱柱被侧垂面 Q 截切后形成的截面为五边形，五边形的五个顶点为Ⅲ、Ⅳ、Ⅴ、Ⅵ、Ⅶ，如图 3–5 所示。截面在侧面的投影积聚为斜线，在水平和正面的投影均为类似形（五边形）。

（2）画基本体的三视图。

用细实线画出四棱柱的三视图。

（3）画截断面有积聚性的投影。

平面 P 在主视图上是一斜线，平面 Q 在左视图上是一斜线。

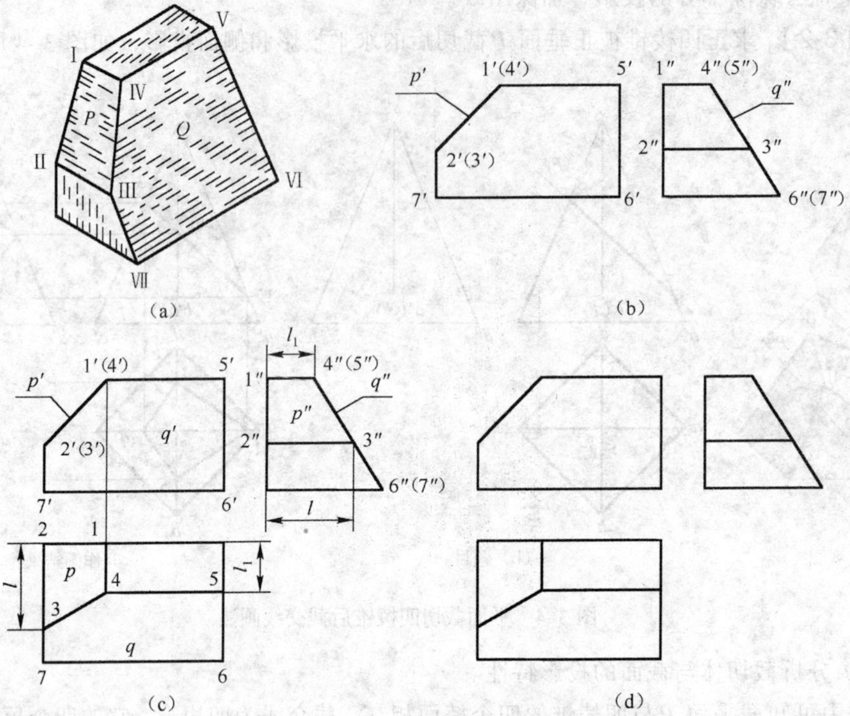

图 3–5　四棱柱被两个平面截切

（4）分别按“三等”关系求出截交线各顶点的投影，依次连接各点的同面投影，即得截交线各投影。

（5）擦去截除部分的投影，加深图线。

二、平面截切回转体

1. 平面截切圆柱体

平面与圆柱相交。截交线一般是由曲线或曲线与直线围成的封闭的平面图形。

当截交线的投影为非圆曲线时，可以利用表面取点的方法求出截交线上一系列点的投影，再连成光滑的曲线。平面截切圆柱时。根据平面与圆柱轴线的相对位置不同，有下列三种基本形式，如表 3–1 所示。

（1）截平面（表中为正平面）平行于圆柱轴线，截平面与圆柱面的交线为平行于圆柱轴线的两条平行线，与圆柱的截交线为矩形。由于截平面为正平面，所以截交线的正面投影反映实形，水平投影和侧面投影分别积聚成直线段。

（2）截平面（表中为水平面）垂直于圆柱轴线。截交线为圆，其水平投影与圆柱面的水平投影重合，正面投影和侧面投影分别积聚成直线段。

（3）截平面（表中为正垂面）倾斜于圆柱轴线，截交线为椭圆，其正面投影为直线，水平投影与圆柱面的水平投影重合，侧面投影一般仍为椭圆。

表 3-1　圆柱表面截交线的三种情况

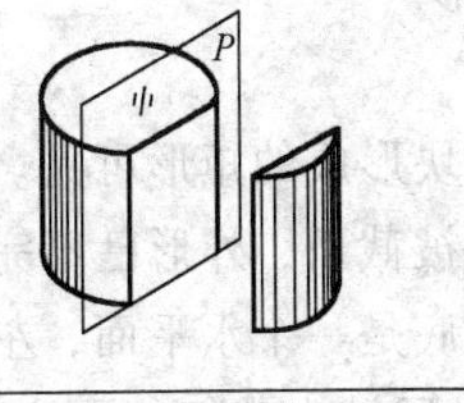	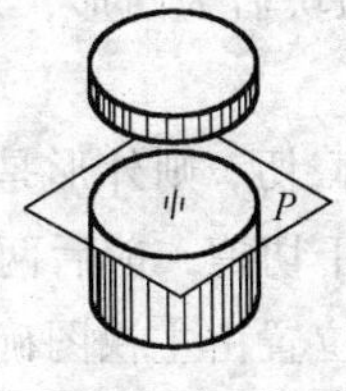	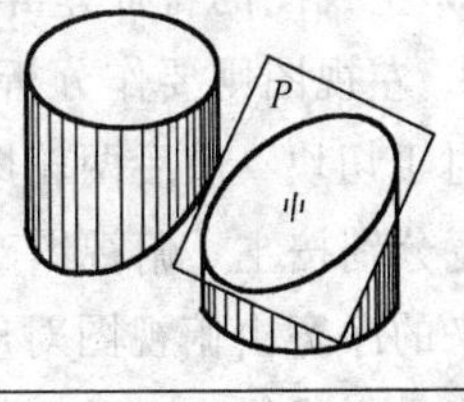
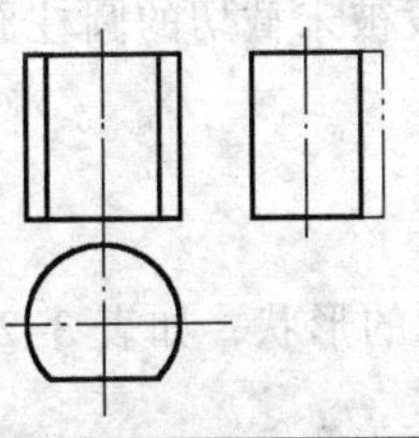	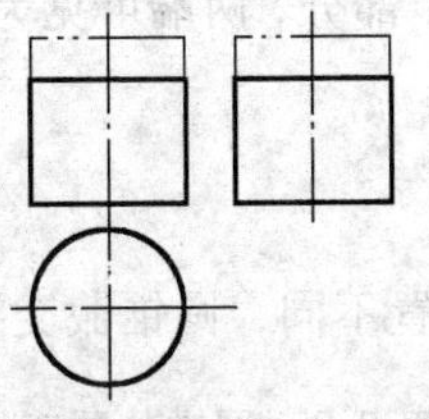	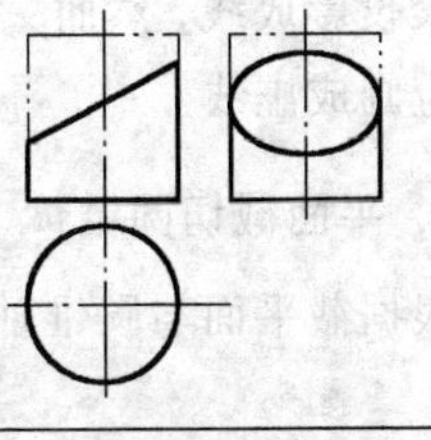
截平面与圆柱轴线平行	截平面与圆柱轴线垂直	截平面与圆柱轴线倾斜
截交线为矩形	截交线为圆	截交线为椭圆

下面举例说明圆柱的截交线投影的作图方法。

【例 3-4】如图 3-6 所示，已知圆柱体被截切后的主视图和俯视图，求作左视图。

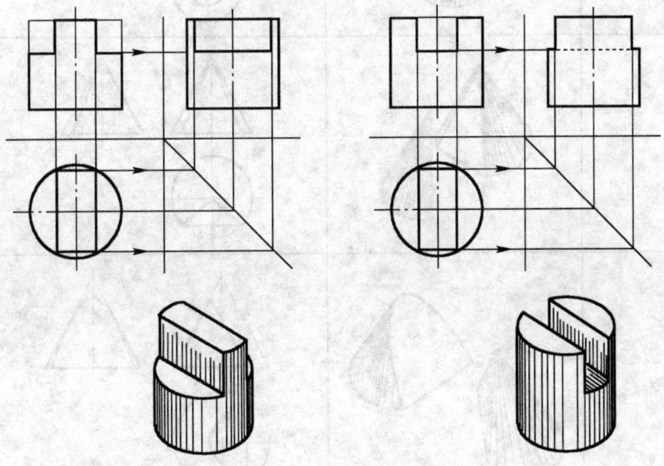

（a）切块　　（b）切槽

图 3-6　圆柱体切块和切槽的画法

（1）分析截切体与截面的投影特性。截平面（图中为侧平面）平行于圆柱轴线，截平面与圆柱面的交线为平行于圆柱轴线的两条平行线，与圆柱的截交线为矩形。其正面投影是直线段并与截平面重合，其水平投影是直线，据投影规律可由截交线的两面投影求得侧面投影。

（2）画基本体的三视图。用细实线画出圆柱的三视图。

（3）画截断面有积聚性的投影。在主、俯视图中找出截平面为积聚性的投影。

（4）作图：根据不同位置截平面的投影特性，按“三等”的关系画出其他视图里的截交线投影，注意分析与判断它们是否可见，最后按规定的线型整理和描粗有关图线即成。但要注意圆柱体切块和切槽的三个视图间是有异同的。其异同点如下：

① 俯视图两者无区别。

② 主视图的特征差异比较显著，切块后为凸形，切槽后为凹形。

③ 左视图则要作分析比较。

对于切块，前后两轮廓素线均未被截切，则外形是完整的，切块形成的矩形可见。矩形的高、宽分别按主、俯视图对位确定。对于切槽，前后两轮廓素线已被截切，外形已不完整，切剩下来的净宽由俯视图对应确定，槽底位置由主视图确定。虽然槽底是一个水平面，左视图里应积聚投影成线，然而，该线分成三个部分，两端可见为粗实线，中段被未截切的圆柱面所遮，所以应画成虚线。

2. 平面截切圆锥体

根据截平面与圆锥轴线的相对位置不同，圆锥截交线有五种不同的形状，如表 3-2 所示。

表 3-2　圆锥的截交线

截平面位置	立　体　图	投　影　图	截交线形状
截平面垂直圆锥轴线		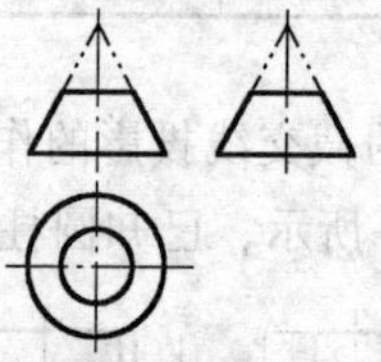	圆
截平面通过圆锥顶点	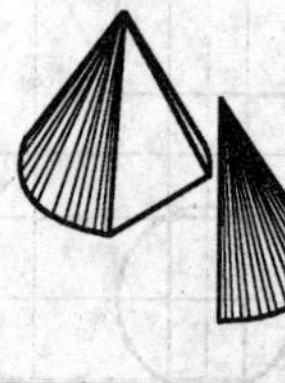	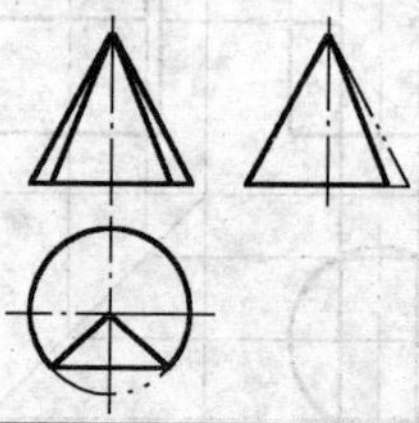	相交二直线
截平面和轴线相交 $\alpha=\theta$	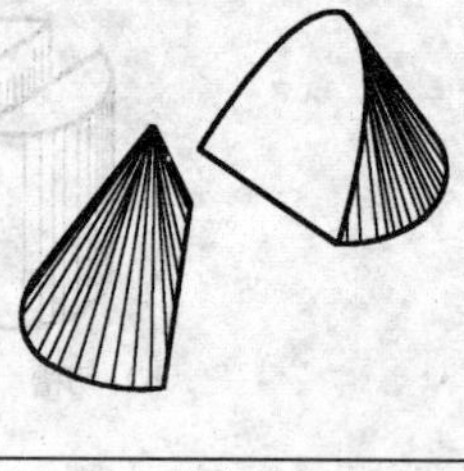	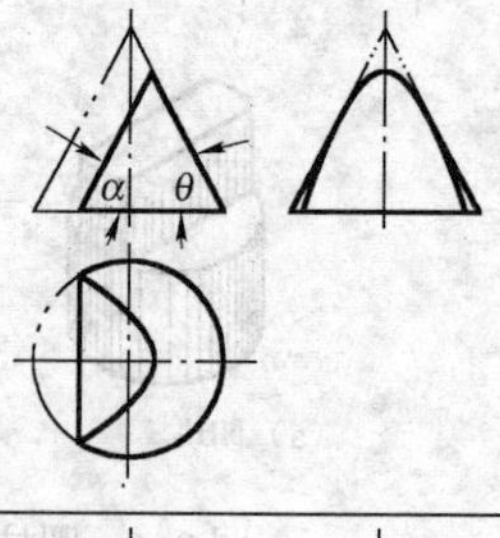	抛物线
截平面和轴线平行或相交 $\alpha>\theta$	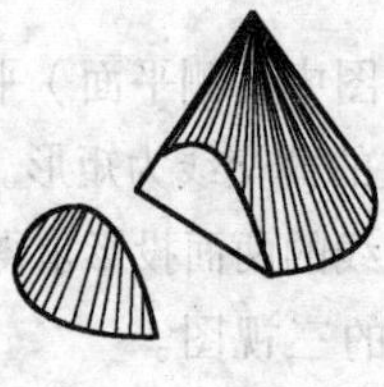	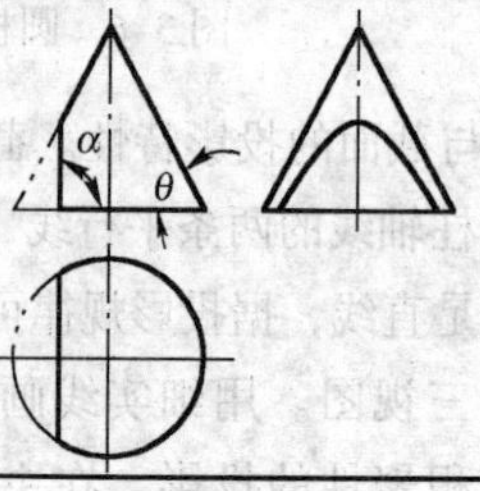	双曲线

3. 平面截切圆球

球被任何位置平面截切，其截交线都是圆。当截平面平行于某一投影面时，截交线在该投影面上的投影为圆的实形，在其他两投影面上的投影积聚为直线，如图 3-7（a）所示；当截平面处于其他位置时，则截交线在三个投影中必有椭圆，如图 3-7（b）所示。

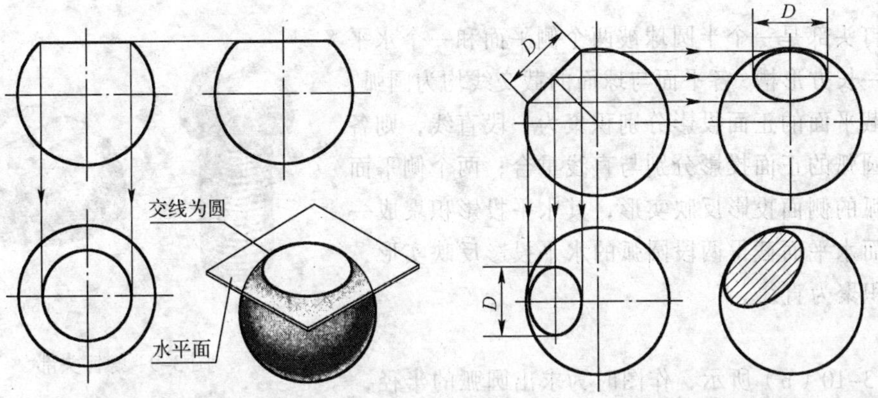

（a）截面图与 H 面平行　　（b）截平面与投影面倾斜

图 3-7　平面截切球

【例 3-5】已知被正平面、水平面和侧平面所截切球体的正面投影，求其水平投影和侧面投影，如图 3-8（a）所示。

分析：

由图可以看出，三个截平面分别为正平面、水平面和侧平面，将各个平面可分别用 P、R、Q 表示，其立体图如图 3-8（b）所示。

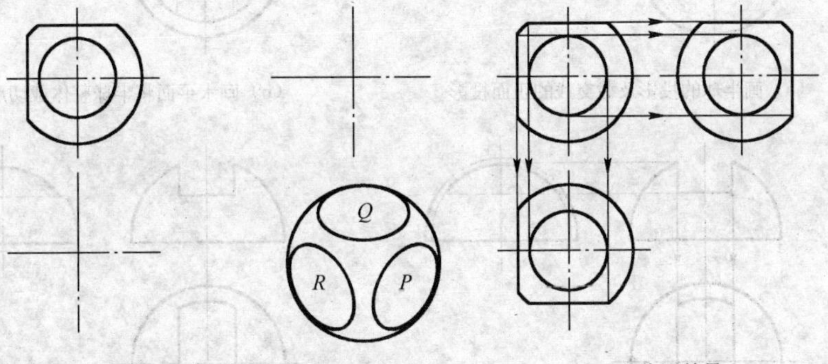

（a）被截切球体的正面投影　（b）立体图　（c）作图结果

图 3-8　三个截平面截切球体后截交线的画法

P 平面与球面截交线的正面投影为反映实形的圆，水平投影和侧面投影分别积聚为水平和铅垂方向的直线段；Q 平面与球面截交线的正面投影为水平方向的直线段，水平投影为反映实形的圆，侧面投影为水平方向的直线段；R 平面与球面截交线的正面投影为铅垂方向的直线段，水平投影为沿垂方向的直线段，侧面投影为反映实形的圆，如图 3-8（c）所示。

作图：

① 根据主视图的投影尺寸，画出整球体的左视图和俯视图。

② 根据 Q 面在主视图上积聚的直线投影，按高平齐和长对正画出主俯视图。

③ 同理，根据 R 与 P 面在主视图上积聚的直线投影，按高平齐和长对正面出主俯视图。

【例 3-6】绘制图 3-9 所示半圆头螺钉头部的投影。

分析：

该螺钉头部是一个半圆球被两个侧平面和一个水平面截切出一长方形槽，各平面与球面的截交线均为圆弧。

因各截平面的正面投影分别积聚为一段直线，则各段截交线圆弧的正面投影分别与直线重合；两个侧平面截得的圆弧的侧面投影反映实形，其水平投影积聚成一直线段；而水平面截得两段圆弧的水平投影反映实形，侧面投影积聚为直线。

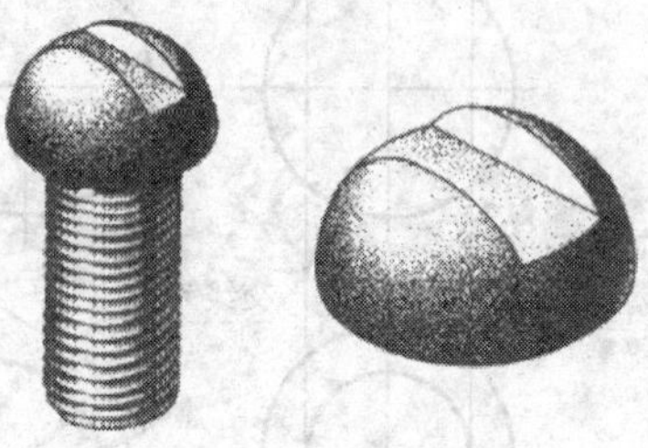

(a)　(b)

图 3-9　螺钉头部

作图：

如图 3-10（b）所示，作图时为求出圆弧的半径，可假想将截平面扩大，画出平面与整个球面的交线圆，然后留取实际存在的部分圆弧。作图过程如图 3-10 所示。

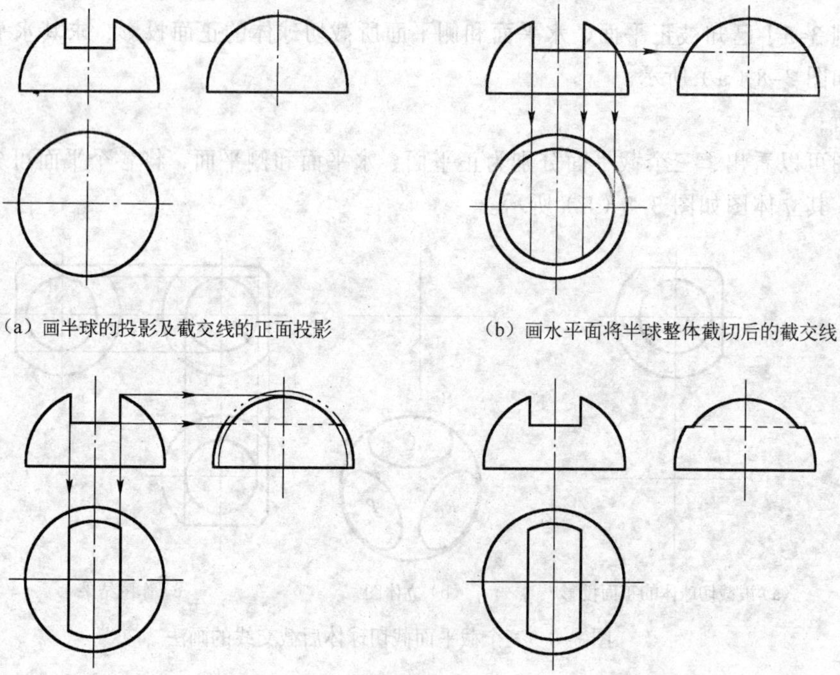

（a）画半球的投影及截交线的正面投影　（b）画水平面将半球整体截切后的截交线

（c）画侧平面截切半球的截交线侧面投影和水平投影　（c）画截平面间的交线结果

图 3-10　螺钉头部作图过程

任务 2　相 贯 体

一、相贯体及其性质

两立体相交构成的形体称为相贯体，其表面所产生的交线称为相贯线。

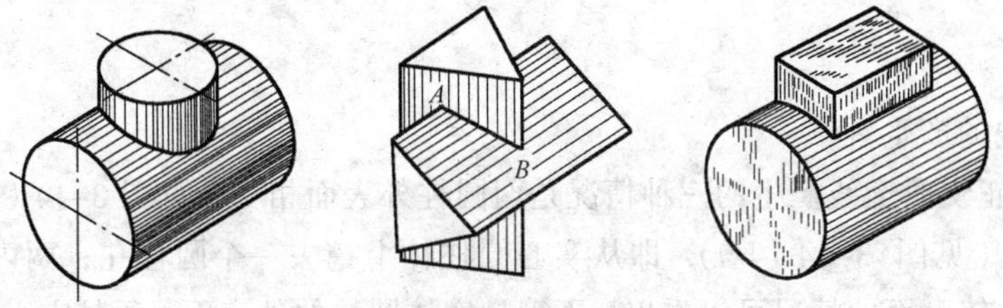

图 3-11　相贯体

相贯线有以下性质：

（1）相贯线是两立体表面的共有线，也是两立体表面的分界线。

（2）一般情况下，相贯线是封闭的空间曲线，在特殊情况下成为平面曲线或直线。相贯线的形状，由两相交立体的表面形状、大小及相对位置决定。

本节重点讨论平面立体与曲面立体相贯和曲面立体与曲面立体相贯。

二、曲面立体与曲面立体相贯

1. 圆柱与圆柱相贯

【例 3-7】求作正交两不等径圆柱的相贯线。

分析：

由图 3-12 中可以看出，大圆柱轴线垂直于侧面，小圆柱轴线垂直于水平面，两圆柱轴线垂直相交。因为相贯线是两圆柱面上的共有线，所以其水平投影积聚在小圆柱的水平投影的圆周上，而侧面投影积聚在大圆柱侧面投影的圆周上（在小圆柱外形轮廓线之间的一段圆弧），需要求的是相贯线的正面投影。因相贯线前、后对称，所以相贯线前、后部分的正面投影重合，是一条非圆曲线。

为使作图简便，保持图面清晰，在对作图的准确程度没有特殊要求的情况下，可以将这种相贯线按规定的简化画法画出。

作图：

将图 3-12 所示主视图中的非圆曲线简化成一段圆弧。其圆心位于其中较小直径圆柱体的轴线上；半径等于其中较大直径圆柱体的半径；圆弧凹入较大直径的圆柱面内，如图 3-13 所示。采用简化画法画出的相贯线，各特殊位置点的投影仍符合“三等”关系。

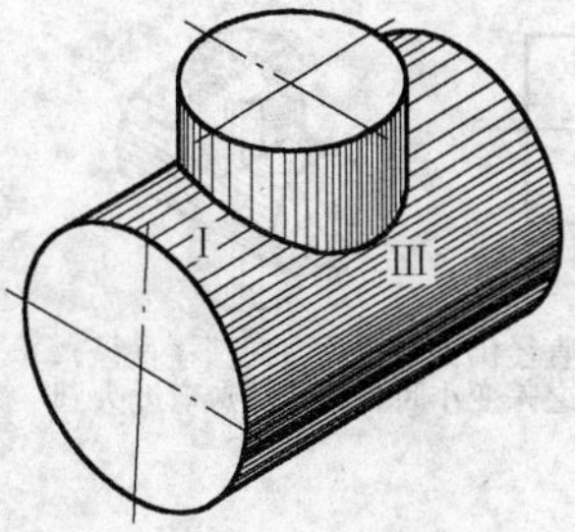

图 3-12　相贯体

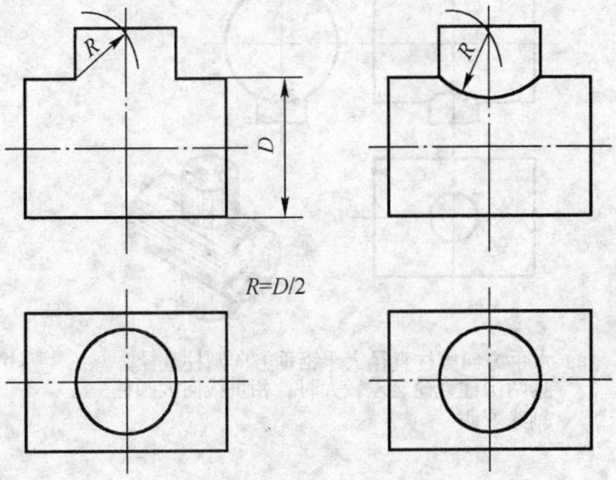

图 3-13　两圆柱正交时交线的近似画法

讨论：

（1）相贯线的产生：

两圆柱垂直正交时交线产生的三种情况是两圆柱外表面相交（见图 3-14（a））；外圆柱面与内圆柱面相交（见图 3-14（b）），即从实心圆柱体上挖去一个圆柱孔；两内表面相交（见图 3-14（c））。比较上面的情况可以看出，不管是实体圆柱的外表面，还是空心圆柱的内表面，只要相交，实质上都是圆柱面相交，其相贯线的求法都是相同的。

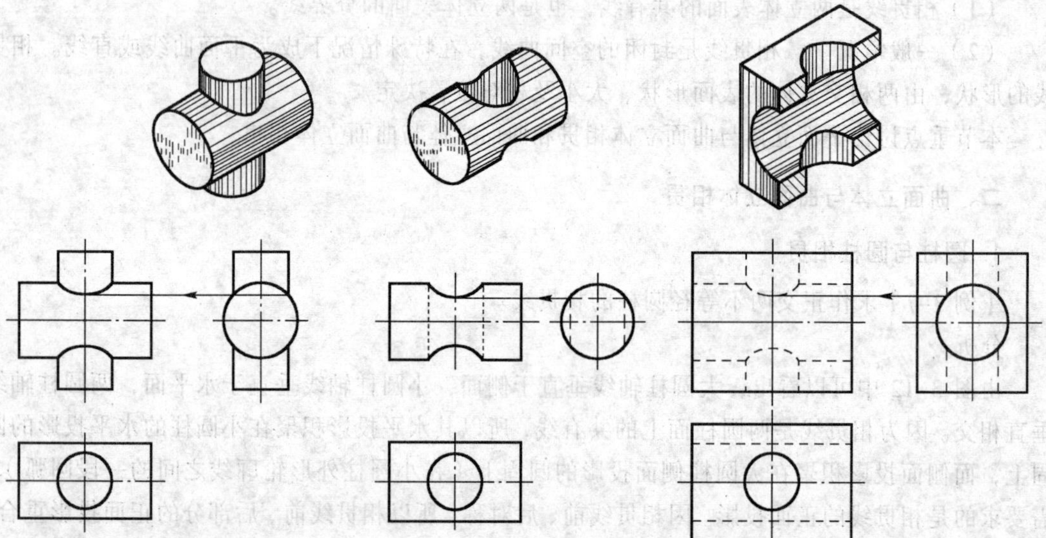

（a）两外表面相交　（b）外表面与内表面相交　（c）两内表面相交

图 3-14　两圆柱垂直正交时交线产生的三种情况

（2）相贯线的弯曲趋势与变化规律：

两圆柱正交相贯线的弯曲趋势及变化规律如图 3-15 所示。

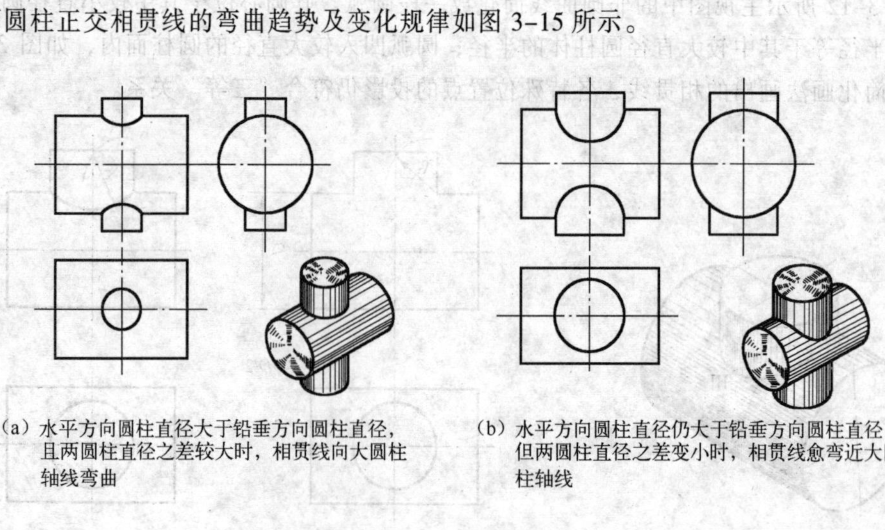

（a）水平方向圆柱直径大于铅垂方向圆柱直径，且两圆柱直径之差较大时，相贯线向大圆柱轴线弯曲

（b）水平方向圆柱直径仍大于铅垂方向圆柱直径，但两圆柱直径之差变小时，相贯线愈弯近大圆柱轴线

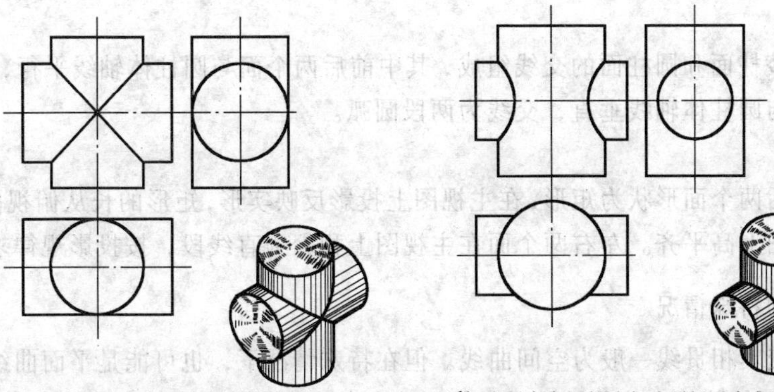

（c）两圆柱直径相等时，相贯线为两个椭圆，其正面投影为相交两直线

（d）水平方向圆柱直径小于铅垂方向圆柱直径时，相贯线向大圆柱轴线弯曲

图 3-15　两圆柱正交相贯线的弯曲趋势及变化规律

（3）两穿孔圆柱正交相贯线的形式及变化规律如表 3-3 所示。

表 3-3　两穿孔圆柱正交相贯线的形式及变化规律

型　式	轴上圆柱孔	不等径圆柱孔	等径圆柱孔
投影图	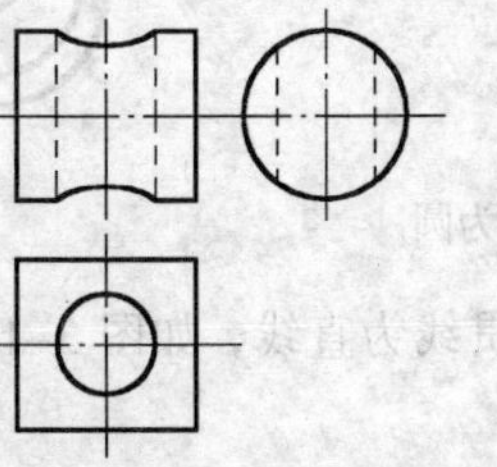	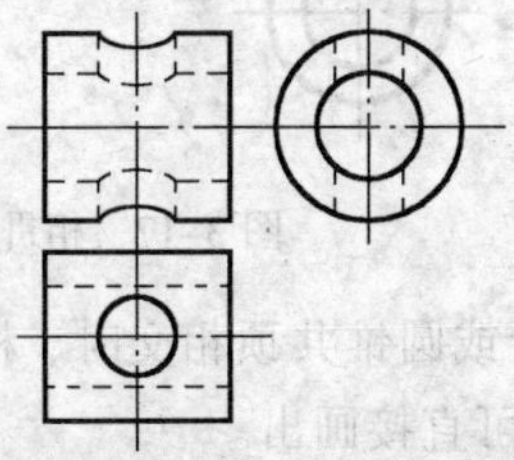	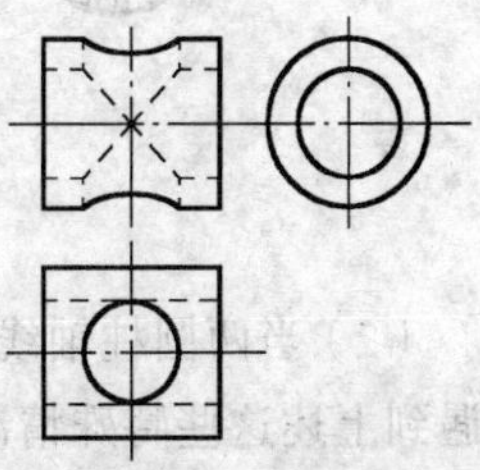
相贯线投影形状	曲线向着圆柱轴线弯曲	曲线向着大孔轴线弯曲	过两轴线交相交直线

三、平面立体与回转体相交

平面立体与回转体相交，其交线由若干直线段和曲线组成，每一段为平面立体上的侧棱面与回转体表面的交线，所以，求相贯线的实质是求平面体的棱面与回转体表面的交线。现以常见的四棱柱与圆柱相贯情况为例，说明作图方法。

【例 3-8】如图 3-16 所示，四棱柱与圆柱体相交，已知俯视图、左视图，完成主视图。

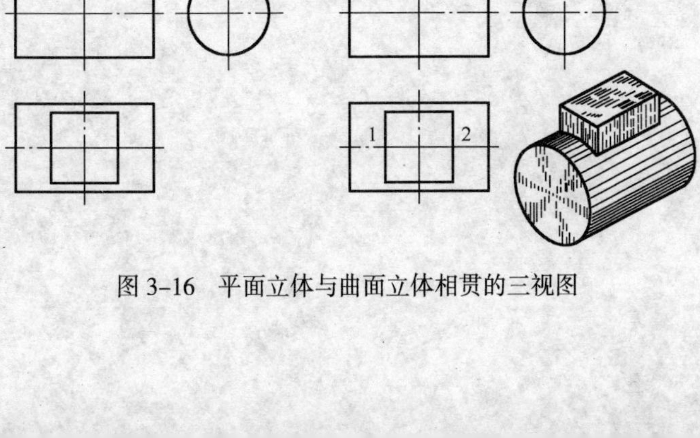

图 3-16　平面立体与曲面立体相贯的三视图

分析：

相贯线由四棱柱面和圆柱面的交线组成，其中前后两个面与圆柱体轴线平行，交线为直线段，左右两个面与圆柱体轴线垂直，交线为两段圆弧。

作图：

四棱柱的前后两个面形状为矩形，在主视图上投影反映实形，矩形的长从俯视图上长对正，矩形的高从左视图上高平齐。左右两个面在主视图上积聚为直线段，按投影规律求得。

四、相贯线的特殊情况

两回转体相交其相贯线一般为空间曲线。但在特殊情况下，也可能是平面曲线或直线。

（1）当两个回转体具有公共轴线时，其相贯线为圆。如图 3-17 所示，该圆的正面投影为一直线，水平投影为圆的实形。

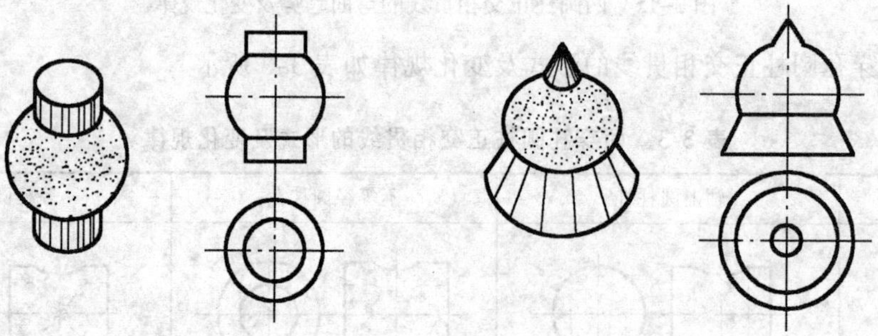

图 3-17　相贯线为圆

（2）当两圆柱轴线平行或圆锥共顶相交时、相贯线为直线，如图 3-18 所示，画相贯线时如遇到上述这些特殊情况，可直接画出。

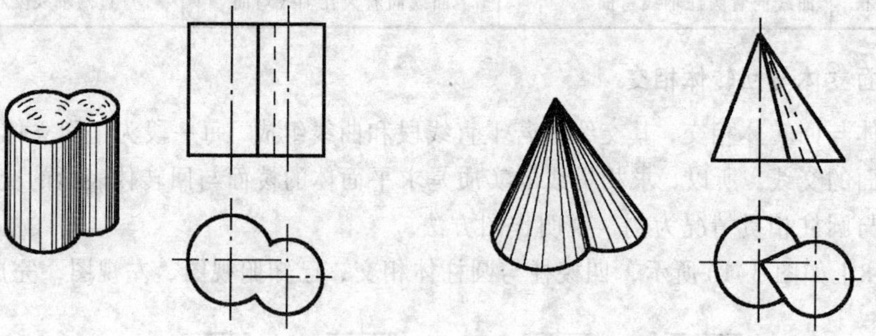

图 3-18　相贯线为直线

课题四 组合体的三视图

知识点：

◆ 组合体的三视图的概念。

◆ 组合体的看图方法。

◆ 组合体的画法和尺寸标注。

技能点：

◆ 正确地使用绘图工具和徒手画图的方法，按照国家标准的规定绘制组合体的三视图并能进行尺寸标注。

由两个以上基本几何体组合成的物体称为组合体。本课题主要介绍组合体的形体分析、组合体的画法、看组合体视图以及尺寸标注。

任务1 组合体形体分析

一、组合体的组合形式和表面连接关系

1. 组合体的组合形式

组合体的组合形式有三种，如图4-1所示。

（1）叠加。

（2）切割。

（3）综合。该形式是上面两种基本形式的综合。

(a) 叠加型　(b) 切割型　(c) 综合型

图4-1 组合体的组合形式

2. 组合体的表面连接关系

（1）平齐或不平齐。当两基本体表面平齐时，结合处不画分界线。当两基本体表面不平齐时，结合处应画出分界线。

如图 4－2（a）所示组合体，上、下两表面平齐，在主视图上不应画分界线。如图 4－2（b）所示组合体，上、下两表面不平齐，在主视图上应画出分界线。

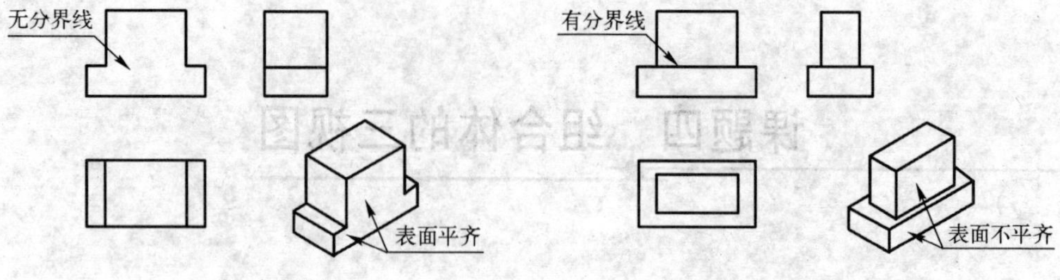

（a）表面平齐　　（b）表面不平齐

图 4－2　表面平齐和不平齐的画法

（2）相切。当两基本体表面相切时，在相切处不画分界线。

如图 4－3（a）所示组合体，它是由底板和圆柱体组成，底板的侧面与圆柱面相切，在相切处形成光滑地过渡，因此主视图和左视图中相切处不应画线，此时应注意两个切点 A、B 的正面投影 a'、（b'）和侧面投影 a''、（b''）的位置。图 4－3（b）所示是常见的错误画法。

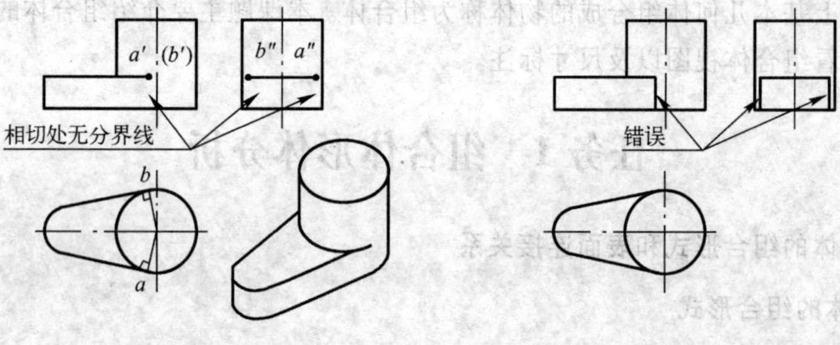

（a）正确画法　　（b）错误画法

图 4－3　表面相切的画法

（3）相交。当两基本体表面相交时，在相交处应画出分界线。

如图 4－4（a）所示组合体，它也是由底板和圆柱体组成，但本例中底板的侧面与圆柱面是相交关系，故在主、左视图中相交处应画出交线。图 4－4（b）是常见的错误画法。

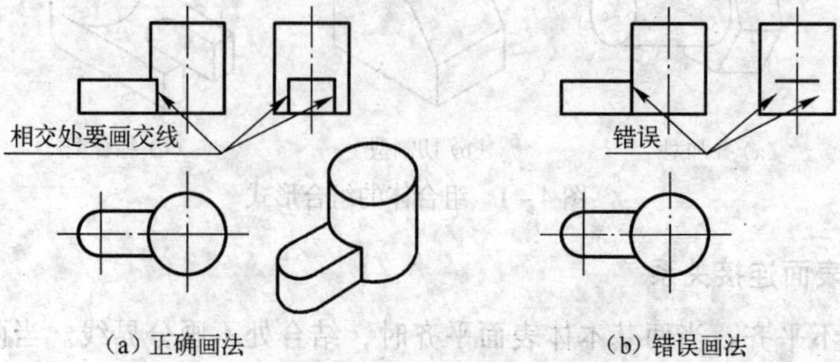

（a）正确画法　　（b）错误画法

图 4－4　表面相交的画法

二、形体分析法

形体分析法——假想将组合体分解为若干基本体，分析各基本体的形状、组合形式和相对位置，弄清组合体的形体特征，这种分析方法称为形体分析法。

如图 4－5（a）所示的支座可分解成图 4－5（b）所示的四个部分。

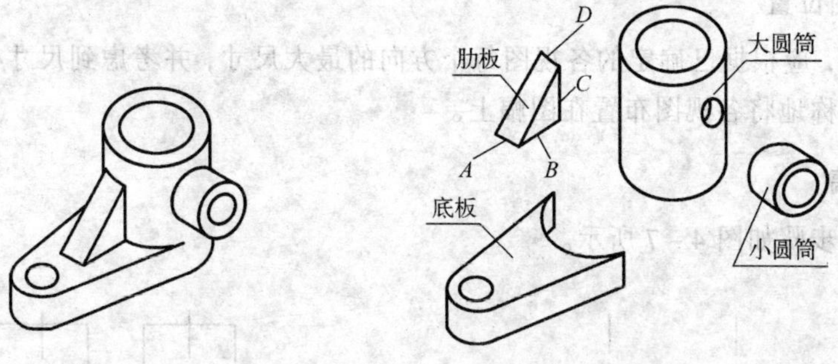

（a）支座　　（b）分解图

图 4－5　组合体的形体分析

任务 2　绘制组合体视图

一、组合体的画法

1. 形体分析

画图前，首先应对组合体进行形体分析，分析该组合体是由哪些基本体所组成的，了解它们之间的相对位置、组合形式以及表面间的连接关系及其分界线的特点。

图 4－5 中所示的支座由大圆筒、小圆筒、底板和肋板组成，可以看出大圆筒与底板接合，底板的底面与大圆筒底面共面，底板的侧面与大圆筒的外圆柱面相切；肋板叠加在底板的上表面上，右侧与大圆筒相交，其表面交线为 *A*、*B*、*C*、*D*，其中 *D* 为肋板斜面与圆柱面相交而产生的椭圆弧；大圆筒与小圆筒的轴线正交，两圆筒相贯连成一体，因此两者的内外圆柱面相交处都有相贯线。通过对支座进行这样的分析，弄清它的形体特征，对于画图有很大帮助。

在具体画图时，可以按各个部分的相对位置，逐个画出它们的投影以及它们之间的表面连接关系，综合起来即得到整个组合体的视图。

2. 选择主视图

表达组合体形状的一组视图中，主视图是最主要的视图。在画三视图时，主视图的投影方向确定以后，其他视图的投影方向也就被确定了。因此，主视图的选择是绘图中的一个重要环节。主视图的选择一般根据形体特征原则来考虑，即以最能反映组合体形体特征的那个视图作为主视图，同时兼顾其他两个视图表达的清晰性。选择时还应考虑物体的安放位置，尽量使其主要平面和轴线与投影面平行或垂直，以便使投影能得到实形。

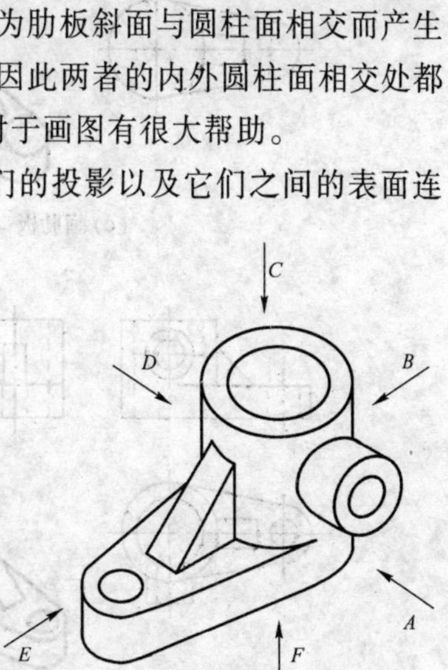

图 4－6　选择主视图投影方向

如图 4-6 所示的支座，比较箭头所指的各个投影方向，选择 *A* 向投影为主视图较为合理。

3. 确定比例和图幅

视图确定后，要根据物体的复杂程度和尺寸大小，按照标准的规定选择适当的比例与图幅。选择的图幅要留有足够的空间以便于标注尺寸和画标题栏等。

4. 布置视图位置

布置视图时，应根据已确定的各视图每个方向的最大尺寸，并考虑到尺寸标注和标题栏等所需的空间，匀称地将各视图布置在图幅上。

5. 绘制底稿

支座的绘图步骤如图 4－7 所示。

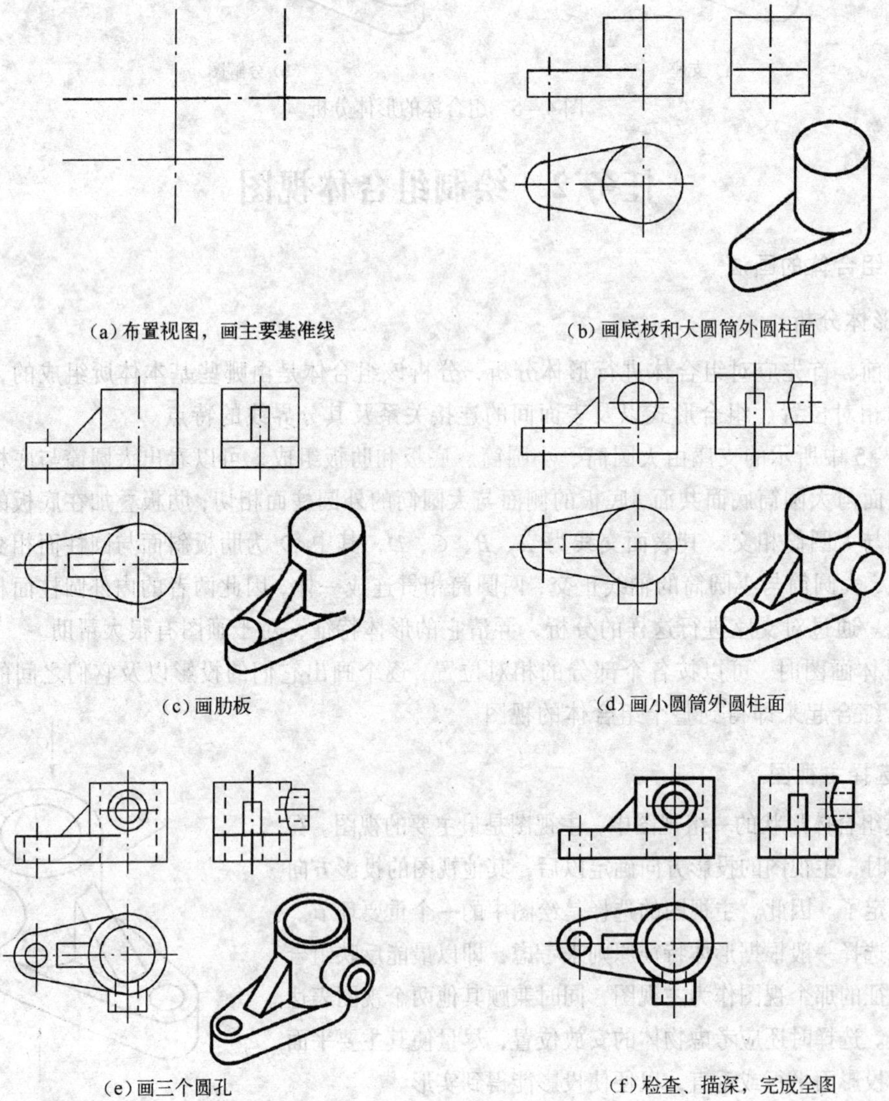

(a) 布置视图，画主要基准线

(b) 画底板和大圆筒外圆柱面

(c) 画肋板

(d) 画小圆筒外圆柱面

(e) 画三个圆孔

(f) 检查、描深，完成全图

图 4－7 支座三视图的作图步骤

绘图时应注意以下几点：

（1）为保证三视图之间相互对正，提高画图速度，减少差错，应尽可能把同一形体的三面投影联系起来作图，并依次完成各组成部分的三面投影。不要孤立地先完成一个视图，再画另一个视图。

（2）先画主要形体，后画次要形体；先画各形体的主要部分，后画次要部分；先画可见部分，后画不可见部分。

（3）应考虑到组合体是各个部分组合起来的一个整体，作图时要正确处理各形体之间的表面连接关系。

任务3　识读组合体视图

画图和读图是学习制图的两个重要环节。画图是将空间的物体形状在平面上绘制成视图，而读图是根据已画出的视图，运用投影规律，对物体空间形状进行分析、判断、想象的过程，读图是画图的逆过程。

一、读图的基本方法

1. 理解视图中线框和图线的含义

视图是由图线和线框组成的，弄清视图中线框和图线的含义对读图有很大帮助。

（1）视图中的每个封闭线框可以是物体上一个表面（平面、曲面或它们相切形成的组合面）的投影，也可以是一个孔的投影。如图 4－8 所示，主视图上的线框 *A*、*B*、*C* 是平面的投影，线框 *D* 是平面与圆柱面相切形成的组合面的投影，主、俯视图中大、小两个圆线框分别是大小两个孔的投影。

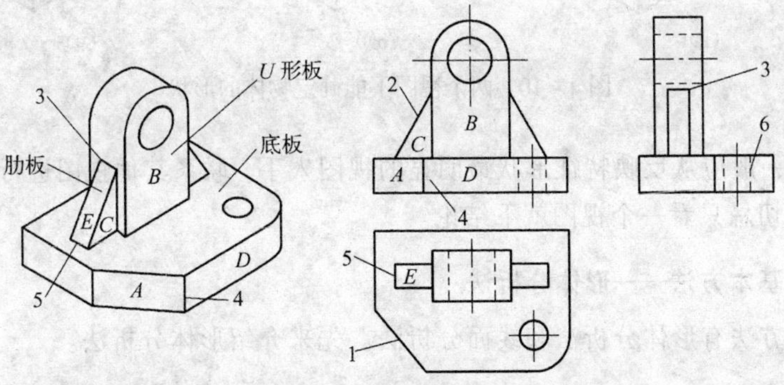

图 4－8　组合体视图

（2）视图中的每一条图线可以是面的积聚性投影，如图 4–8 所示的直线 1 和 2 分别是 *A* 面和 *E* 面的积聚性投影；也可以是两个面的交线的投影，如图 4–8 所示的直线 3 和 5 分别是肋板斜面 *E* 与拱形柱体左侧面和底板上表面的交线，直线 4 是 *A* 面和 *D* 面交线；还可以是曲面的转向轮廓线的投影，如图 4–8 所示的直线 6 是小圆孔圆柱面的转向轮廓线（此时不可见，画虚线）。

（3）视图中相邻的两个封闭线框，表示位置不同的两个面的投影。如图 4–8 所示的 *B*、*C*、*D* 三个线框两两相邻，从俯视图中可以看出，*B*、*C* 以及 *D* 的平面部分互相平行，且 *D* 在最前，*B* 居中，*C* 最靠后。

（4）大线框内包括的小线框，一般表示在大立体上凸出或凹下的小立体的投影。如图 4-8 所示的俯视图上的小圆线框表示凹下的孔的投影，线框 E 表示凸起的肋板的投影。

2. 将几个视图联系起来进行读图

一个组合体通常需要几个视图才能表达清楚，一个视图不能确定物体形状。如图 4-9 所示的三组视图，它们的主视图都相同，但由于俯视图不同，表示的实际是三个不同的物体。

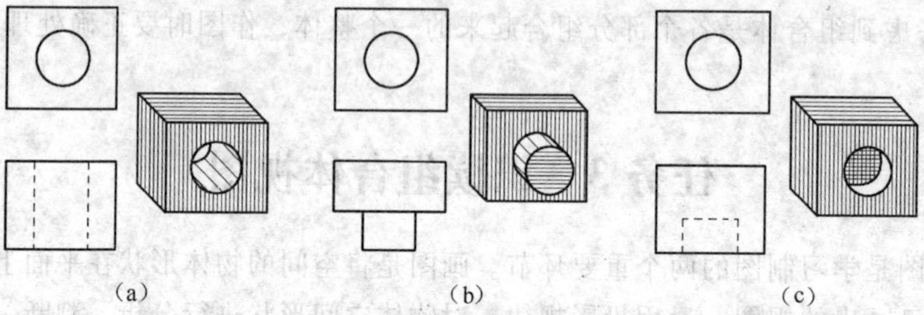

图 4-9　一个视图不能确定物体的形状

有时即使有两个视图相同，若视图选择不当，也不能确定物体的形状。如图 4-10 所示的三组视图，它们的主、俯视图都相同，但由于左视图不同，也表示了三个不同的物体。

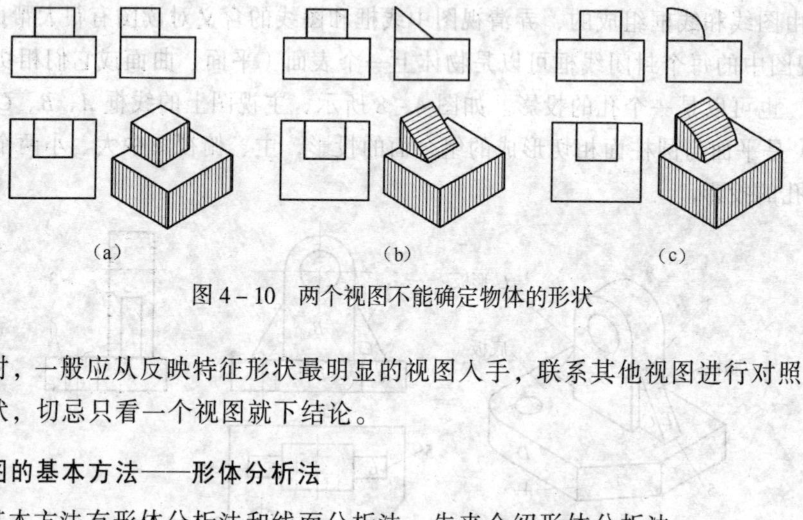

图 4-10　两个视图不能确定物体的形状

在读图时，一般应从反映特征形状最明显的视图入手，联系其他视图进行对照分析，才能确定物体形状，切忌只看一个视图就下结论。

二、读图的基本方法——形体分析法

读图的基本方法有形体分析法和线面分析法。先来介绍形体分析法。

1. 概念

根据组合体的特点，将其分成大致几个部分，然后逐一将每一部分的几个投影对照进行分析，想象出其形状，并确定各部分之间的相对位置和组合形式，最后综合想象出整个物体的形状。这种读图方法称为形体分析法。此法用于叠加类组合体较为有效。

2. 读图步骤

（1）分离线框，对照投影（由于主视图上具有的特征部位一般较多，故通常先从主视图开始进行分析）。

（2）想出形体，确定位置。

（3）综合起来，想出整体。

一般的读图顺序是：先看主要部分，后看次要部分；先看容易确定的部分，后看难以确定的部分；先看某一组成部分的整体形状，后看其细节部分形状。

3. 示例

【例 4-1】 读图 4－11（a）所示三视图，想象出它所表示的物体的形状。

读图步骤：

（1）分离出特征明显的线框。

三个视图都可以看作是由三个线框组成的，因此可大致将该物体分为三个部分。其中主视图中 I、III 两个线框特征明显，俯视图中线框 II 的特征明显，如图 4－11（a）所示。

（2）逐个想象各形体形状。

根据投影规律，依次找出 I、II、III 三个线框在其他两个视图的对应投影，并想象出它们的形状，如图 4－11（b）、（c）、（d）所示。

（3）综合想象整体形状。

确定各形体的相互位置，初步想象物体的整体形状，如图 4－11（e）、（f）所示。然后把想象的组合体与三视图进行对照、检查，根据主视图中的圆线框及它在其他两视图中的投影想象出通孔的形状，最后想象出的物体形状如图 4－11（g）所示。

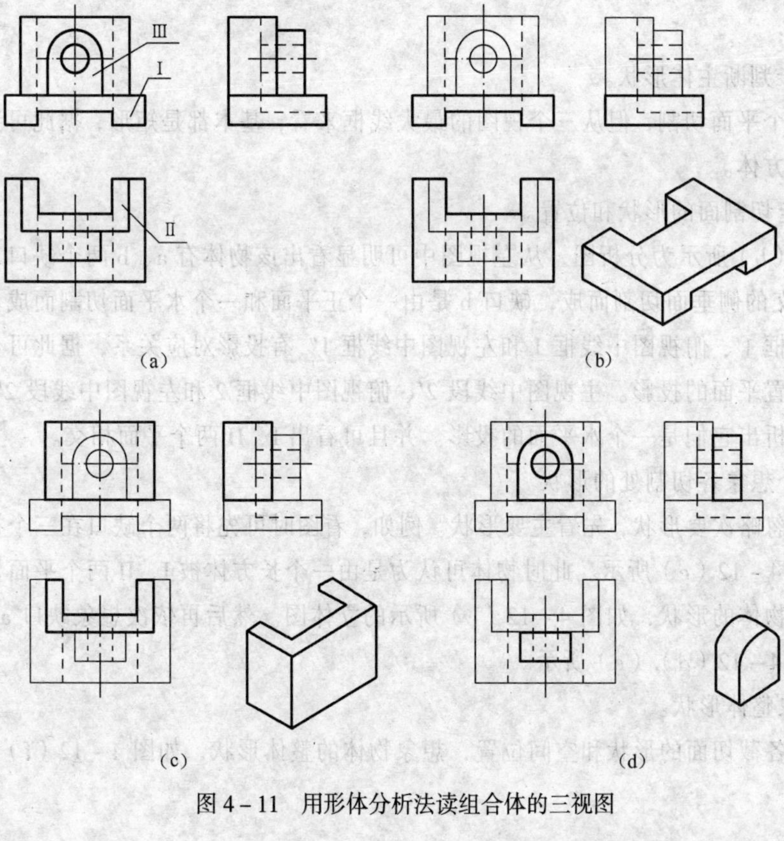

图 4－11 用形体分析法读组合体的三视图

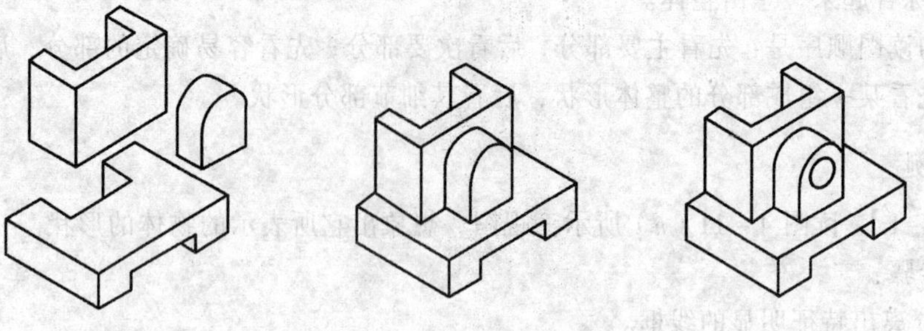

图 4－11 用形体分析法读组合体的三视图（续）

三、线面分析法

在读图过程中，遇到物体形状不规则，或物体被多个面切割，物体的视图往往难以读懂，此时可以在形体分析的基础上进行线面分析。

线面分析法读图，就是运用投影规律，通过对物体表面的线、面等几何要素进行分析，确定物体的表面形状、面与面之间的位置及表面交线，从而想象出物体的整体形状。此法用于切割类组合体较为有效。

【例 4-2】 读图 4－12（a）所示三视图，想象出它所表示的物体的形状。

读图步骤：

（1）初步判断主体形状。

物体被多个平面切割，但从三个视图的最大线框来看，基本都是矩形，据此可判断该物体的主体应是长方体。

（2）确定切割面的形状和位置。

图 4－12（b）所示为分析图，从左视图中可明显看出该物体有 a、b 两个缺口，其中缺口 a 是由两个相交的侧垂面切割而成，缺口 b 是由一个正平面和一个水平面切割而成。还可以看出主视图中线框 1′、俯视图中线框 1 和左视图中线框 1″ 有投影对应关系，据此可分析出它们是一个一般位置平面的投影。主视图中线段 2′、俯视图中线框 2 和左视图中线段 2″ 有投影对应关系，可分析出它们是一个水平面的投影。并且可看出 I、II 两个平面相交。

（3）逐个想象各切割处的形状。

可以暂时忽略次要形状，先看主要形状。例如，看图时可先将两个缺口在三个视图中的投影忽略，如图 4－12（c）所示。此时物体可认为是由一个长方体被 I、II 两个平面切割而成，可想象出此时物体的形状，如图 4－12（c）所示的立体图。然后再依次想象缺口 a、b 处的形状，分别如图 4－12（d）、（e）所示。

（4）想象整体形状。

综合归纳各截切面的形状和空间位置，想象物体的整体形状，如图 4－12（f）所示。

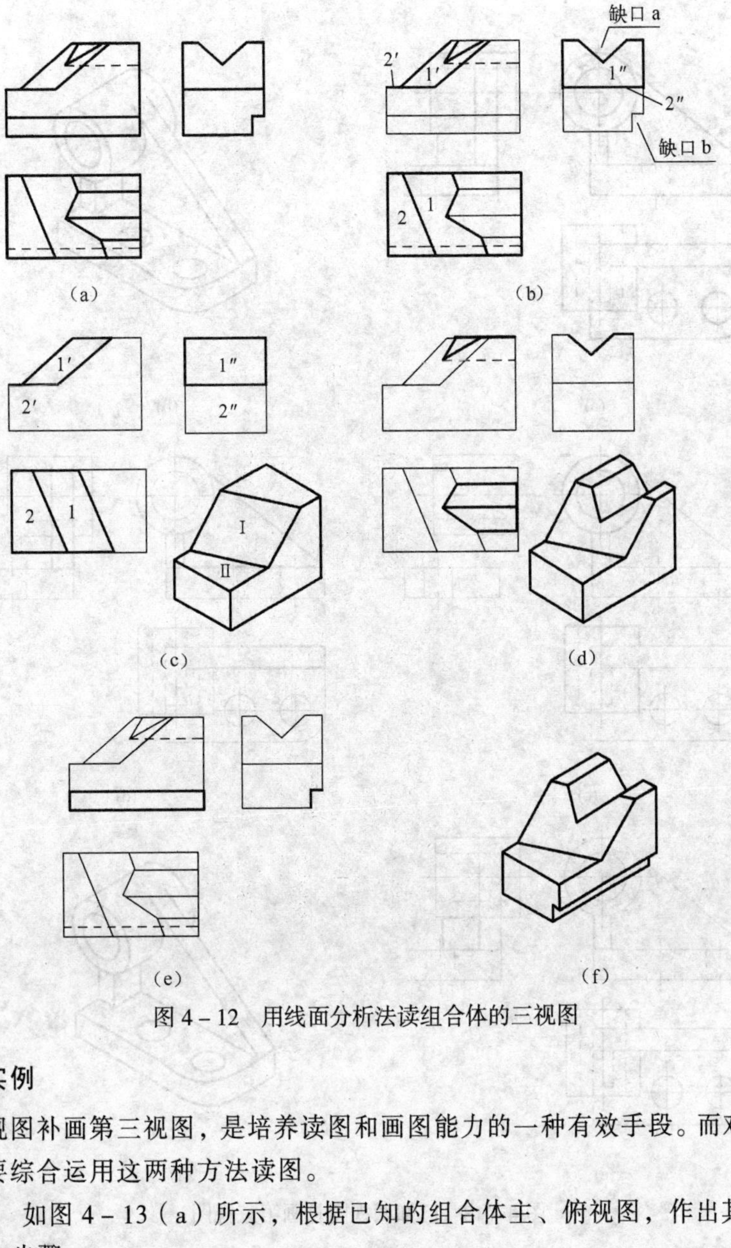

图 4 - 12　用线面分析法读组合体的三视图

四、综合实例

根据两个视图补画第三视图，是培养读图和画图能力的一种有效手段。而对于较复杂的组合体视图，需要综合运用这两种方法读图。

【例 4-3】 如图 4 - 13（a）所示，根据已知的组合体主、俯视图，作出其左视图。

作图方法和步骤：

（1）形体分析。

主视图可以分为四个线框，根据投影关系在俯视图上找出它们的对应投影，可初步判断该物体是由四个部分组成的。下部 I 是底板，其上开有两个通孔；上部 II 是一个圆筒；在底板与圆筒之间有一块支撑板 III，它的斜面与圆筒的外圆柱面相切，它的后表面与底板的后表面平齐；在底板与圆筒之间还有一个肋板 IV。根据以上分析，想象出该物体的形状，如图 4 - 13（f）所示。

（2）画出各部分在左视图的投影。

根据上面的分析及想象出的形状，按照各部分的相对位置，依次画出底板、圆筒、支撑板、肋板在左视图中的投影。作图步骤如图 4-13（b）、（c）、（d）、（e）所示。最后检查、描深，完成全图。

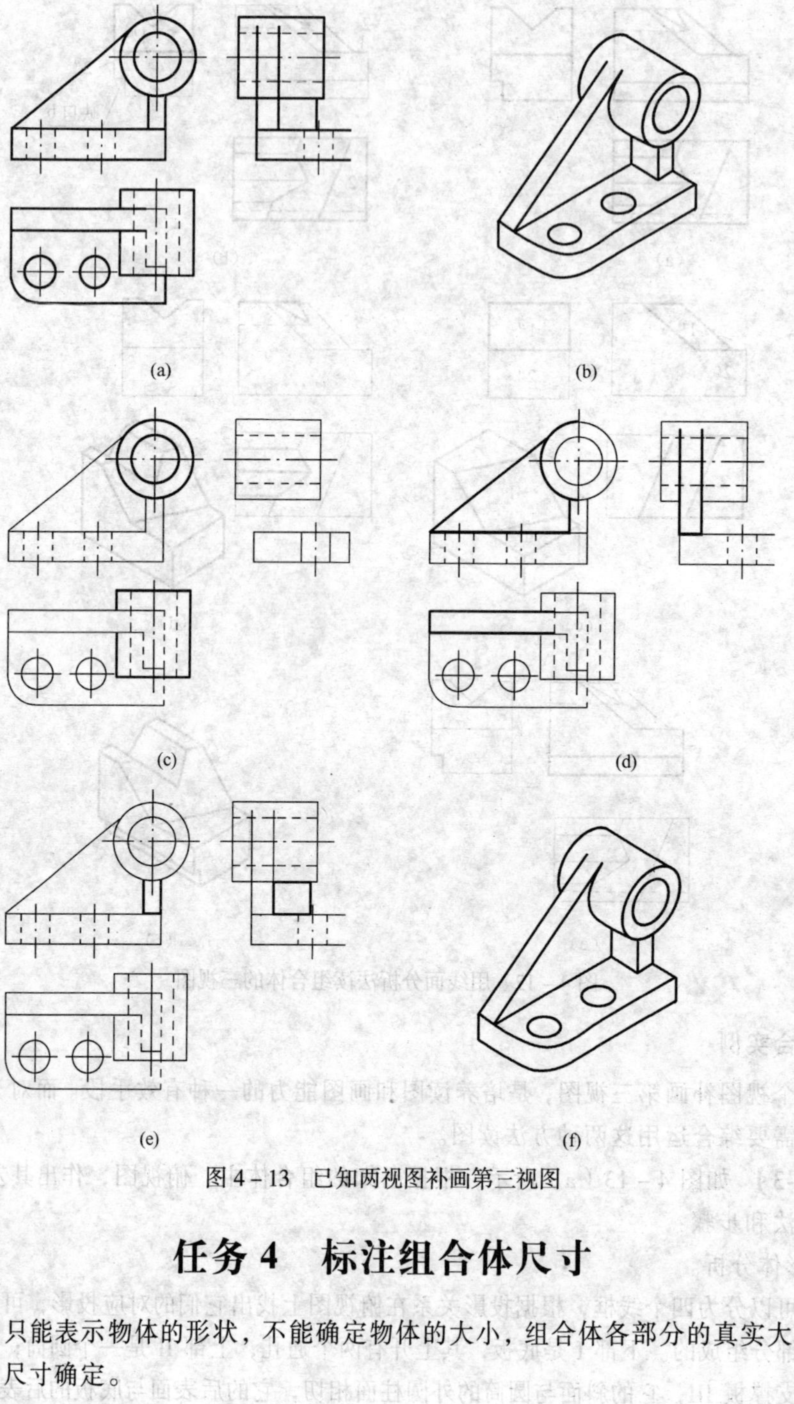

图 4-13　已知两视图补画第三视图

任务 4　标注组合体尺寸

一组视图只能表示物体的形状，不能确定物体的大小，组合体各部分的真实大小及相对位置，由标注的尺寸确定。

一、尺寸基准

标注尺寸的起始位置称为尺寸基准。组合体有长、宽、高三个方向的尺寸，每个方向至少应有一个尺寸基准。组合体的尺寸标注中，常选取对称面、底面、端面、轴线或圆的中心线等几何元素作为尺寸基准。在选择基准时，每个方向除一个主要基准外，根据情况还可以有几个辅助基准。基准选定后，各方向的主要尺寸（尤其是定位尺寸）就应从相应的尺寸基准进行标注。

如图 4-14 所示的支架，是用竖板的右端面作为长度方向尺寸基准；用前、后对称平面作为宽度方向尺寸基准；用底板的底面作为高度方向的尺寸基准。

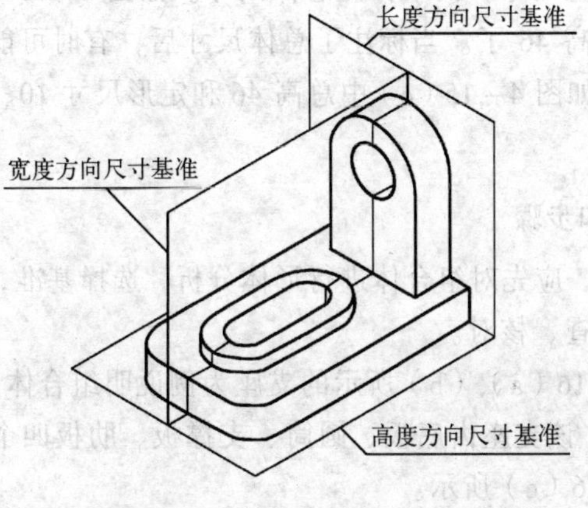

图 4-14　支架的尺寸基准分析

二、标注尺寸要完整

1. 尺寸种类

要使尺寸标注完整，既无遗漏，又不重复，最有效的办法是对组合体进行形体分析，根据各基本体形状及其相对位置分别标注以下几类尺寸。

（1）定形尺寸：确定各基本体形状大小的尺寸。

【例 4-4】 如图 4-15（a）所示的 50、34、10、R8 等尺寸确定了底板的形状。而 R14、18 等是竖板的定形尺寸。

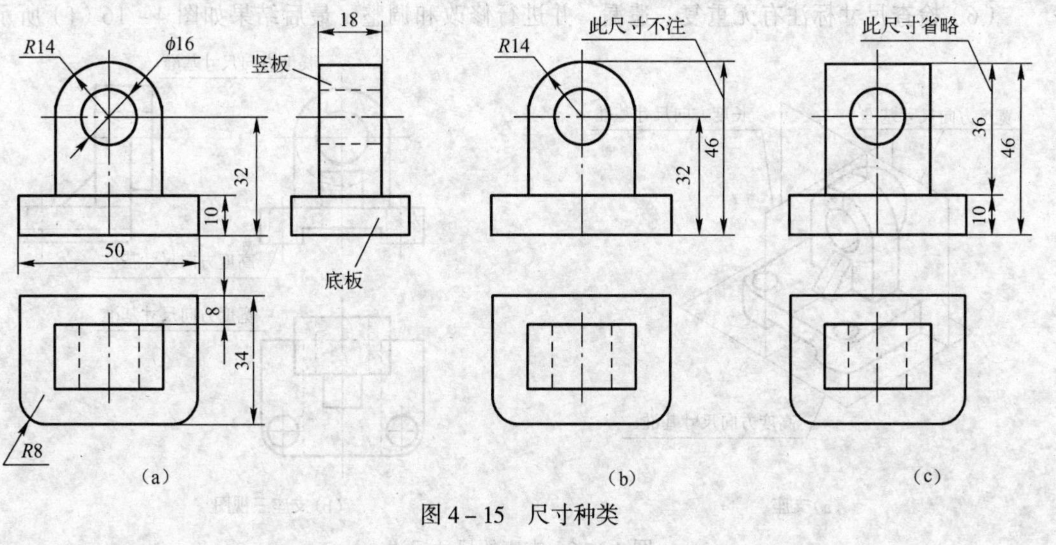

图 4-15　尺寸种类

（2）定位尺寸：确定各基本体之间相对位置的尺寸。

【例 4-5】 如图 4－15（a）所示俯视图中的尺寸 8 确定竖板在宽度方向的位置，主视图中尺寸 32 确定 ϕ16 孔在高度方向的位置。

（3）总体尺寸：确定组合体外形总长、总宽、总高的尺寸。总体尺寸有时和定形尺寸重合，如图 4－15（a）所示的总长 50 和总宽 34 同时也是底板的定形尺寸。对于具有圆弧面的结构，通常只标注中心线位置尺寸，而不标注总体尺寸。如图 4－15（b）中总高可由 32 和 R14 确定，此时就不再标注总高 46 了。当标注了总体尺寸后，有时可能会出现尺寸重复，这时可考虑省略某些定形尺寸。如图 4－15（c）中总高 46 和定形尺寸 10、36 重复，此时可根据情况将此二者之一省略。

2. 标注尺寸的方法和步骤

标注组合体的尺寸时，应先对组合体进行形体分析，选择基准，标注注出定形尺寸、定位尺寸和总体尺寸，最后检查、核对。

【例 4-6】 以图 4－16（a）、（b）所示的支座为例说明组合体尺寸标注的方法和步骤。

（1）进行形体分析。该支座由底板、圆筒、支撑板、肋板四个部分组成，它们之间的组合形式为叠加，如图 4－16（c）所示。

（2）选择尺寸基准。该支座左右对称，故选择对称平面作为长度方向尺寸基准；底板和支撑板的后端面平齐，可选作宽度方向尺寸基准；底板的下底面是支座的安装面，可选作高度方向尺寸基准，如图 4－16（a）所示。

（3）根据形体分析，逐个注出底板、圆筒、支撑板、肋板的定形尺寸，如图 4－16（d）、（e）所示。

（4）根据选定的尺寸基准，注出确定各部分相对位置的定位尺寸，如图 4－16（f）中确定圆筒与底板相对位置的尺寸 32，以及确定底板上两个 ϕ8 孔位置的尺寸 34 和 26。

（5）标注总体尺寸。此图中所示支座的总长与底板的长度相等，总宽由底板宽度和圆筒伸出部分长度确定，总高由圆筒轴线高度加圆筒直径的一半决定，因此这几个总体尺寸都已标出。

（6）检查尺寸标注有无重复、遗漏，并进行修改和调整，最后结果如图 4－16（f）所示。

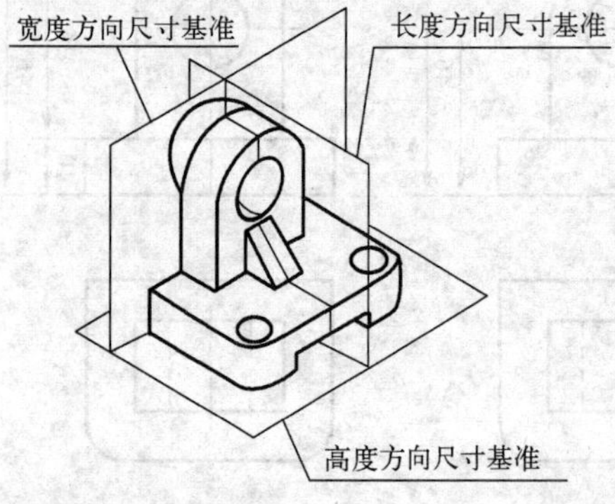

（a）支座

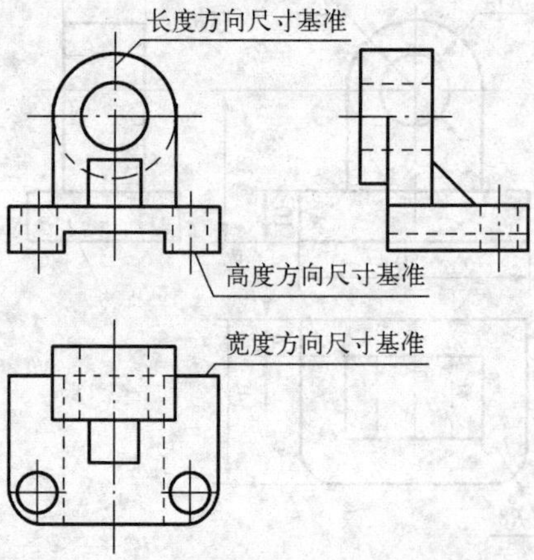

（b）支座三视图

图 4－16 支座的尺寸标注

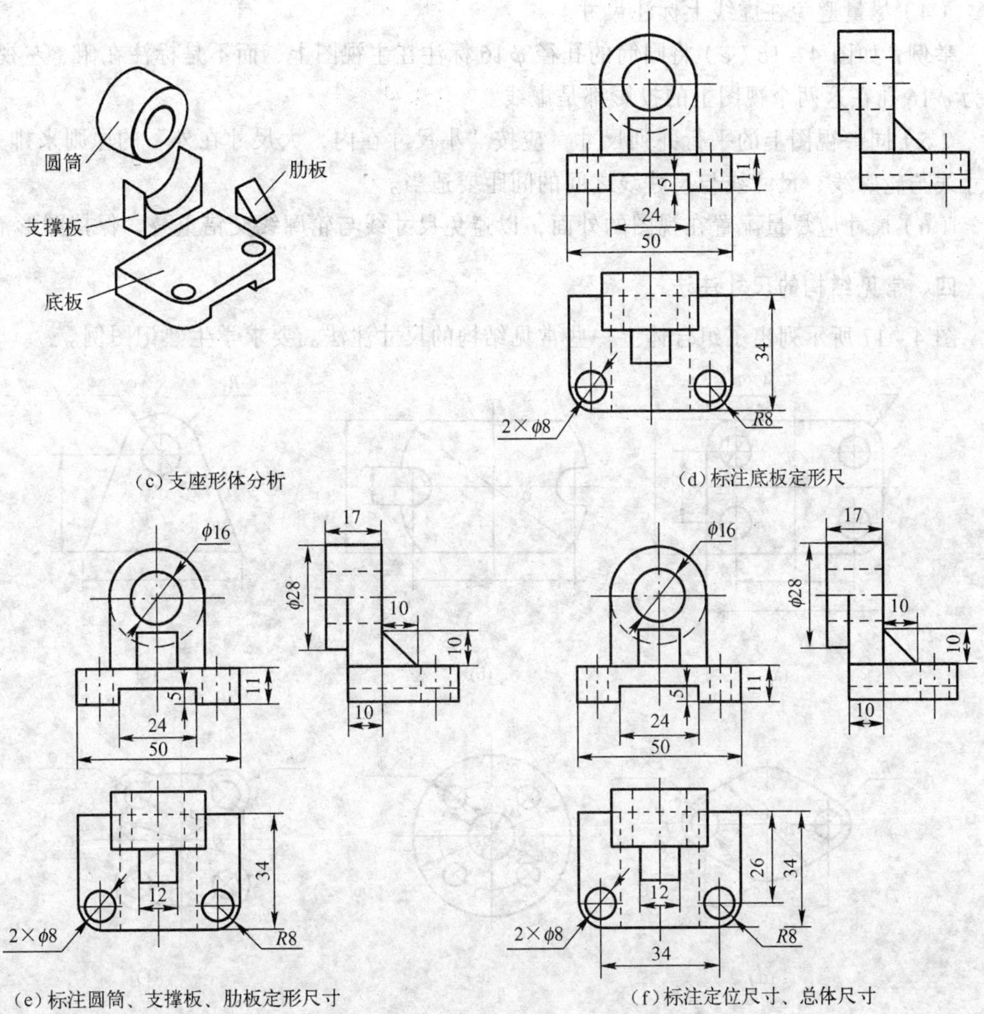

(c) 支座形体分析　(d) 标注底板定形尺

(e) 标注圆筒、支撑板、肋板定形尺寸　(f) 标注定位尺寸、总体尺寸

图 4-16　支座的尺寸标注（续）

三、标注尺寸要清晰

标注尺寸不仅要求正确、完整，还要求清晰，以方便读图。为此，在严格遵守《机械制图》国家标准的前提下，还应注意以下几点：

（1）尺寸应尽量标注在反映形体特征最明显的视图上。

举例：如图 4-16（d）所示中底板下部开槽宽度 24 和高度 5，标注在反映实形的主视图上较好。

（2）同一基本形体的定形尺寸和确定其位置的定位尺寸，应尽可能集中标注在一个视图上。

举例：如图 4-16（f）所示中将两个 $\phi 8$ 圆孔的定形尺寸 $2\times\phi 8$ 和定位尺寸 34、26 集中标注在俯视图上，这样便于在读图时寻找尺寸。

（3）直径尺寸应尽量标注在投影为非圆的视图上，而圆弧的半径应标注在投影为圆的视图上。

举例：如图 4-16（e）所示中圆筒的外径 $\phi 28$ 标注在其投影为非圆的左视图上，底板的圆角半径 $R8$ 标注在其投影为圆的俯视图上。

（4）尽量避免在虚线上标注尺寸。

举例：如图 4－16（e）将圆筒的孔径 ϕ16 标注在主视图上，而不是标注在俯、左视图上，因为 ϕ16 孔在这两个视图上的投影都是虚线。

（5）同一视图上的平行并列尺寸，应按“小尺寸在内，大尺寸在外”的原则来排列，且尺寸线与轮廓线、尺寸线与尺寸线之间的间距要适当。

（6）尺寸应尽量配置在视图的外面，以避免尺寸线与轮廓线交错重叠，保持图形清晰。

四、常见结构的尺寸注法

图 4－17 所示列出了组合体上一些常见结构的尺寸注法。要求学生熟记图例。

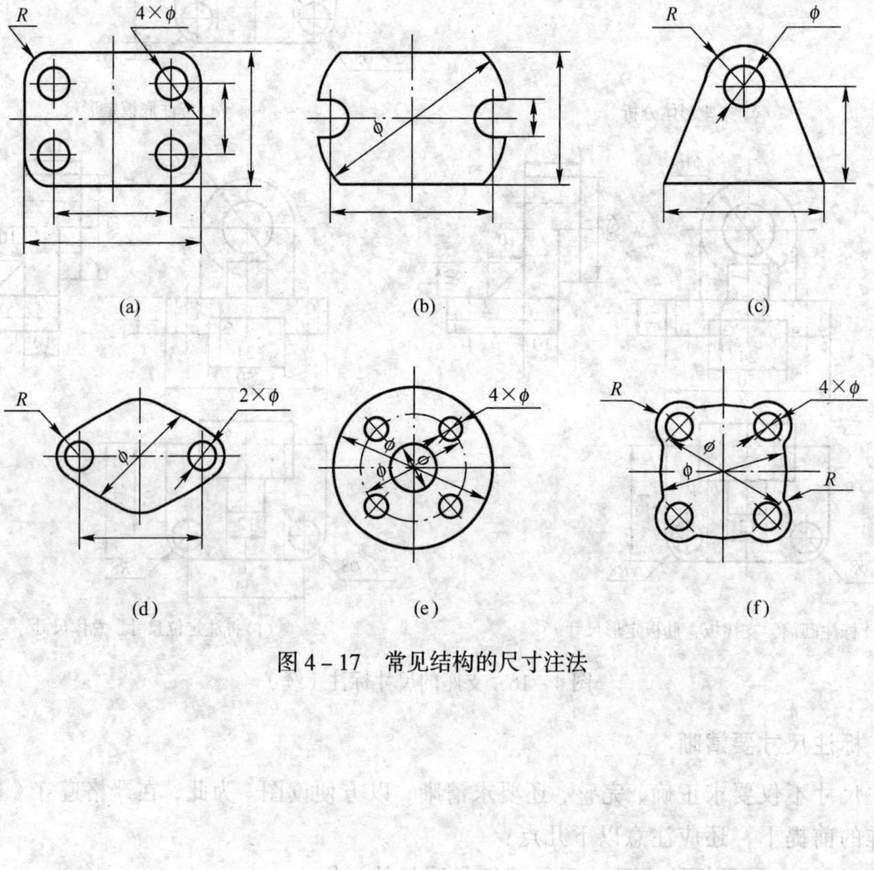

图 4－17 常见结构的尺寸注法

课题五　零部件的表达方法

知识点：

◆ 各种视图的表达方法及标注形式。

◆ 剖视图的形成、画法、种类及各种剖切方法的特点、应用及其标注。

◆ 断面的形成特点、画法、种类、标注，以及规定画法。

◆ 局部放大图、简化画法的特点及其应用。

技能点：

◆ 能根据零部件的实际结构形状特点，选用恰当的表达方法，合理表达零部件的结构和形状。

◆ 能识读剖视图样。

前面已经介绍了用三视图表示物体的方法，但在工程实际中，零部件的结构形状是多种多样的，有的零部件的外形和内形都较复杂，仅用三视图往往是不够的。因此，国家标准规定了零部件的各种表达方法。本课题将介绍视图、剖视图、断面图、局部放大图和简化画法等常用表达方法。画图时应根据零部件的实际结构形状特点，选用恰当的表达方法。

任务1　视　　图

根据有关标准和规定，用正投影法绘制出物体的图形，称为视图。视图主要用于表达零部件的外部结构形状。其不可见部分用虚线表示，但必要时也可省略不画，根据 GB/T 4458.1—2002 规定，视图可分为：基本视图、向视图、局部视图和斜视图四种。

一、基本视图

《技术制图》国家标准规定用正六面体的六个面作为基本投影面。将物体放在正六面体中，如图 5-1 所示，从零部件的前、后、上、下、左、右六个方向分别向基本投影面投影，得到六个基本视图。

在基本视图中，除前面介绍过的主视图、俯视图和左视图外，还有从右向左投影得到的右视图，从下向上投影得到的仰视图，从后向前投影得到的后视图。将这六个投影面展开，使六个基本视图排列在同一平面上，展开时仍保持 V 面不动，其他投影面按图 5-2 所示方向展开。

在同一张图纸内，按图 5-3 所示配置视图时，一律不标注视图的名称。

六个基本视图之间仍保持长对正、高平齐、宽相等的投影关系。即主、俯、仰视图长对正；主、左、右、后视图高平齐；俯、左、仰、右视图宽相等。其中，俯、左、仰、右视图靠近主视图的里侧均反映物体的后方，而远离主视图的外侧均反映物体的前方，后视图的左侧反映物体的右方，而右侧反映物体的左方。

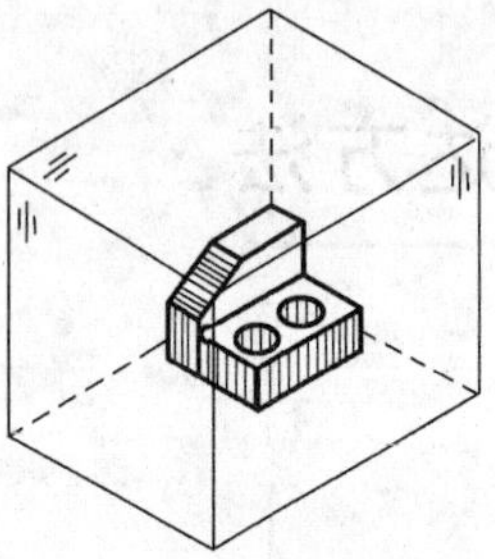

图 5-1 基本投影面

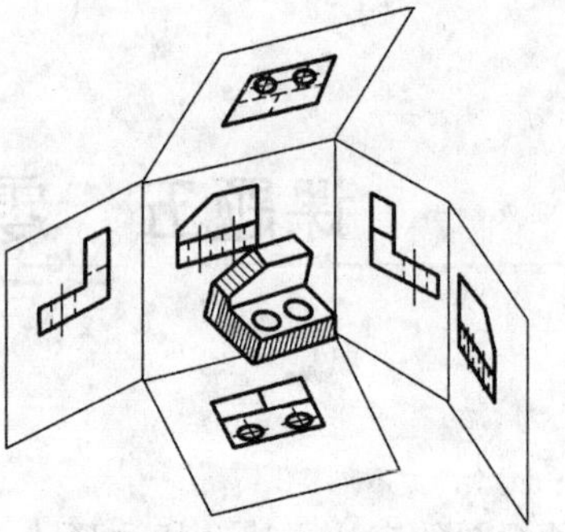

图 5-2 基本投影面的展开

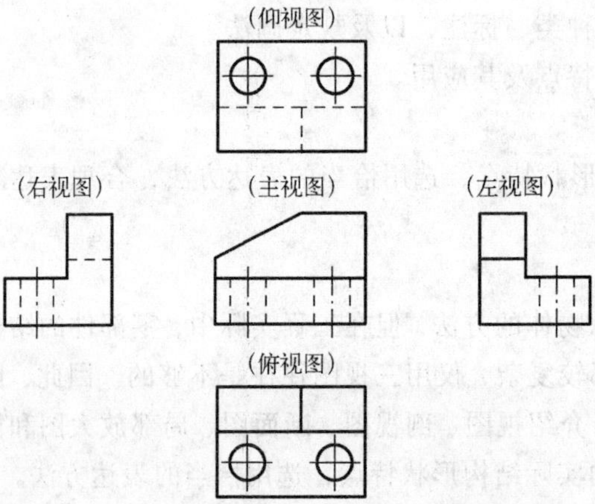

图 5-3 六个基本视图

二、向视图

向视图是可以自由配置的视图，有时根据专业的需要，或为了合理利用图纸幅面，也可不按图 5-3 所示规定位置配置，这时，可用向视图表示，按向视图配置必须加以标注：在向视图的上方标注 *X*（*X* 为大写拉丁字母），在相应视图的附近用箭头指明投射方向，并注上同样字母，如图 5-4 所示。

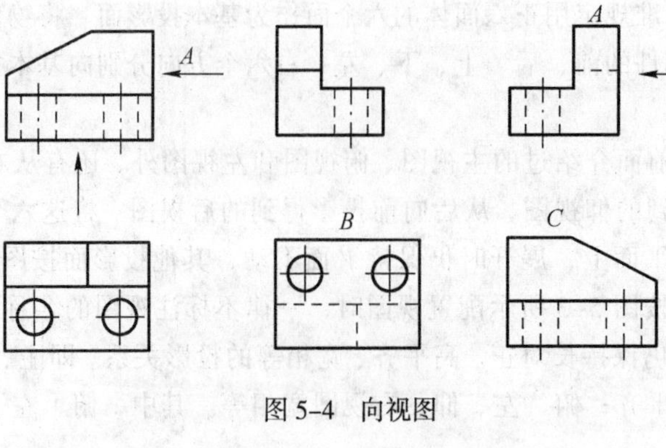

图 5-4 向视图

三、局部视图

将零部件的某一局部结构向基本投影面投影所得到的视图，称为局部视图。如图 5-5 中的 *A* 向和 *B* 向图。

画局部视图时应注意以下几点：

（1）一般在局部视图的上方标出视图的名称 *X*，并在相应的视图附近用箭头指明投射方向，且注上同样的字母，如图 5-5 所示。

（2）当局部视图按投影关系配置，中间又无其他图形隔开时，可省略标注。如图 5-5 中的 *A* 向局部视图。

（3）局部视图的断裂处以波浪线表示。如图 5-5 中的 *A* 向局部视图。画波浪线时应注意：①波浪线不应与轮廓线重合或在其延长线上；②不应超出零部件轮廓线；③不应穿空而过。当所表达的局部结构是完整的，且其外形轮廓线自成封闭，与其他部分截然分开时，波浪线可省略不画，如图 5-5 中的 *B* 向局部视图。

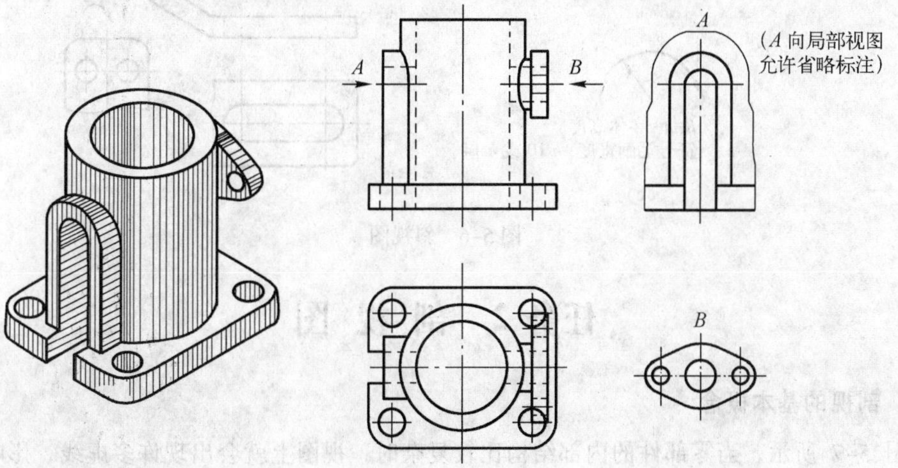

图 5-5　局部视图

四、斜视图

当零部件的某一部分结构形状是倾斜的，且不平行于任何基本投影面时，在基本投影面上无法表达该部分的实形和标注真实尺寸，这时可假想用一个与倾斜部分相平行并垂直于某一基本投影面的新投影面，将倾斜结构向该面投影，而得到倾斜表面的实形，如图 5-6（a）所示。这种将零部件向不平行于任何基本投影面的平面投影所得到的视图称为斜视图。

画斜视图时应注意以下几点：

（1）画斜视图时，必须用带大写字母的箭头指明其投射方向和部位，并在斜视图上方标注“×”，如图 5-6（b）所示。应特别注意的是，字母一律按水平位置书写，字头朝上。

（2）斜视图一般按投影关系配置。必要时也可配置在其他适当位置。在不致引起误解时，允许将图形旋转放正配置，其旋转角度，一般以不大于 90° 为宜，标注形式为“⌒”，旋转符号的尺寸和比例如图 5-6（c）所示，表示该视图名称的大写拉丁字母应靠近旋转符号的箭头端，旋转符号的方向要与实际旋转方向一致，如图 5-6（d）中的 *A* 向旋转。

（3）斜视图通常要求表达零部件倾斜部分的局部形状，其余部分在斜视图中不反映实形，不必画出，断裂边界以波浪线表示，如图 5-6（b）中 A 向斜视图。当所表示的倾斜结构是完整的且外轮廓线又自成封闭时，波浪线可省略不画。

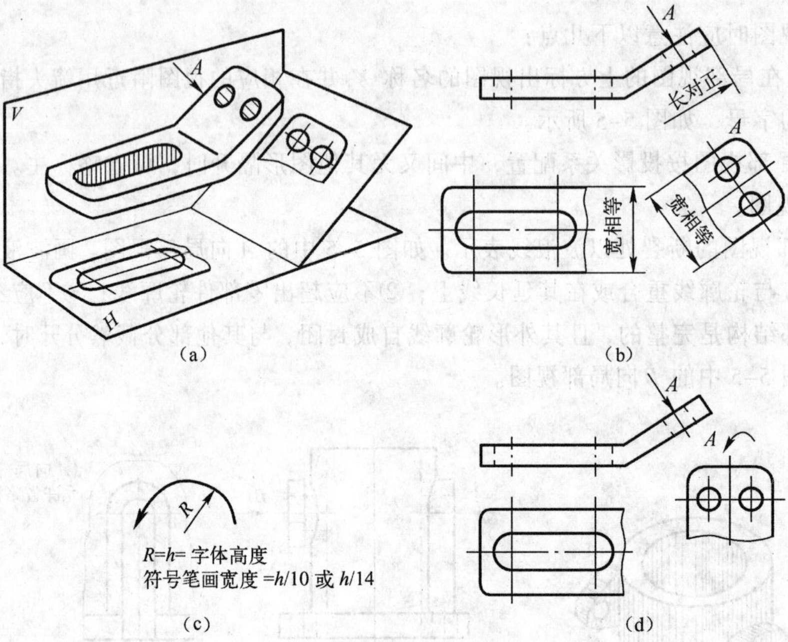

图 5-6 斜视图

任务 2 剖视图

一、剖视的基本概念

如图 5-7 所示，当零部件的内部结构比较复杂时，视图上就会出现许多虚线，影响视图的清晰，也不便于标注尺寸。为了清楚地表达零部件的内部结构，在工程制图中常采用剖视的方法。假想用剖切面（平面或柱面）把零部件剖开，移去观察者和剖切面之间的部分，将其余部分向投影面投影，这种方法称为剖视，所得的图形称为剖视图（简称剖视），如图 5-8（a）、（b）所示。

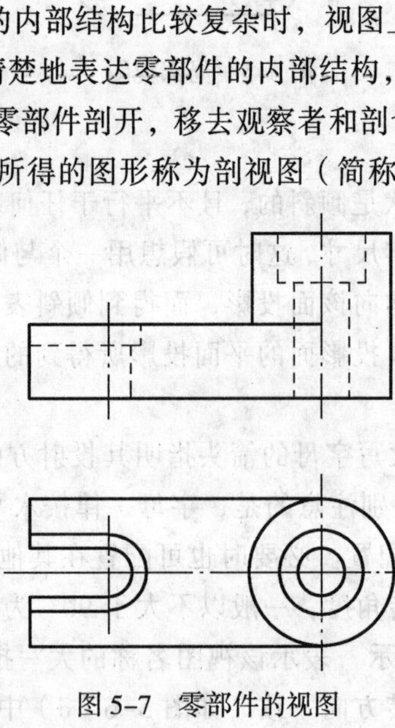

图 5-7 零部件的视图

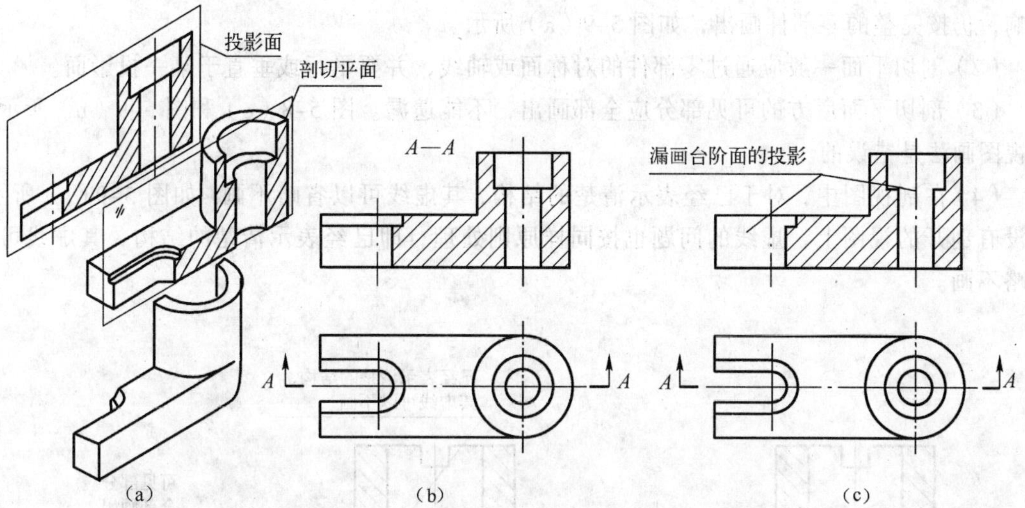

图5-8　零部件的剖视图

二、剖视图的画法

1. 画剖视图的方法

如图 5-8（b）所示零部件，当主视图采用剖视图时，首先取平行于正立投影面、且通过该零部件上对称面的剖切平面将其剖开，移去前半部分，将剖切平面与零部件的截交线及剖切平面后的零部件剩余部分，一并向该投影面投影，并将剖切平面与零部件相接触的实体部分（称为剖面区域）画上剖面符号。

不同材料用不同的剖面符号表示，金属材料的剖面符号称为剖面线，通常画成与水平方向成 45°，且间隔均匀的细实线。当图形的主要轮廓线与水平方向成 45°时，则该图形的剖面线改画成与水平方向成 30°，且间隔均匀的细实线。同一零部件在各剖视图和断面图中所有的剖面线方向和间隔必须一致。

2. 剖视图的标注

标注的目的是为了看图时了解剖切位置和投射方向，便于找出投影的对应关系。

（1）剖切线：指示剖切面位置的线，用细点画线表示（一般可以省略）。

（2）剖切符号：指示剖切面起、止和转折位置（用粗线宽 1d ~ 1.5d，长约 5mm 的粗短画表示，且尽可能不与图形的轮廓线相交）及投射方向（用箭头表示）的符号。

（3）字母：注写在剖视图上方，用以表示剖视图名称的大写拉丁字母。为读图时便于查找，应在剖切符号附近标注相同的字母，如图 5-8（b）中 *A—A* 剖视。

（4）省略标注：当剖视图按投影关系配置，中间又没有其他图形隔开时，可以省略箭头。当单一剖切平面通过零部件的对称面或基本对称的平面，且剖视图按投影关系配置，中间又没有其他图形隔开时，可以省略标注。如图 5-8（a）中的 *A—A* 剖视，其剖切符号和剖视图名称均可以省略。

3. 画剖视图时应注意的问题

（1）由于剖视图是假想把零部件剖开，所以当一个视图画成剖视时，其他视图的投影不受影响，仍按完整的零部件画出，如图 5-9（a）所示。

（2）剖切平面一般应通过零部件的对称面或轴线，并要平行或垂直于某一投影面。

（3）剖切平面后方的可见部分应全部画出，不能遗漏。图 5-8（c）和图 5-9（b）所示的主视图画法是错误的。

（4）在剖视图中，对于已经表示清楚的结构，其虚线可以省略不画，如图 5-9（a）所示。在没有剖开的视图上，虚线的问题也按同样原则处理，即已经表示清楚的结构，其虚线可以省略不画。

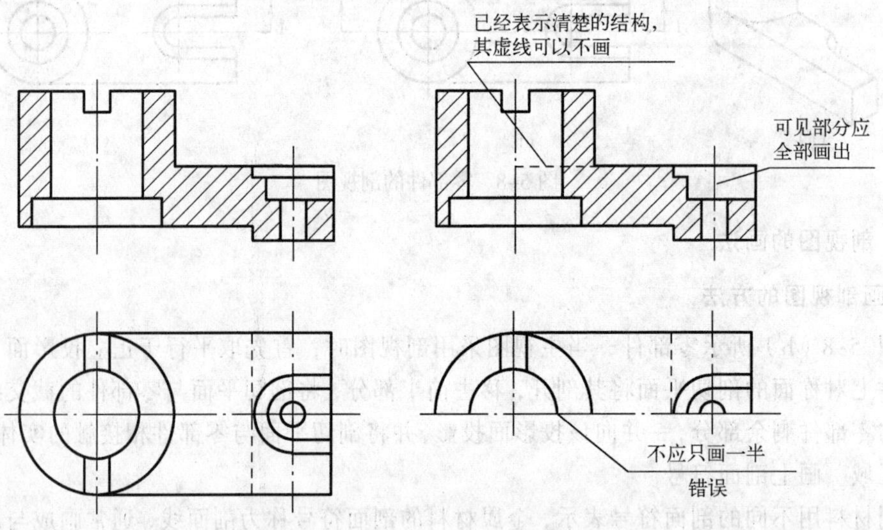

（a）正确画法　　（b）错误画法

图 5-9　剖视图画法

三、剖视图的种类

按剖切面剖开零部件范围的不同，剖视图分为全剖视图、半剖视图和局部剖视图。

1. 全剖视图

用剖切平面完全地剖开零部件所得的剖视图，称为全剖视图，如图 5-8（b）、图 5-9（a）所示。全剖视图主要用于内部结构比较复杂、外形比较简单的不对称零部件。其标注细则同前面所述。

2. 半剖视图

当零部件具有对称平面时，在垂直于对称平面的投影面上投影所得的图形，可以对称中心线为界，一半画成剖视，另一半画成视图。这种剖视图称为半剖视图，如图 5-10 所示。半剖视图主要用于内、外结构形状都需要表达的对称零部件。

画图时必须注意：在半剖视图中，半个外形视图和半个剖视图的分界线应画成细点画线，不能画成实线。由于图形对称，零部件的内部形状已在半个剖视图中表示清楚，所以在表达外部形状的半个视图中，虚线一般省略不画。半剖视图的标注规则与全剖视图相同。

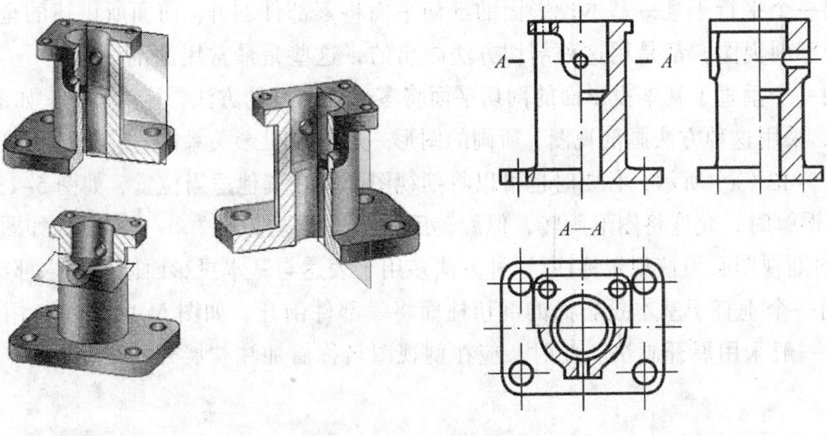

图 5-10　半剖视图

3. 局部剖视图

用剖切平面局部地剖开零部件所得的剖视图，称为局部剖视图，如图 5-11 所示。在局部剖视图中，视图部分与剖视图部分以波浪线为分界线。波浪线不应与图样上其他图线重合，也不得超出视图的轮廓线或通过中空部分，图 5-12（a）所示为错误的画法。局部剖视不受图形是否对称的限制，剖切位置及剖切范围的大小，可根据需要决定。因此，它是一种比较灵活的表达方法，可以单独使用，如图 5-12（b）所示，也可以配合其他剖视使用，如图 5-10 所示的主视图。

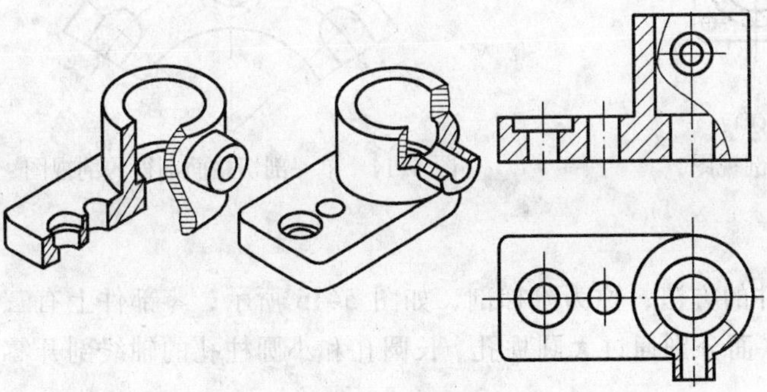

图 5-11　局部剖视图

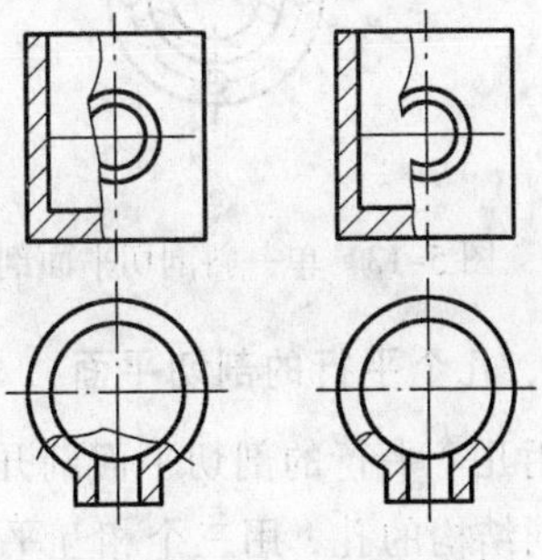

（a）错误　（b）正确

图 5-12　局部剖视图画法的正误比较

局部剖视图运用得好，可使图形简明清晰。但在一个视图中，局部剖切的数量不宜过多，否则会使图形过于破碎。对于剖切位置明显的局部剖视，一般可省略标注。若剖切位置不够明显时，则应进行标注。

四、剖切面种类

根据剖切面相对于投影面的位置及和剖切面组合的数量不同，可以得到三类剖切：单一剖切面、几个平行的剖切平面和几个相交的剖切面（交线垂直于某一投影面）。

1. 单一剖切面

用一个剖切面（包括平面和柱面）剖开零部件的方法，称为单一剖。

（1）用一个平行于某一基本投影面的剖切平面将零部件剖开。前面所讲述的全剖视图、半剖视图和局部剖视图，都是用这种剖切方法画出的，这些是最常用的剖视图。

（2）用一个垂直于基本投影面的剖切平面将零部件剖开的方法，称为斜剖，如图 5-13 所示的“*A*—*A*”，采用这种方法画剖视图，所画的图形一般应按投影关系配置在与剖切符号相对应的位置，如图 5-13（a）所示，必要时也可以将剖视图配置在其他适当位置，如图 5-13（b）所示，在不致引起误解时，允许将图形旋转，但旋转后的标注形式应为“×-×⌒”，如图 5-13（c）所示。采用斜剖视图必须按规定标注。这种方法多用于表达与基本投影面倾斜的内部结构的形状。

（3）用一个垂直于基本投影面的剖切柱面将零部件剖开，如图 5-14 所示，用剖切柱面剖得的剖视图一般采用展开画法。此时，应在剖视图名称后加注“展开”二字。

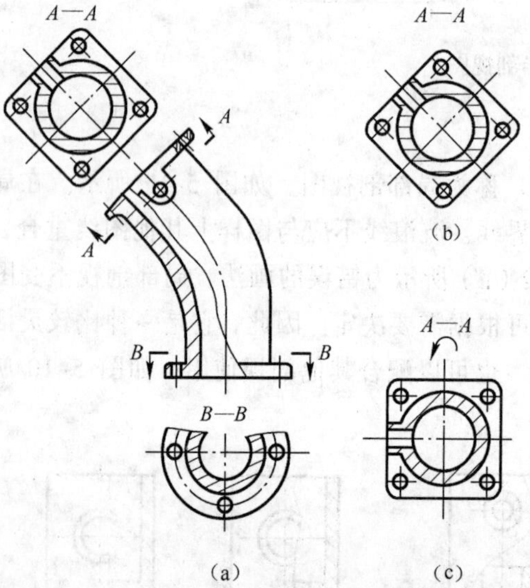

图 5-13　单一斜剖切平面剖得的全剖视图

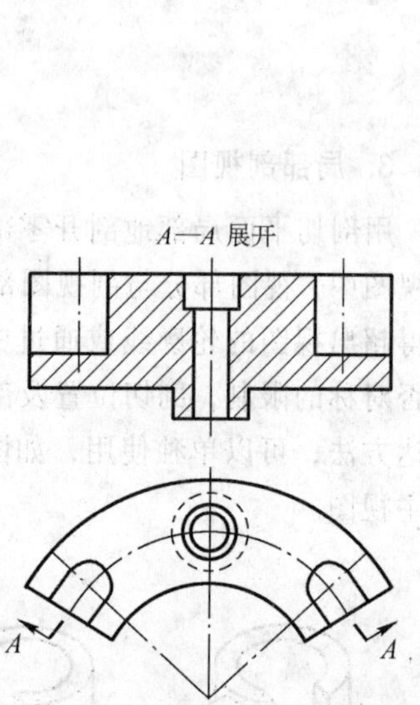

图 5-14　单一剖切柱面剖得的剖视图

2. 几个平行的剖切平面

用几个平行的剖切平面剖开零部件的方法，称为阶梯剖，如图 5-15 所示，零部件上有三种不同结构的孔，用三个相互平行的平面分别通过大圆柱孔、长圆孔和小圆柱孔的轴线剖开零部件。

图 5-15　几个平行的剖切平面剖得的剖视图

这样画出的剖视图，就能把零部件的多层次的内部结构完全表达清楚。用这种方法画剖视图时，必须注意以下几点：

（1）不应画出各剖切平面转折处的界限，如图 5-16 所示的主视图。

（2）剖切平面的转折处不应与视图中的轮廓线重合，如图 5-17 所示的主视图。

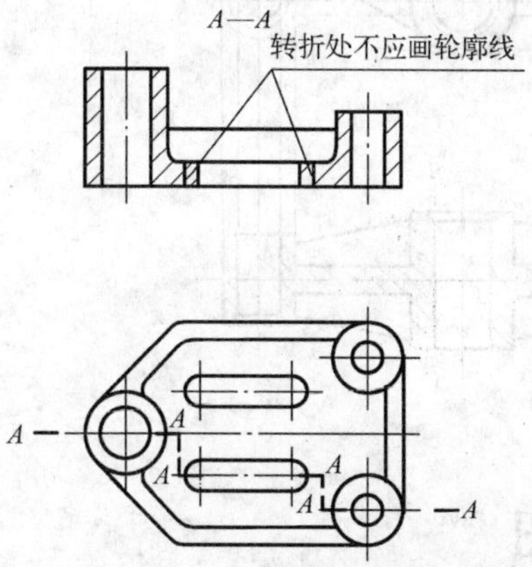

图 5-16 几个平行的剖切平面剖得的剖视图（一）

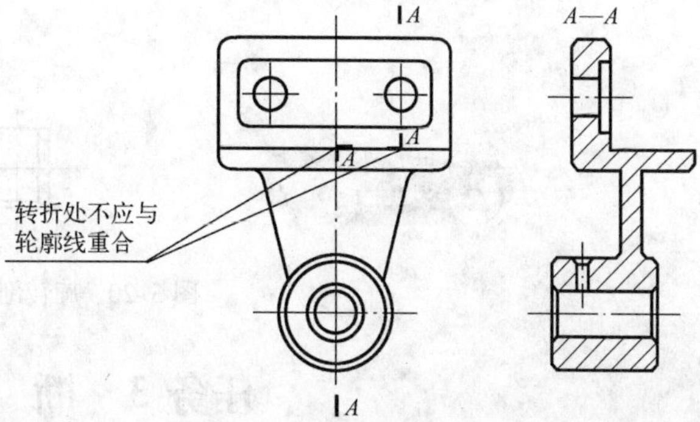

图 5-17 几个平行的剖切平面剖得的剖视图（二）

（3）在图形内不应出现不完整的要素，如图 5-18 所示。只有当两个要素在图形上具有公共对称中心线或轴线时，可以各画一半，此时应以对称中心线或轴线为界，如图 5-19 所示。

（4）画几个平行的剖切平面剖得的剖视图时必须标注，其标注方法与单一剖切基本相同。当剖视图按投影关系配置，中间又没有其他图形隔开时，可以省略箭头，如图 5-15 所示。当转折处的位置有限且不会引起误解时，其转折处允许省略字母，如图 5-19 所示。

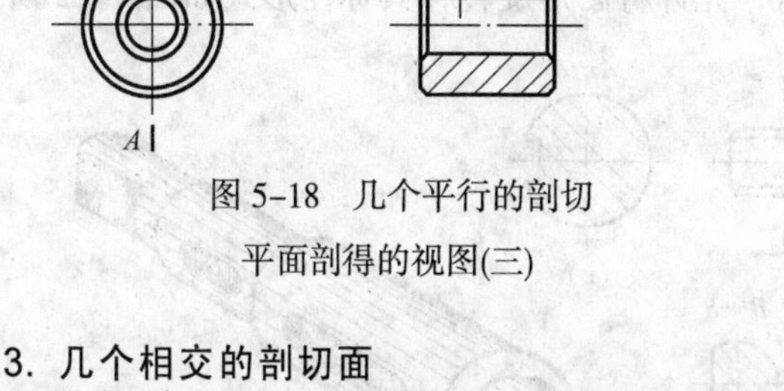

图 5-18 几个平行的剖切平面剖得的视图(三)

图 5-19 几个平行的剖切平面剖得的剖视图(四)

3. 几个相交的剖切面

用两个相交的剖切面剖开零部件的方法叫旋转剖。采用这种方法画剖视图时，先假想按剖切位置剖开零部件，然后将被倾斜的剖切平面剖开的结构及其有关部分旋转到与选定的基本投影面平行后再进行投影，如图 5-20 所示。这种剖切方法必须标注，其标注方法与上述标注方法相同。

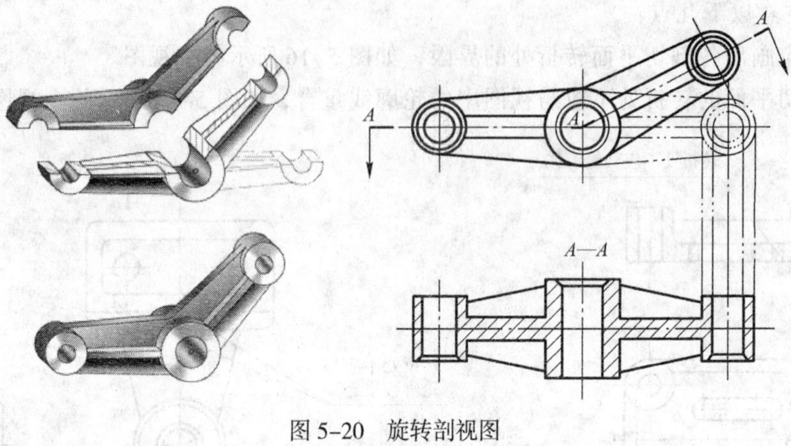

图 5-20　旋转剖视图

任务3　断 面 图

一、断面图的概念

假想用剖切平面把零部件的某处切断，仅画出断面的图形称为断面图（简称断面），如图 5-22 所示。断面图与剖视图的区别是：断面图只画出零部件剖切处的断面形状，而剖视图除了画出断面的形状外，还要画出剖切平面后面部分的零部件轮廓投影。断面图常用来表达零部件某一部分的断面形状。如零部件上的肋板、轮辐、孔、键槽、杆件和型材的断面等。

二、断面图的种类

断面图分为移出断面图和重合断面图两种。

1. 移出断面图

（1）移出断面图的画法。

画在视图外的断面图，称为移出断面图，如图 5-21 所示的断面图。移出断面图的轮廓线用粗实线绘制。为了便于看图，移出断面应尽量配置在剖切平面的延长线上。必要时可以将移出断面配置在其他适当的位置，在不致引起误解时，允许将图形旋转，其标注形式如图 5-22 所示。

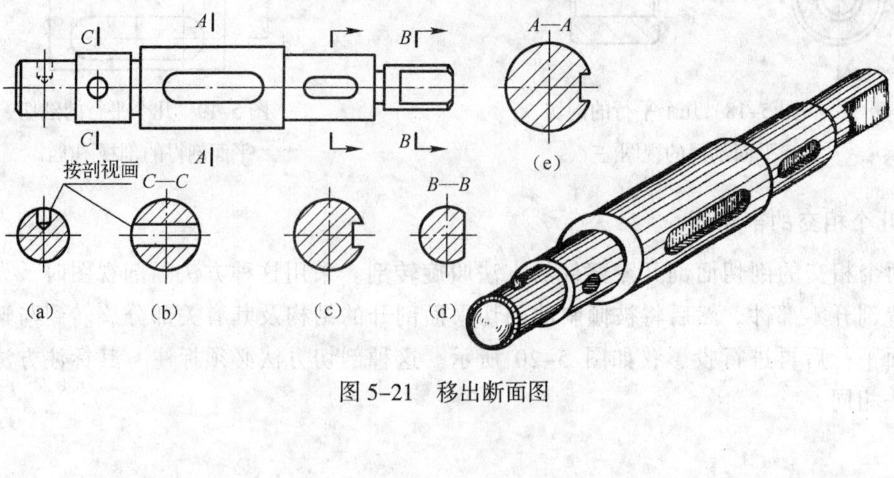

图 5-21　移出断面图

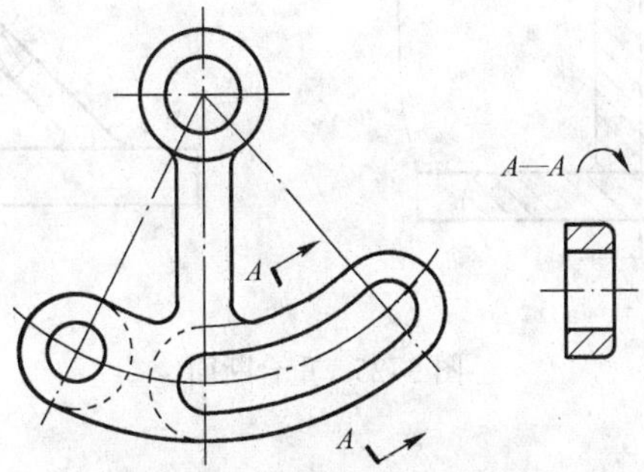

图 5-22　断面图的规定画法

当断面图形对称时，也可画在视图的中断处，如图 5-23 所示。由两个或多个相交的剖切平面剖切得出的移出断面，中间一般应断开，如图 5-24 所示。

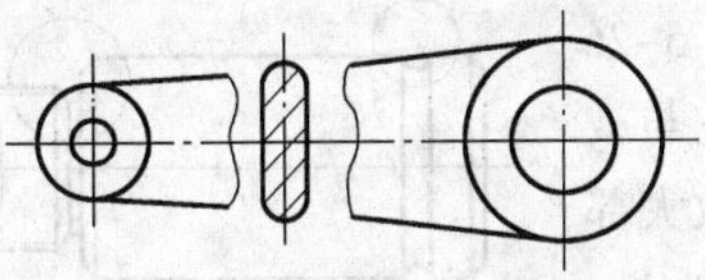

图 5-23　对称移出断面

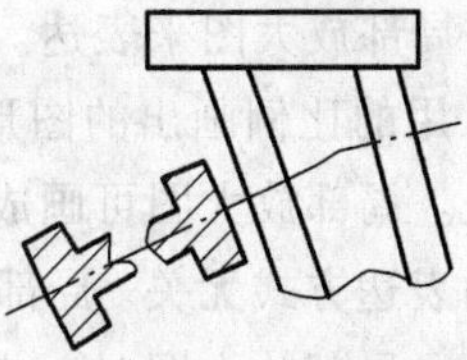

图 5-24　两剖切平面剖切的移出断面

当剖切平面通过回转面形成的孔或凹坑的轴线时，这些结构按剖视绘制，如图 5-21（a）、（b）所示。当剖切平面通过非圆孔会导致出现完全分离的两个断面时，则这些结构应按剖视绘制，如图 5-22 所示。

（2）移出断面的标注。

① 移出断面一般应用剖切符号表示剖切位置，用箭头表示投影方向，并标注上字母，在断面图的上方应用同样的字母标出相应的名称“×-×”，如图 5-21（d）“*B*—*B*”所示。

② 配置在剖切平面延长线上的不对称移出断面，如图 5-21（c）所示，移出断面的标注可省略字母。不是配置在剖切平面延长线上的对称移出断面，如图 5-21（b）所示,以及按投影关系配置的不对称移出断面，如图 5-21（e）所示，均可省略箭头。

③ 配置在剖切平面延长线上的对称移出断面，如图 5-21（a）所示，以及配置在视图中断处的对称移出断面，如图 5-23 所示，均不必标注。

2.重合断面图

（1）重合断面图的画法：在不影响图形清晰的条件下，断面图也可以按投影关系画在视图之内，称为重合断面图。重合断面图的轮廓线用细实线绘制。当视图中的轮廓线与重合断面图的图形重叠时，视图中的轮廓线应连续画出，不可间断，如图 5-25 所示。

（2）重合断面图的标注：对称的重合断面可以不加任何标注，如图 5-25（b）所示。配置在剖切符号上的不对称重合断面，不必标注字母，但仍要在剖切符号处画上箭头，如图 5-25（a）所示。

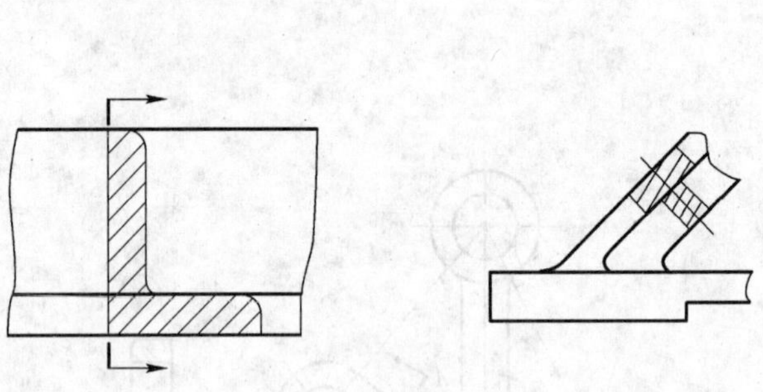

（a）　　（b）

图 5-25　重合断面

任务 4　局部放大图与简化画法

一、局部放大图

零部件上某些细小结构，在视图上常由于图形过小而表达不清，并给标注尺寸带来困难。为此，常用局部放大图来表达。将零部件的部分结构，用大于原图形所采用的比例画出的图形称为局部放大图。如图 5-26 所示的两处。局部放大图可画成视图、剖视、断面图，它与被放大部分的表达方式无关。局部放大图应尽量配置在被放大部位的附近。画局部放大图时，应用细实线圈出被放大的部位。

当同一零部件上有几处需放大时，必须用罗马数字依次标明被放大的部位，并在局部放大图的上方标注出相应的罗马数字和所采用的比例，如图 5-26 所示。当零部件上仅有一处需放大时，放大图的上方只需标明所采用的比例。

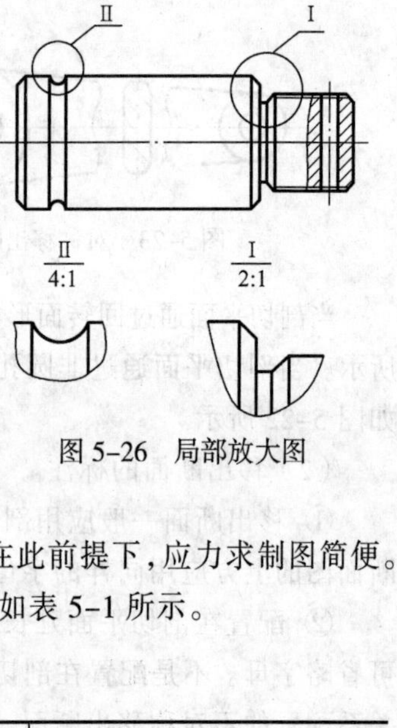

图 5-26　局部放大图

二、简化画法

简化图形必须保证不致引起误解和不会产生理解的多意性，在此前提下，应力求制图简便。国家标准中规定了某些简化画法，这里仅介绍常见的简化画法，如表 5-1 所示。

表 5-1　简化画法

序号	简化对象	简化画法	说　明
1	对称结构	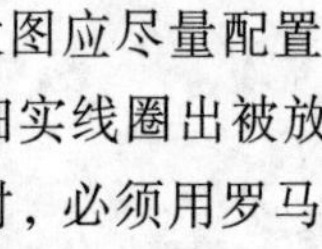	对称零部件允许只画出整体的一半或四分之一，并在对称中心线的两端画出两条与其垂直的平行细实线
2	局部视图	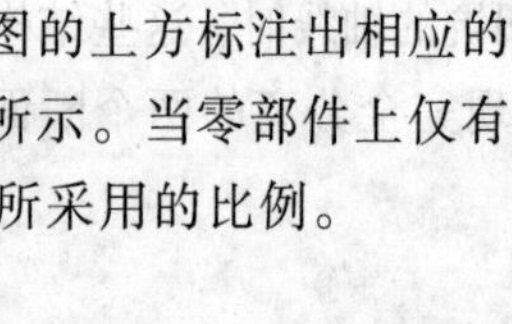	零件上对称结构的局部视图，如键槽、方孔等可按左图所示方法表示

续表

序号	简化对象	简化画法	说　明
3	剖面符号	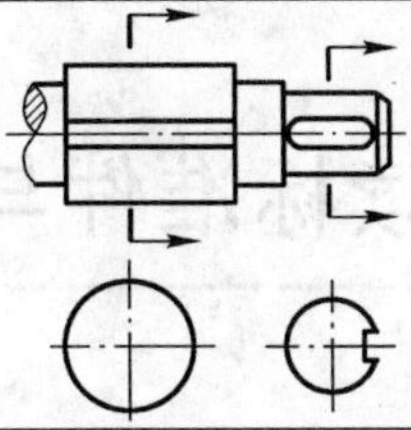	在不致引起误解时，零件图中的移出断面允许省略剖面符号，但剖切位置与断面图的标注不能省略
4	符号表示	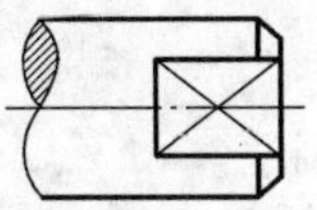	当回转体上的平面在图形中不能充分表达时，可用两条相交的细实线表示这些平面
5	滚花结构	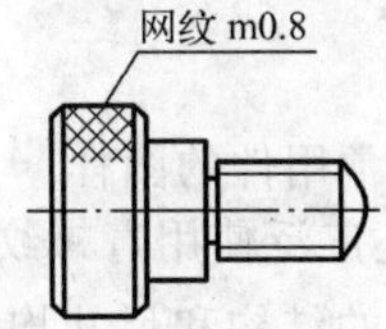	零部件上的滚花部分或网状物、编织物，可在轮廓线附近用细实线示意画出
6	相同要素	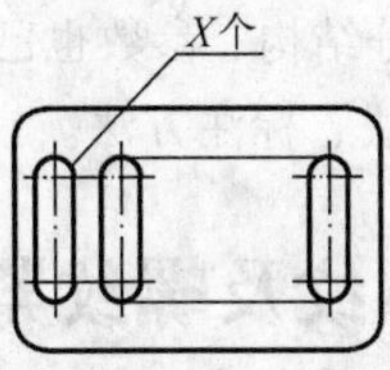	当零部件具有若干相同的结构（如齿、槽等），并按一定规律分布时，只须画出几个完整的结构，其余用细实线连接，并注明该结构的总数
		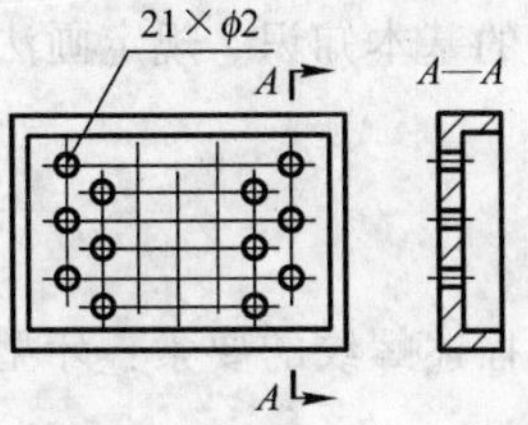	若干直径相同并且成规律分布的孔（圆孔、螺孔、沉孔等），可以仅画出一个或几个，其余只须表示其中心位置，并在零件图中注明孔的总数
7	肋、轮辐及薄壁结构	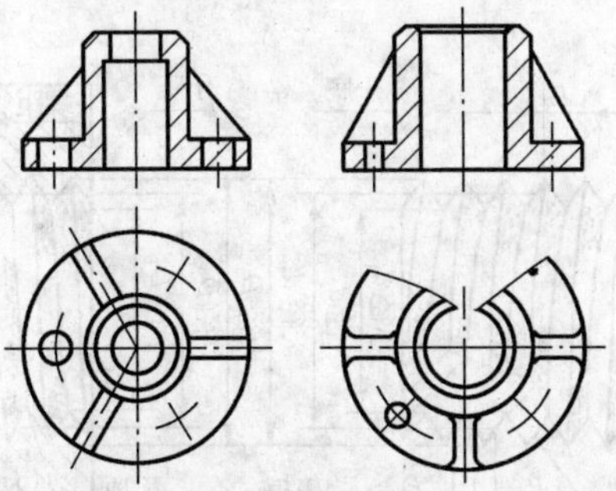	对零部件上的肋、轮辐及薄壁等，如按纵向剖切，这些结构不画剖面符号，而用粗实线将它与其邻接部分分开。当需要表达零件回转体结构上均匀分布的肋、轮辐、孔等，而这些结构又不处于剖切平面上时，可以把这些结构旋转到剖切平面位置上画出
8	较长的零部件	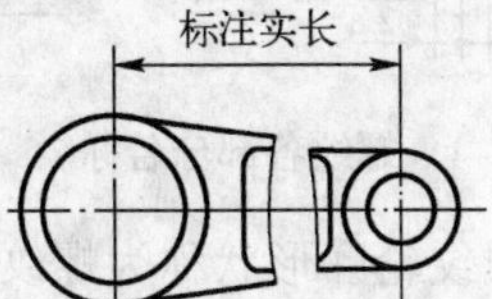	较长的零部件（轴、杆、型材、连杆等）沿长度方向的形状一致或按一定规律变化时，可断开后缩短绘制，但必须标注实际长度尺寸

课题六 识读标准件与常用件

知识点：

◆ 标准件与常用件的基本知识和规定画法。

◆ 识读标准件与常用件图样。

技能点：

◆ 能按照规定画法正确识读标准件与常用件的图样。

在机器或零部件中，除一般零件外，还广泛使用着螺纹紧固件（如螺栓、螺钉、螺母、垫圈）、键、销和滚动轴承等零件，这类零件的结构和尺寸均已标准化，称为标准件。此外还经常使用齿轮、弹簧等零件，这类零件的部分结构、参数也已标准化，称为常用件。本课题主要介绍标准件与常用件的基本知识、规定画法、标注方法。

任务1 螺纹及螺纹紧固件

本任务主要介绍螺纹及螺纹紧固件的基本知识、规定画法和标注方法，能正确绘制、识读螺纹及螺纹紧固件的图样。

一、螺纹各部分名称及要素

螺纹各部分名称，如图6-1所示。描述螺纹的要素：牙型、直径、线数、螺距和导程、旋向。

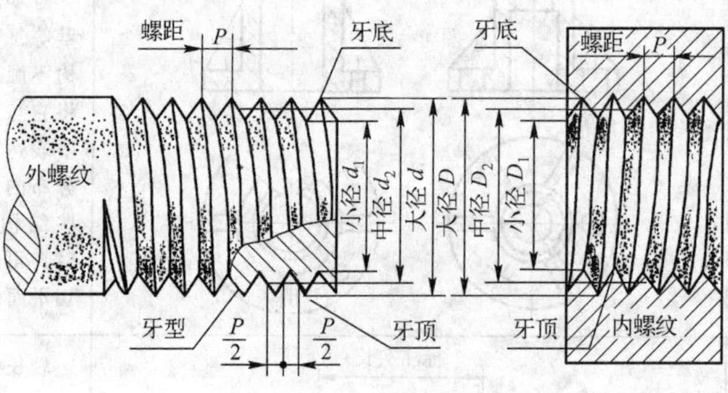

图6-1 螺纹各部分名称

（1）牙型：通过螺纹轴线断面上的螺纹轮廓形状称为螺纹牙型。常见的螺纹牙型有三角形、梯形、锯齿形和矩形等。

（2）直径：

① 大径（d、D）：指与外螺纹牙顶或内螺纹牙底相切的假想圆柱或圆锥的直径，即螺纹的最大直径。

② 小径（d_1、D_1）：指与外螺纹牙底或内螺纹牙顶相切的假想圆柱或圆锥的直径。

③ 中径（d_2、D_2）：指母线通过牙型上沟槽和凸起宽度相等处的假想圆柱或圆锥的直径。

④ 公称直径（d、D）：用来代表螺纹尺寸的直径（管螺纹用尺寸代号表示），一般为螺纹大径。

（3）线数：螺纹有单线螺纹和多线螺纹之分。如图 6-2 所示，沿一条螺旋线形成的螺纹为单线螺纹；沿两条或两条以上螺旋线形成的螺纹称为双线螺纹或多线螺纹。

（4）螺距和导程：如图 6-2 所示，螺纹上相邻两牙在中径线上对应两点间的轴向距离称为螺距（P）；沿同一条螺旋线形成的螺纹，相邻两牙在中径线上对应两点间的轴向距离称为导程（P_h）。

对于单线螺纹，导程=螺距；对于线数为 n 的多线螺纹，导程=$n\times$螺距。

（5）旋向：螺纹的旋向分右旋和左旋。顺时针旋转时旋入的螺纹称为右旋螺纹；逆时针旋转时旋入的螺纹称为左旋螺纹。旋向判定，如图 6-3 所示，将外螺纹轴线垂直放置，螺纹的可见部分是右高左低为右旋螺纹；左高右低为左旋螺纹。

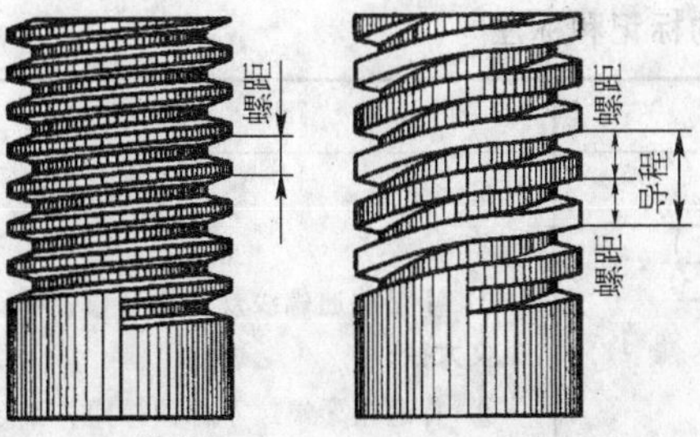

(a) 单线　　(b) 双线

图 6-2　单线螺纹和双线螺纹

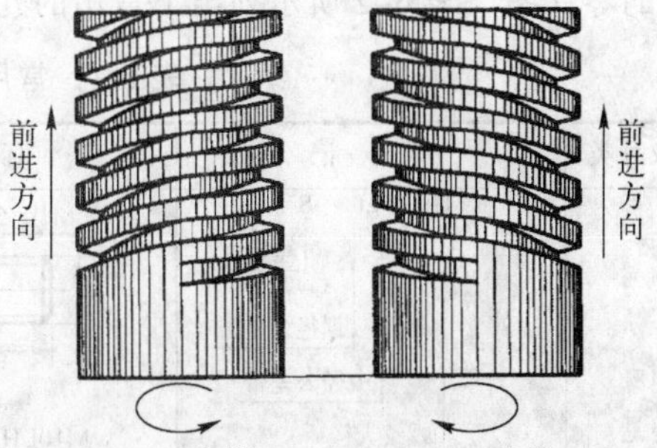

(a) 右旋　　(b) 左旋

图 6-3　螺纹的旋向

只有牙型、大径、螺距、线数、旋向等诸要素都相同的内、外螺纹才能旋合在一起。常见的螺纹是单线、右旋。

二、螺纹的画法

螺纹若按真实投影作图，比较麻烦，为了简化作图，国家标准《机械制图》(GB/T 4459.1—1995)规定了螺纹的画法，如图 6-4 所示。

（1）在投影为非圆的视图中，螺纹的牙顶用粗实线画出；牙底用细实线画出（通常小径用大径的 0.85 倍画出），在螺纹的倒角或倒圆部分也应画出。

（2）螺纹在投影为圆的视图中，表示牙底的细实线圆只画约 3/4 圈，表示牙顶的圆用粗实线画出，而表示轴或孔上倒角的圆投影则省略不画。

（3）螺纹的终止线用粗实线画出。

（4）不可见螺纹的所有图线用虚线画出。

（5）内、外螺纹连接后旋合部分按外螺纹画出，其余部分仍按各自的画法。

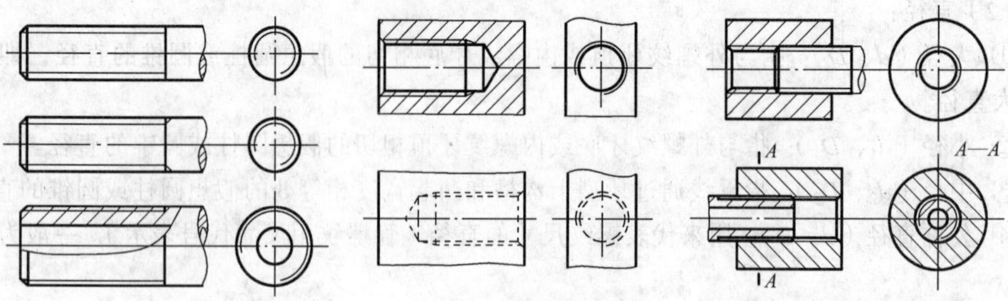

(a) 外螺纹画法　　(b) 内螺纹的画法　　(c) 内、外螺纹连接的画法

图 6-4　螺纹的画法

三、普通螺纹的标记和标注

螺纹的标记用来表示螺纹的要素及精度等，不同种类的螺纹其标记形式不同。表 6-1 所示为常用螺纹的标记和标注(GB/T 197—2003)，其他螺纹请在需要时查阅有关手册。

四、常用螺纹紧固件及其标记(GB/T 1237—2000)

螺纹紧固件的类型和结构形式很多，可根据需要从有关标准中查出其尺寸，一般无需画出它们的零件图。表 6-2 所示列出了常用的几种紧固件的名称、标准号、型式及标记示例。

表 6-1　常用螺纹的标记和标注

螺纹种类	标　记	标　注	说　明
粗牙普通螺纹	M10 - 5g6g - S 短旋合 顶径公差带 中径公差带 螺纹大径 M10LH - 7H - L 长旋合长度 顶径和中径公差 左旋	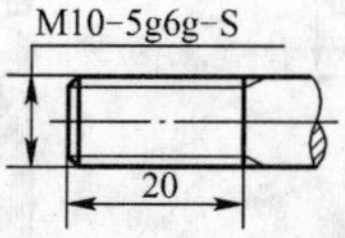 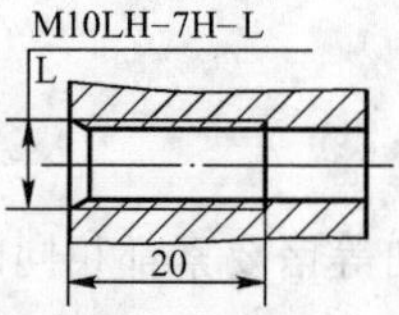	① M 是普通螺纹规定代号，公称直径为螺纹大径； ② 普通粗牙螺纹不标注螺距，细牙则要标注螺距数值； ③ 右旋不标注，左旋标注“LH”； ④ 中径公差带与顶径公差带代号不同，应分别标注；如相同，只标注一个代号； 5. 旋合长度分为短（S）、中等（N）、长（L）三种。中等旋合长度 N 不用标注
细牙普通螺纹	M10×1 - 6g 螺距	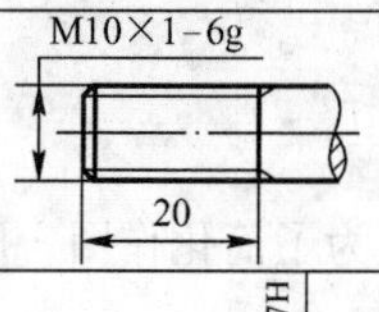	
梯形螺纹	Tr36 × 12(p6)–7H	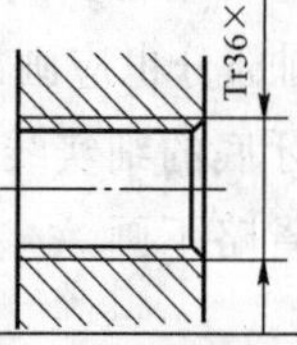	梯形螺纹，公称直径 36mm，双线螺纹，导程 12mm，螺距 6mm，右旋。中径公差带为 7H，中等旋合长度
非密封管螺纹	G1A	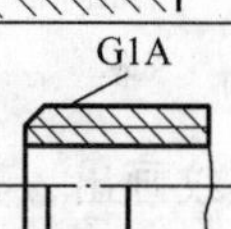	G—55 非密封管螺纹特征代号； 1—尺寸代号； A—外螺纹公差等级代号

表 6-2　螺纹紧固件产品的标记示例

序号	名称(标准号)	图例及规格尺寸	标　记　示　例
1	六角头螺栓 GB/T 5782—2000 	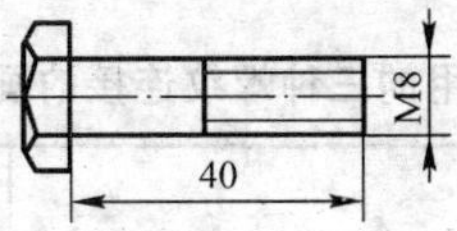	螺纹规格 d=M8、公称长度 l=40 mm、性能等级为 8.8 级、表面氧化、产品等级为 A 级的六角头螺栓： 螺栓　GB/T 5782　M8 × 40
2	螺柱　GB/T 897—1988 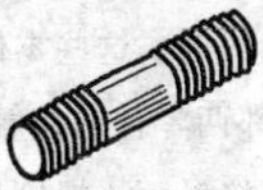	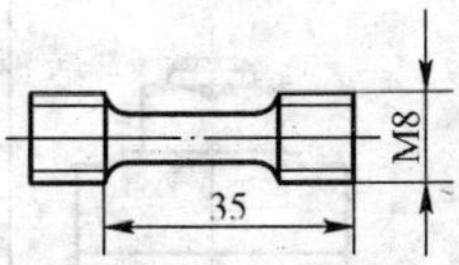	两端均为粗牙普通螺纹，d=8mm、l=35mm、性能等级为 4.8 级、不经表面处理、B 型，b_m=1d 的双头螺柱： 螺柱　GB/T 897　M8×35
3	螺母　GB/T 6170—2000 	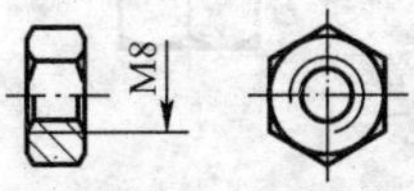	螺纹规格 D=M8、性能等级为 8 级、不经表面处理、产品等级为 A 级的 I 型六角螺母： 螺母 GB/T 6170　M8
4	垫圈　GB/T 97.1—1985 	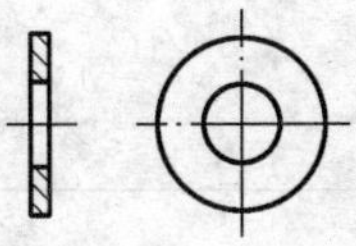	规格 8 mm、性能等级为 140HV 级、不经表面处理的平垫圈： 垫圈　GB/T 97.1　8
5	垫圈　GB/T 93—1987 	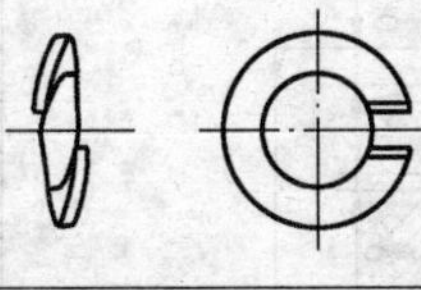	规格 8 mm、材料为 65Mn、表面氧化的标准型弹簧垫圈： 垫圈　GB/T 93　8
6	螺钉　GB/T 67—2000 	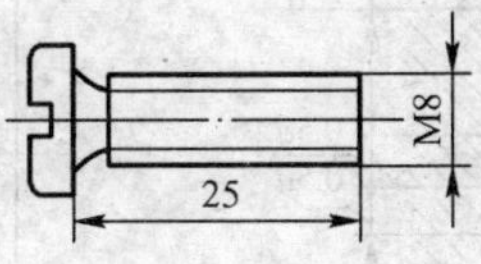	螺纹规格 d=M8、公称长度 l=25mm、性能等级为 4.8 级、不经表面处理的 A 级开槽盘头螺钉： 螺钉　GB/T 67　M8×25
7	螺钉　CB/T 68—2000 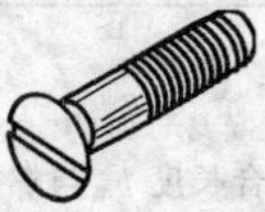	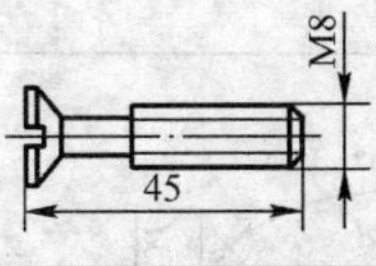	螺纹规格 d=M8、公称长度 l=45mm、性能等级为 4.8 级、不经表面处理的 A 级开槽沉头螺钉： 螺钉　CB/T 68　M8×45
8	螺钉　GB/T 70.1—2000 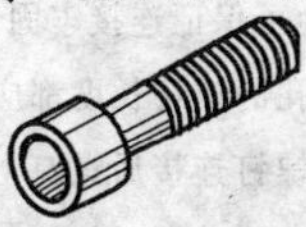	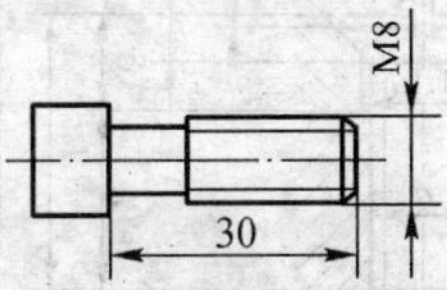	螺纹规格 d=M8、公称长度 l=30 mm、性能等级为 8.8 级、表面氧化的 A 级内六角圆柱头螺钉： 螺钉　GB/T 70.1　M8×30
9	螺钉　GB/T 71—1985 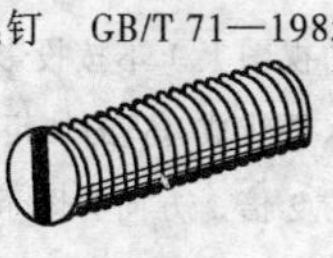	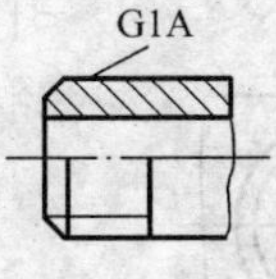	螺纹规格 d=M8、公称长度 l=25 mm、性能等级为 14H 级、表面氧化的开槽锥端紧定螺钉： 螺钉　GB/T 71　M8×25

五、螺纹连接的比例画法

装配图中为了作图方便，常将螺纹紧固件各部分尺寸取其与螺纹公称直径成一定比例关系简化画出，表 6-3 所示为常用的三种螺纹连接的画法。

表 6-3　常用的三种螺纹连接的画法

连接方式	图　　例	绘图说明
螺栓连接	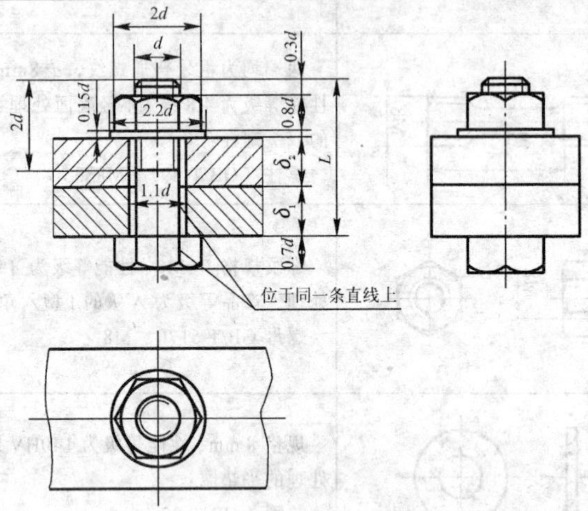	① 剖视图中，当剖切平面通过螺纹紧固件的轴线时，这些零件都按不剖画出； ② 相邻两零件的接触面只画一条粗实线，不接触面（螺栓与孔之间有间隙）必须画两条粗实线； ③ 相邻两零件的剖面线方向应相反，必要时可以相同，但必须相互错开或间隔不一致； ④ 螺栓的螺纹终止线必须画在垫圈之下，否则螺母可能拧不紧
螺柱连接	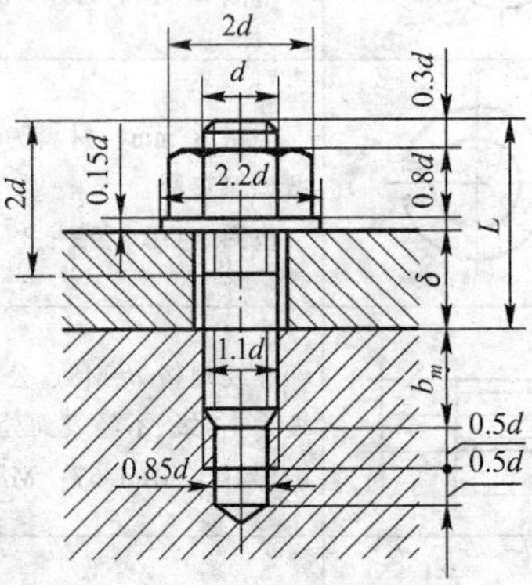	① 旋入端长度 b_m 与被旋入零件的材料有关，钢或青铜 $b_m=d$，铸铁 $b_m=1.25d$ 或 $1.5d$，铝合金 $b_m=2d$。为保证连接牢固应使旋入端完全旋入螺纹孔中，即在装配图上旋入端的螺纹终止线与螺孔端面平齐； ② 被连接零件上的螺孔深度应稍大于 b_m，一般取 $b_m+0.5d$
螺钉连接	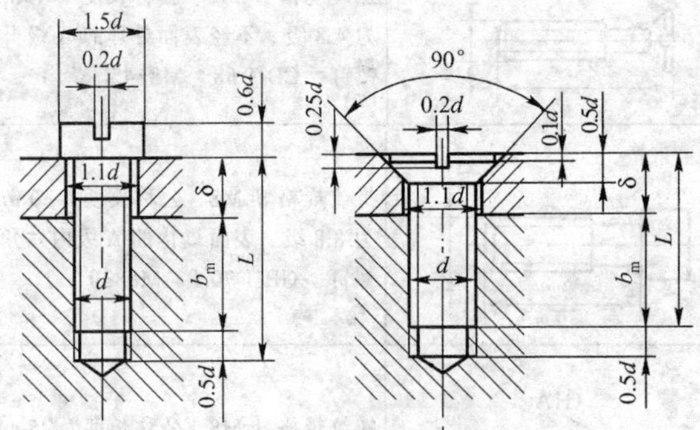	① 旋合长度 b_m 与螺柱旋入端长度 b_m 相同； ② 为了保证连接牢固，螺钉的螺纹长度与螺孔的螺纹长度都应大于旋合长度 b_m，即螺钉连接后螺钉上的螺纹终止线必须高出旋入端零件的上端面； ③ 圆柱头开槽螺钉头部的槽（在投影为圆的视图上）不按投影关系画出，画成与水平线成 45° 的加粗实线，线宽为粗实线的 2 倍，方向为图示方向

任务 2　直齿圆柱齿轮

本任务主要介绍齿轮的基本知识，以及直齿圆柱齿轮的基本参数和规定画法，能正确绘制、识读直齿圆柱齿轮的图样。

一、基本知识

齿轮是传动零件，可将一根轴的动力及旋转运动传递给另一根轴，还可以改变转速和旋转方向。如图 6-5 所示，是齿轮传动中常见的四种类型，圆柱齿轮传动用于两平行轴之间的传动，圆锥齿轮传动用于两相交轴之间的传动，蜗轮蜗杆传动用于两垂直交叉轴之间的传动，齿轮齿条传动用于转动和移动之间的运动转换。

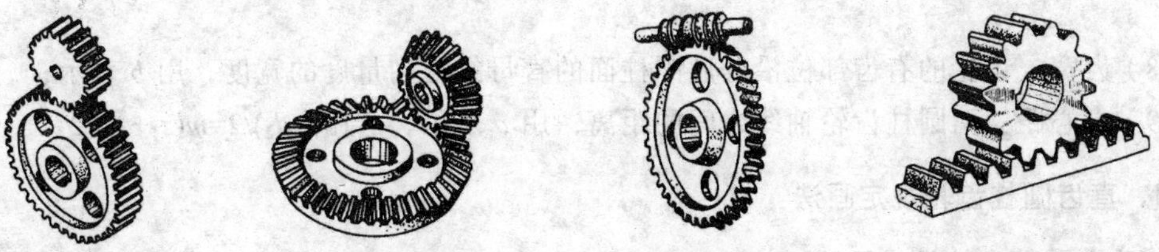

(a) 圆柱齿轮传动　(b) 圆锥齿轮传动　(c) 蜗轮蜗杆传动　(d) 齿轮齿条传动

图 6-5　齿轮传动中常见的类型

二、直齿圆柱齿轮的基本参数

（1）齿数 z：一个齿轮轮齿的个数。

（2）模数 m：齿距除以圆周率 π 得到的商，即 $m=p/\pi$，单位为 mm。模数是设计、制造和检测齿轮的重要参数。且由 $m=p/\pi$，得到 $d=mz$，所以模数大，轮齿就大，齿轮的承载能力就大。为了便于设计、制造和检测，模数已标准化。

（3）压力角 α：如图 6-6 所示，一对齿轮啮合时，轮齿在分度圆上啮合点 P 的受力方向（即渐开线齿廓曲线的法线方向）与该点的瞬时速度方向（分度圆的切线方向）所夹的锐角 α 称为压力角。我国规定的标准压力角 $\alpha=20°$。两标准直齿圆柱齿轮啮合条件为模数 m 和压力角 α 均相等。

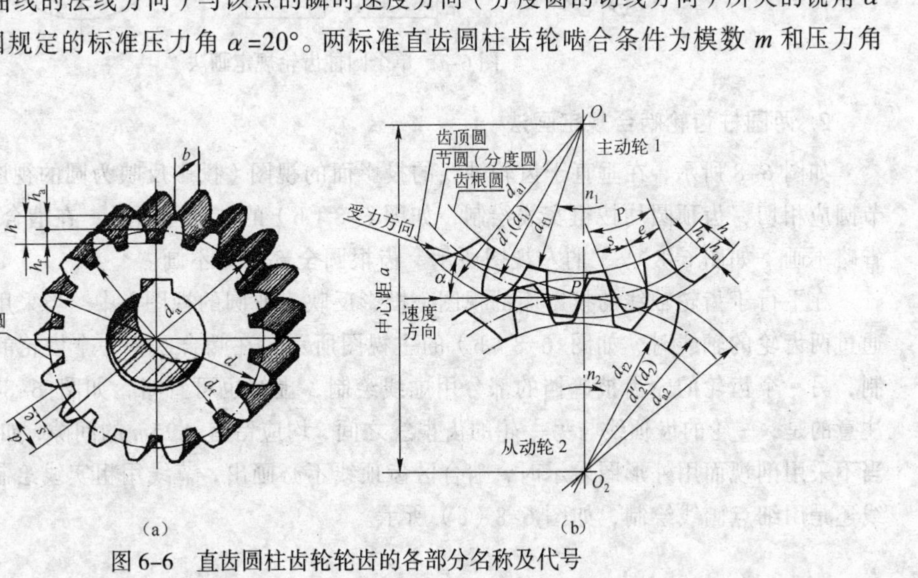

（a）　（b）

图 6-6　直齿圆柱齿轮轮齿的各部分名称及代号

三、直齿圆柱齿轮轮齿的各部分名称及代号

直齿圆柱齿轮轮齿的各部分名称及代号，如图 6-6 所示。

（1）齿顶圆：通过轮齿顶部的圆，用 d_a 表示，$d_a=m(z+2)$；

（2）齿根圆：通过轮齿根部的圆，用 d_f 表示，$d_f=m(z-2.5)$；

（3）分度圆：一个约定的假想圆，在该圆上，齿槽宽 e 与齿厚 s 相等（s 与 e 均指弧长），用 d 表示，$d=mz$；

（4）齿顶高：齿顶圆与分度圆之间的径向距离，用 h_a 表示，$h_a=m$；

（5）齿根高：齿根圆与分度圆之间的径向距离，用 h_f 表示，$h_f=1.25m$；

（6）齿高：齿顶圆与齿根圆之间的径向距离，用 h 表示，则 $h=h_a+h_f=2.25m$；

（7）端面齿距(简称齿距)：在齿轮上两个相邻而同侧的端面齿廓之间的分度圆弧长，用 p 表示；

（8）齿宽：齿轮的有齿部位沿分度圆柱面的直母线方向量度的宽度，用 b 表示；

（9）中心距：两圆柱齿轮轴线之间的距离，用 a 表示，$a=(d_1+d_2)/2=m(z_1+z_2)/2$。

四、直齿圆柱齿轮规定画法

1. 单个圆柱齿轮规定画法

如图 6-7 所示，齿顶圆和齿顶线用粗实线画出；分度圆和分度线用细点画线画出；齿根圆和齿根线用细实线画出，也可省略不画；在剖视图中，齿根线用粗实线画出，这时不可省略；沿轴线剖切时，轮齿规定不剖。

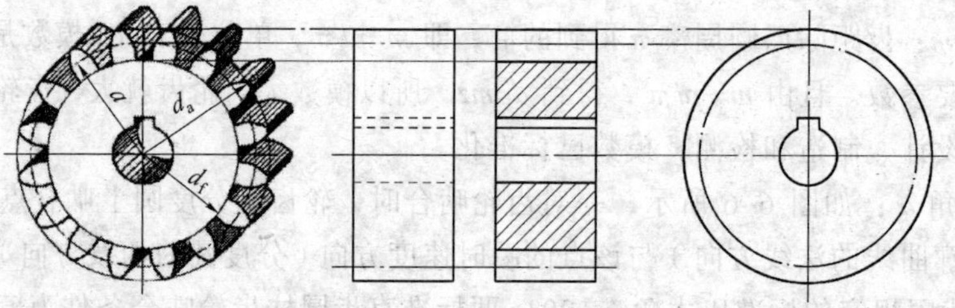

图 6-7　单个圆柱齿轮规定画法

2. 两圆柱齿轮啮合规定画法

如图 6-8 所示，在垂直于齿轮轴线的投影面的视图（投影反映为圆的视图）中，两齿轮的节圆应相切，齿顶圆均按粗实线绘制，如图 6-8（b）的左视图所示；在啮合区的齿顶圆也可省略不画，如图 6-8（c）的左视图所示。齿根圆全部省略不画。

在平行于齿轮轴线的投影面的视图（投影反映为非圆的视图）中，当采用剖视且剖切平面通过两齿轮的轴线时，如图 6-8（b）的主视图所示，在啮合区将一个齿轮的轮齿用粗实线绘制，另一个齿轮的轮齿被遮挡的部分用虚线绘制，虚线也可省略，如图 6-8（b）所示，值得注意的是，一轮的齿顶线与另一轮的齿根线之间，均应留有 0.25m 的间隙，如图 6-8（a）所示。当不采用剖视而用外形图表示时，啮合区齿顶线不必画出，节线用粗实线绘制；非啮合区的节线还是用细点画线绘制，如图 6-8（c）所示。

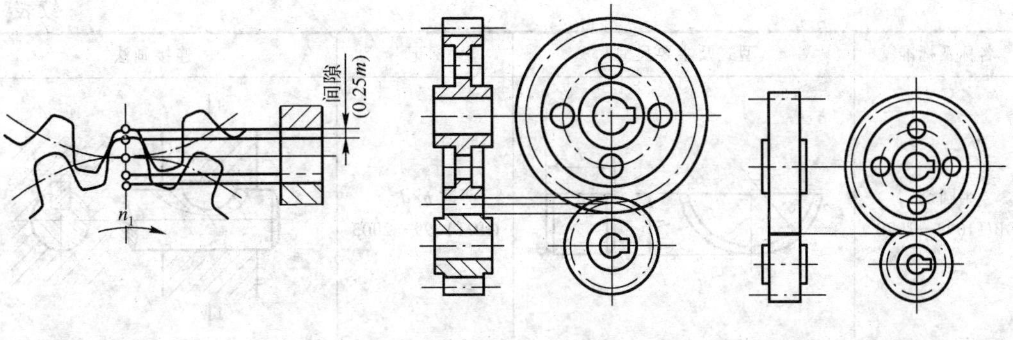

图 6-8　两圆柱齿轮啮合规定画法

任务 3　键连接和销连接

主要介绍键和销的种类、标记、规定画法，以及它们的应用，能正确绘制、识读键和销的图样。

一、基本知识

键连接和销连接都属于可拆连接，不但结构简单而且工作可靠、装拆方便并已经标准化。

键作为标准件，常用于连接轴和安装在轴上的传动件（如齿轮、皮带轮），传动件和轴一起转动，并要求传动件和轴之间不产生相对转动，保证两者同步旋转，以传递扭矩和运动。通常在传动件的轮毂和轴上分别加工出键槽，将键嵌入，用键将轮和轴连接起来进行传动，如图 6-9 所示。

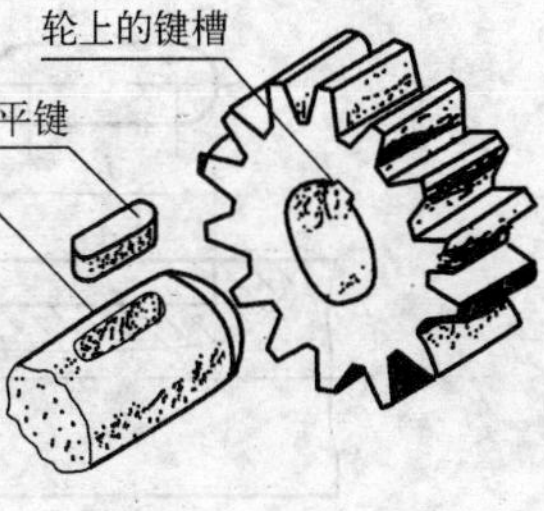

图 6-9　键连接

二、键连接的类型、特点及应用

常用的键连接有平键连接、半圆键连接、钩头楔键连接等，其特点及应用如表 6-4 所示，普通平键除 A 型省略型号外，B 型和 C 型要注出型号。

表 6-4　常用键的种类、型式、标记和连接画法

名称及标准	型式及主要尺寸	标记	连接画法
普通平键 A 型 GB/T1096—1979	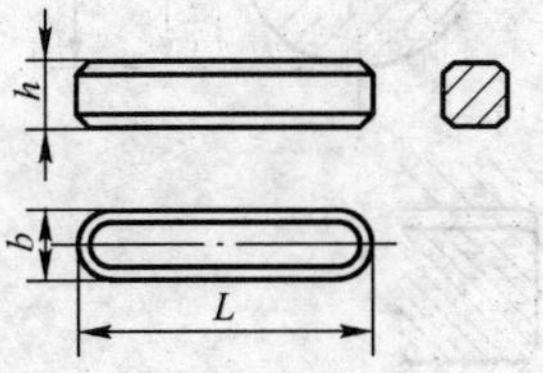	键 $b \times h \times L$ GB/T1096—2003	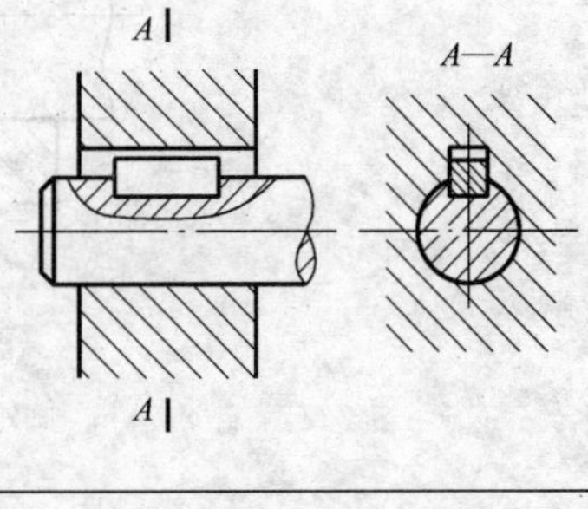

续表

名称及标准	型式及主要尺寸	标记	连接画法
半圆键 GB/T1099—1979	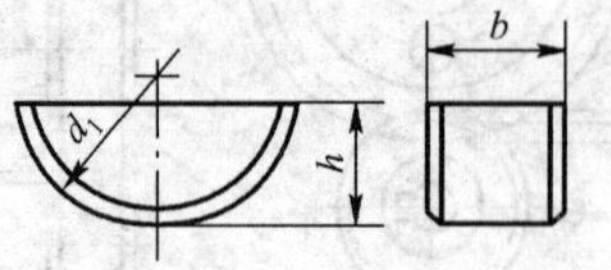	键 $b \times d_1$ GB/T1099—2003	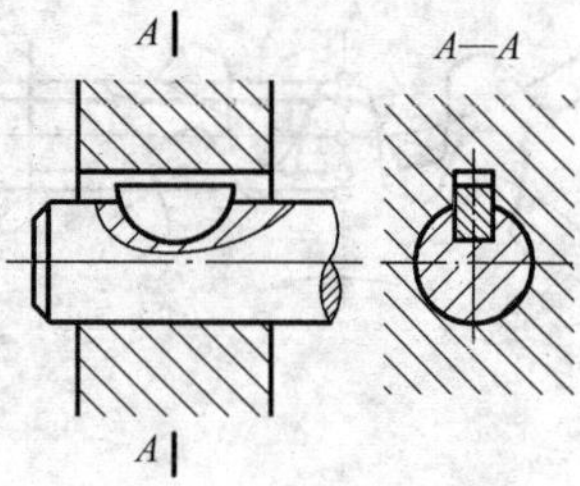
钩头楔键 GB/T1565—1979	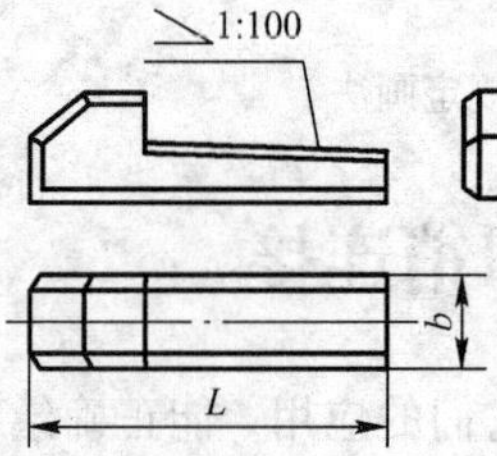	键 $b \times L$ GB/T1565—2003	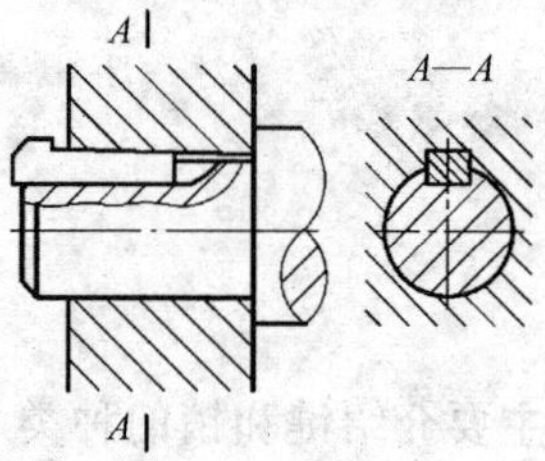

三、普通平键连接的画法

齿轮和轴上键槽的画法及尺寸标注，如图 6-10 所示。普通平键连接的装配图画法如图 6-11 所示。

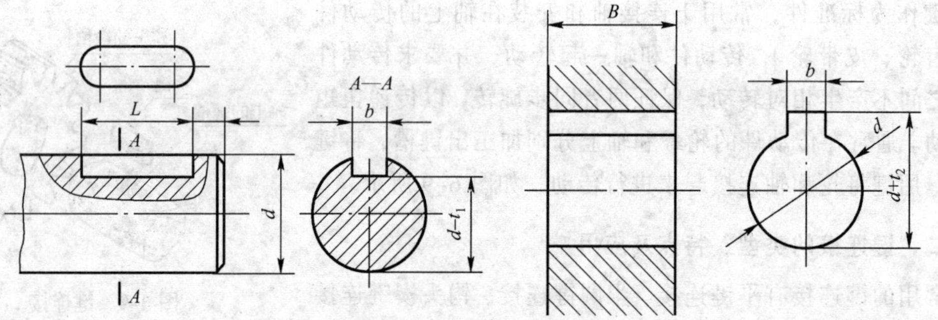

图 6-10　齿轮和轴上键槽的画法及尺寸标注

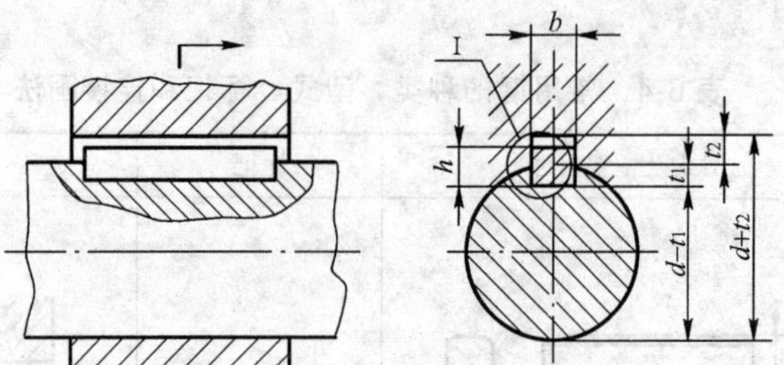

图 6-11　普通平键连接的装配图画法

四、普通平键连接的选用及其标记

1. 普通平键的选用

普通平键连接应用最为广泛，平键的选用主要是根据轴的直径，从标准中选取键的断面尺寸 $b \times h$。键的长度 L 一般应小于或等于轮毂的长度并符合键的长度标准。普通平键和键槽的尺寸如表 6-5 所示。

2. 平键标记

平键标记：键类型 $b \times L$　GB/T 1096—2003，圆头普通平键（A 型）可不标出类型，对于 B 型或 C 型键必须标注“键 B 或键 C”。

例如：键 B16×100　GB/T 1096—2003。

表示键宽 b 为 16 mm，键高 h 为 10 mm，键长 L 为 100 mm 的平头（B 型）普通平键。

表 6-5　普通平键和键槽的尺寸（摘自 GB/T 1095—2003 和 GB/T 1096—2003）

轴的直径 d	键		键　槽	
	$b \times h$	L	t	t_1
自 6 ~ 8	2×2	6 ~ 20	1.2	1
>8 ~ 10	3×3	6 ~ 36	1.8	1.4
>10 ~ 12	4×4	8 ~ 45	2.5	1.8
>12 ~ 17	5×5	10 ~ 56	3.0	2.3
>17 ~ 22	6×6	14 ~ 70	3.5	2.8
>22 ~ 30	8×7	18 ~ 90	4.0	3.3
>30 ~ 38	10×8	22 ~ 110	5.0	3.3
>38 ~ 44	12×8	28 ~ 140	5.0	3.3
>44 ~ 50	14×9	36 ~ 160	5.5	3.8
>50 ~ 58	16×10	45 ~ 180	6.0	4.3
>58 ~ 65	18×11	50 ~ 200	7.0	4.4
>65 ~ 75	20×12	56 ~ 220	7.5	4.9
>75 ~ 85	22×14	63 ~ 250	9.0	5.4
键长标准系列	6，8，10，12，14，16，18，20，22，25，28，32，36，40，45，50，56，63，70，80，90，100，110，125，140，160，…			

五、销的种类和标记

销是标准件，常用的销有圆柱销、圆锥销和开口销，销的标记如表 6-6 所示。

表 6-6 销及其标记示例

名称(标准号)	图 例	标记示例	说 明
圆柱销 不淬硬钢和奥氏体不锈钢 (GB/T 119.1—2000) 淬硬钢和马氏体不锈钢 (GB/T 119.2—2000)	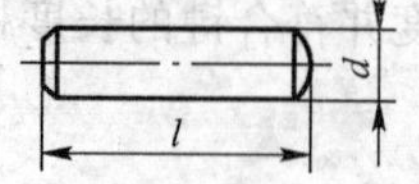	公称直径 d=8，公差为 m6，长度 l = 30。材料为钢，不经淬火、表面不经处理的圆柱销： 销 GB/T 119.1 8m6×30	GB/T 119.2—2000 中淬硬钢按淬火方法不同,分为A型(普通淬火)和B型(表面淬火)
圆锥销 (GB/T 117—2000)	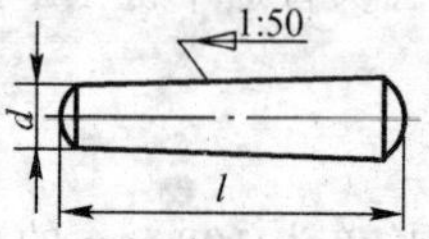	公称直径 d=10、公称长度 l=50、材料为 35 钢、热处理硬度 28～38HRC、表面氧化处理的 A 型圆锥销： 销 GB/T 117—2000 10×50	圆锥销按表面加工要求不同,分为A型(磨削),B型(切削或冷镦)。 公称直径指小端直径
开口销 (GB/T 91—2000)	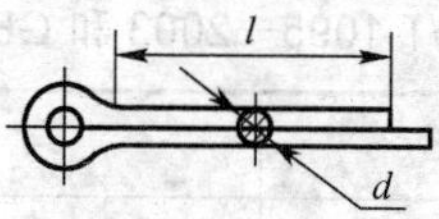	公称直径为 d=5、公称长度 l=40、材料为 Q215 或 Q235、不经表面处理的开口销： 销 GB/T 91—2000 5×40	公称直径等于销孔的直径

六、销连接的画法

销连接的画法，如图 6-12 所示。

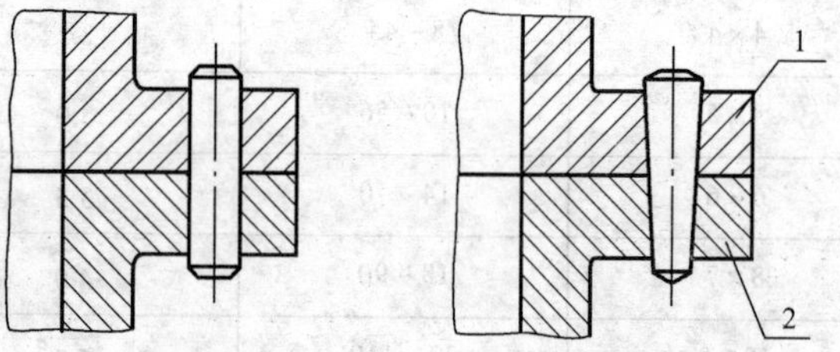

(a)圆柱销连接的画法 (b)圆锥销连接的画法

图 6-12 销连接的画法

七、销连接的应用

销连接可以用来定位，传递动力或转矩，还可以用作安全装置中的被切断零件，起过载保护的作用。图 6-13 所示为利用圆锥销实现零件间定位的实例。图 6-14 所示为销用于传递横向力和转矩的连接。当传递的横向力或转矩过载时，销就会被切断，从而保护主要部件免被破坏，起到过载保护的作用。

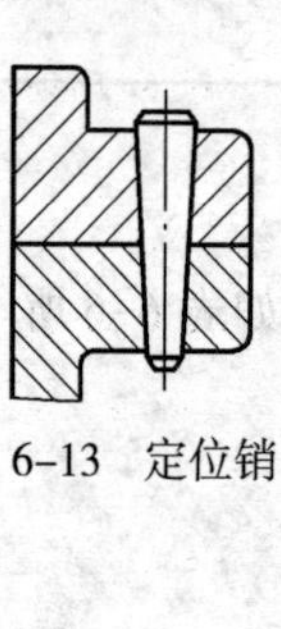

图 6-13 定位销

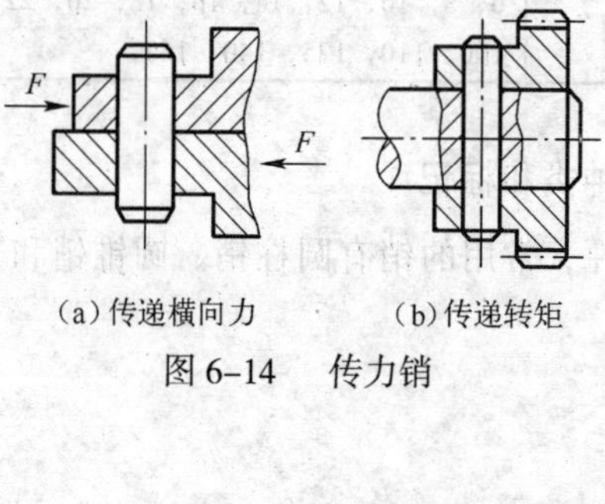

(a)传递横向力 (b)传递转矩

图 6-14 传力销

任务 4　滚动轴承

本任务主要介绍滚动轴承的基本知识、简化画法和规定画法，能正确绘制、识读滚动轴承的图样。

一、基本知识

轴承是用来支承轴的，分为滑动轴承和滚动轴承两大类。滚动轴承由于摩擦阻力小、结构紧凑等优点，在机器中被广泛应用。

滚动轴承的结构一般由四部分组成，现以图 6–15 所示的球轴承来说明。

（1）内圈——套装在轴上，随轴一起转动。

（2）外圈——装在机座孔中，一般固定不动或偶作少许转动。

（3）滚动体——装在内、外圈之间的滚道中。滚动体可做成球或滚子（圆柱、圆锥或针状）形状。

（4）保持架——用以均匀隔开滚动体，故又称隔离圈。

二、滚动轴承的简化画法和规定画法(GB/T 4459.7—1998)

1．简化画法

用简化画法画滚动轴承时，应采用通用画法或特征画法，但在同一图样中一般只采用其中一种画法。

（1）通用画法：在剖视图中，当不需要确切表示滚动轴承的外形轮廓、载荷特性、结构特性时，可用矩形线框及位于线框中央正立的不与矩形线框接触的十字形符号表示，如图 6–16 所示。

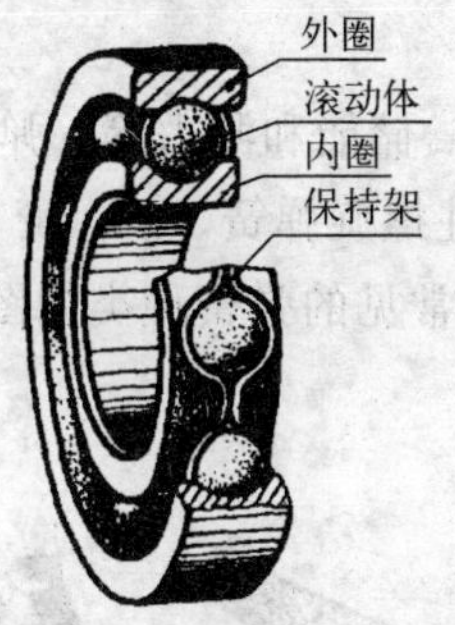

图 6–15　滚动轴承结构

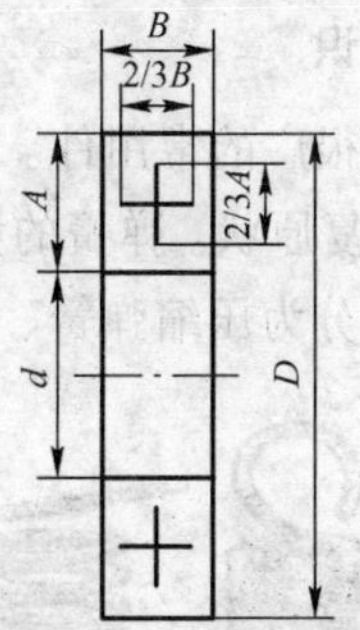

图 6–16　滚动轴承通用画法

（2）特征画法：在剖视图中，如需较形象地表示滚动轴承的结构特性时，可采用在矩形线框内画出其结构要素符号的方法表示，如图 6–17 所示。

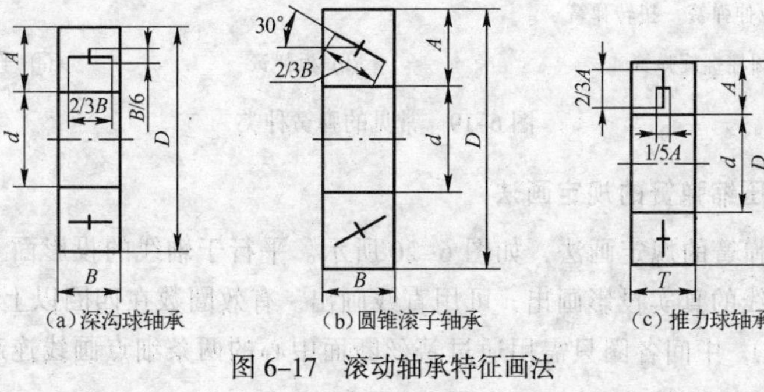

（a）深沟球轴承　（b）圆锥滚子轴承　（c）推力球轴承

图 6–17　滚动轴承特征画法

2．规定画法

必要时，在滚动轴承的产品图样、产品样本、产品标准、产品使用说明书中采用，如图 6-18 所示。规定画法一般画在轴的一侧，另一侧按通用画法画出。

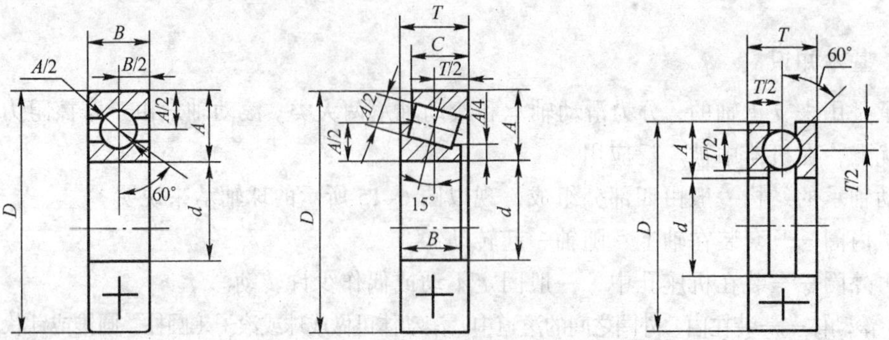

（a）深沟球轴承　（b）圆锥滚子轴承　（c）推力球轴承

图 6-18　滚动轴承规定画法

任务 5　弹　　簧

本任务主要介绍弹簧的基本知识，以及圆柱螺旋压缩弹簧的规定画法，能正确绘制、识读弹簧的图样。

一、基本知识

弹簧是用途很广的常用件。它主要用于减震、夹紧、储能和测力等。弹簧的特点是除去外力后，能立即恢复原状。弹簧的种类很多，常见的有圆柱螺旋弹簧、板弹簧、平面涡卷弹簧等。圆柱螺旋弹簧又分为压缩弹簧、拉伸弹簧和扭转弹簧。常见的弹簧种类如图 6-19 所示。

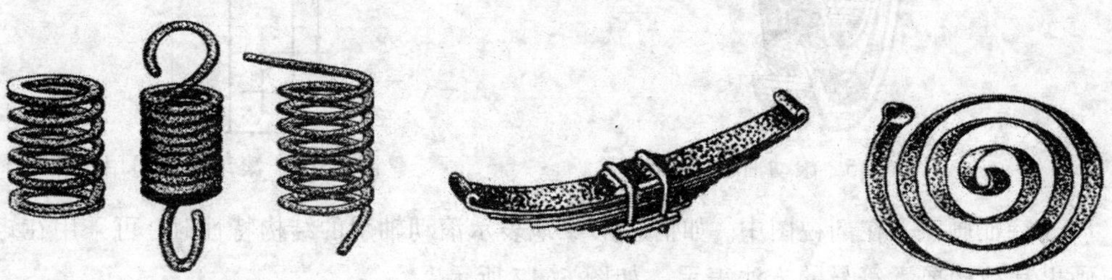

压缩弹簧　拉伸弹簧　扭转弹簧

(a) 圆柱螺旋弹簧　(b) 板弹簧　(c) 平面涡卷弹簧

图 6-19　常见的弹簧种类

二、圆柱螺旋压缩弹簧的规定画法

圆柱螺旋压缩弹簧的规定画法，如图 6-20 所示。平行于轴线的投影面上的视图中，各圈的轮廓不必按螺旋线的真实投影画出，可用直线画出。有效圈数在四圈以上，允许两端只画两圈（不包括支承圈），中间各圈只需用通过簧丝断面中心的两条细点画线连起来，省略后允许适当缩短图形长度，但要注明设计要求的弹簧自由高度。图中旋向均可画成右旋，但左旋弹簧不论画成左旋或右旋，一律要注出旋向“左”字。

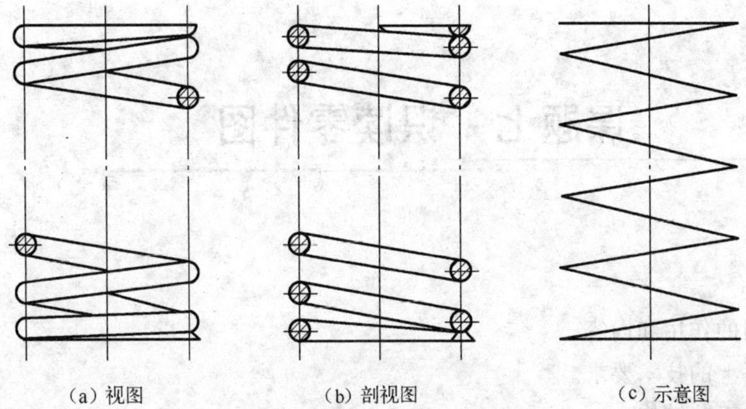

图 6-20　圆柱螺旋压缩弹簧的规定画法

在装配图中：被弹簧挡住的结构一般不画；可见部分应从弹簧的外轮廓线或弹簧钢丝断面的中心线（中径处）画起；当弹簧钢丝直径在图形上≤2mm 时，允许断面涂黑或用示意画法画出，如图 6-21 所示。

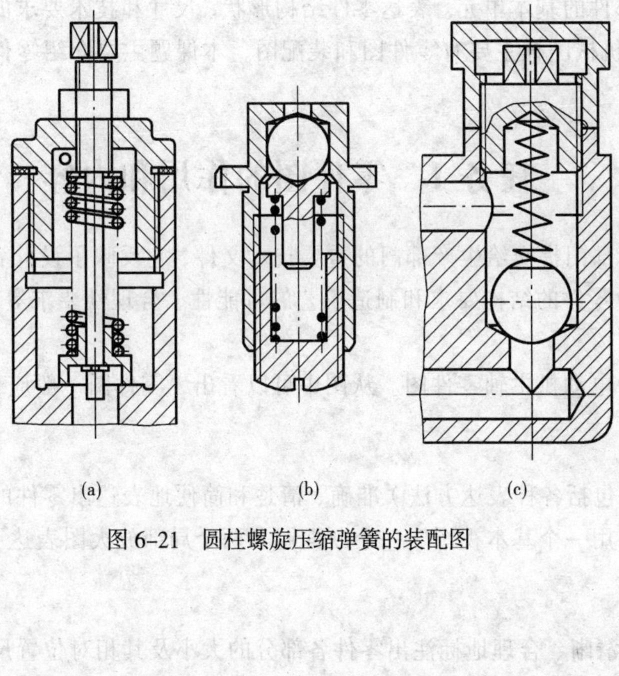

图 6-21　圆柱螺旋压缩弹簧的装配图

课题七　识读零件图

知识点：

- ◆ 零件图的作用和内容。
- ◆ 零件图上的技术要求。
- ◆ 零件的工艺结构。
- ◆ 识读零件图。

技能点：

◆能识读较简单的零件图。

任何机器或零部件都是由若干个零件按一定的装配关系和技术要求装配而成的，因此零件是组成机器或零部件的基本单元。表达零件结构形状、尺寸和技术要求的图样称为零件工作图（简称零件图）。机械图样主要有零件图和装配图，本课题主要介绍零件图的内容，并能识读较简单的零件图。

任务 1　零件图的作用和内容

零件图是设计部门提交给生产部门的重要技术文件，它反映了设计者的意图，表达了对零件的要求（包括对零件的结构要求和制造工艺的可能性、合理性要求等），是制造和检验零件的依据。

图 7-1 所示为电动机主轴零件图。从图中可以看出，零件图一般应包括以下四方面内容：

1．图形

用一组图形（包括各种表达方法）准确、清楚和简便地表达出零件的结构形状。图 7-1 所示的电动机主轴，用一个基本视图、一个断面图和两个局部放大图表达了该零件的结构形状。

2．尺寸

正确、完整、清晰、合理地标注出零件各部分的大小及其相对位置尺寸，即提供制造和检验零件所需的全部尺寸，如图 7-1 中所标注的尺寸。

3．技术要求

将制造零件应达到的质量要求（如表面结构要求、尺寸公差、形位公差、材料、热处理及表面镀、涂处理等），用一些规定的代（符）号、数字、字母或文字，准确、简明地表示出来。

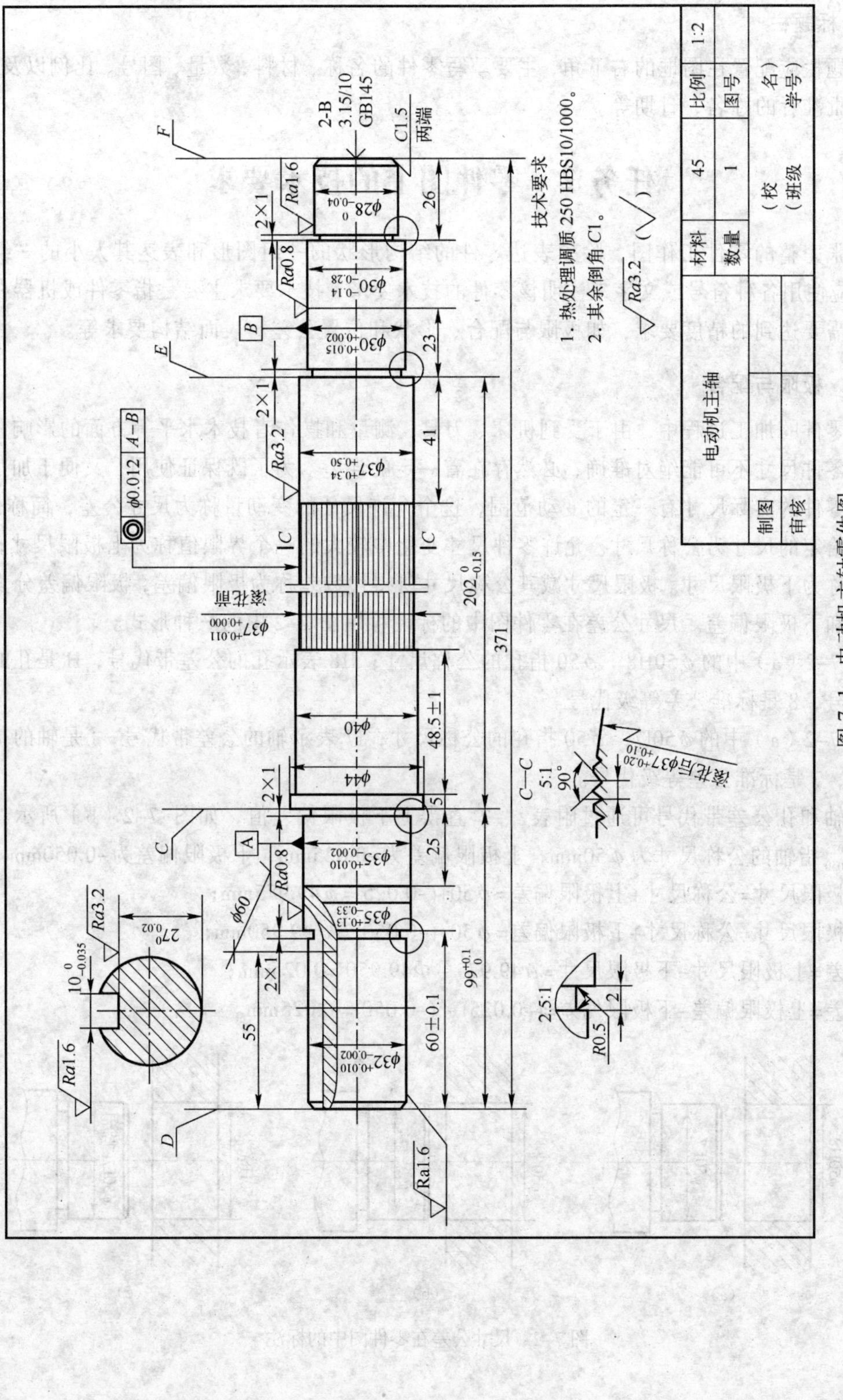

图 7-1　电动机主轴零件图

不便用代（符）号标注在图中的技术要求，可用文字注写在标题栏的上方或左方，如图 7–1 所示。

4. 标题栏

标题栏应配置在图框的右下角，主要填写零件的名称、材料、数量、图号、比例以及设计、审核、批准者的姓名、日期等。

任务 2　零件图上的技术要求

一张完整的零件工作图，除了表达零件的结构形状的一组图形和表达其大小的一组尺寸外，还应使用各种符号或文字来注明该零件的技术要求，技术要求主要是指零件或机器在加工过程中需要达到的精度要求，如极限与配合、形状和位置公差、表面结构要求等。

一、极限与配合

在零件的加工过程中，由于受到机床、刀具、测量和操作者技术水平等方面的影响，加工出来的零件尺寸不可能绝对准确，必然存在着一定的误差。为了既保证使用，又便于加工，必须允许零件的实际尺寸有一定的变动范围，这个允许尺寸的变动量称为尺寸公差，简称公差。设计时给定的尺寸为公称尺寸。允许零件尺寸变化中较大的一个界限值称为上极限尺寸；较小的一个称为下极限尺寸。极限尺寸减其公称尺寸所得代数差称为极限偏差，极限偏差分为上极限偏差和下极限偏差。尺寸公差在零件图中的标注可用图 7–2 中的三种形式。

图 7–2（a）中的 $\phi 50H8$，$\phi 50$ 指孔的公称尺寸；H8 表示孔的公差带代号，H 是孔的基本偏差代号，8 是标准公差等级代号。

图 7–2（a）中的 $\phi 50f7$，$\phi 50$ 指孔的公称尺寸；f7 表示轴的公差带代号，f 是轴的基本偏差代号，7 是标准公差等级代号。

由轴和孔公差带代号可通过附表 1–2 查得上下极限偏差值，如图 7–2（b）所示。图中 $\phi 50^{-0.025}_{-0.050}$ 指轴的公称尺寸为 $\phi 50$mm，上极限偏差为–0.025mm，下极限偏差为–0.050mm。

上极限尺寸=公称尺寸+上极限偏差=$\phi 50+(-0.025)=\phi 49.975$mm；

下极限尺寸=公称尺寸+下极限偏差=$\phi 50+(-0.050)=\phi 49.950$mm；

公差=上极限尺寸–下极限尺寸=$\phi 49.975-\Phi 49.950=0.025$mm；

公差=上极限偏差–下极限偏差=$(-0.025)-(-0.050)=0.025$mm。

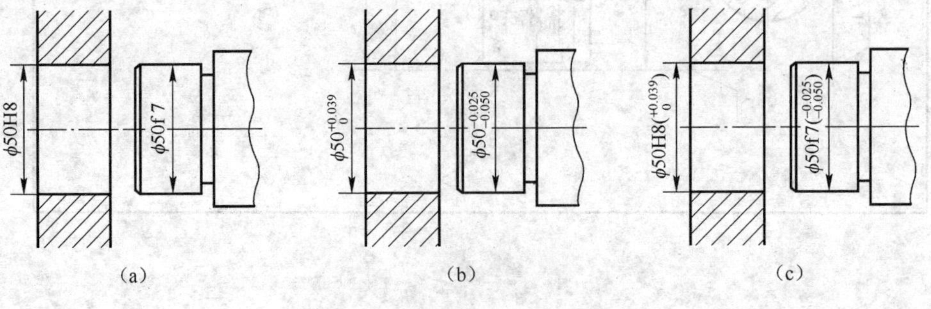

图 7–2　尺寸公差在零件图中的标注

公称尺寸相同的，相互结合的孔和轴公差带之间的关系称为配合。根据使用要求相互结合孔与轴公差带之间的不同，国家标准规定配合分成三类：间隙配合、过盈配合、过渡配合。配合代号由相配的孔和轴的公差带代号组成，用分数的形式写在公称尺寸的右边，分子为孔的公差带代号，分母为轴的公差带代号，如图 7-3 中的 ϕ50H8/f7，也可以写成图 7-3（a）、（c）所示的形式，由图 7-3（c）所示的标注可知，所有孔的尺寸都大于轴的尺寸，故其配合为间隙配合。

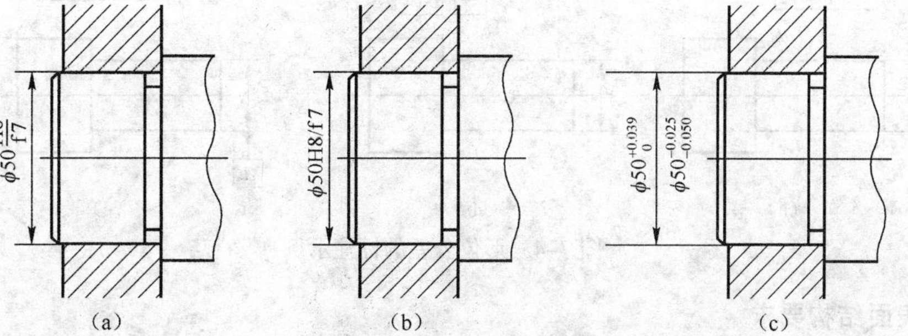

图 7-3　尺寸公差在装配图中的标注

二、形状公差和位置公差

旧国家标准中的“形状和位置公差”（简称形位公差）在新国家标准《产品几何技术规范（GPS）几何公差形状、方向、位置和跳动公差标注》（GB/T 1182—2008）中改称为几何公差，指零件的实际形状、方向、位置、跳动相对理想形状、方向、位置、跳动的允许变动量。零件加工后，不仅存在尺寸误差，而且还会产生几何误差。因此，对加工的零件要根据实际需要，在图样上注出相应的几何公差。几何公差的几何特征及符号如表 7-1 所示。

表 7-1　几何公差的几何特征及符号

公差类型	几何特征	符号	有无基准	公差类型	几何特征	符号	有无基准
形状公差	直线度	—	无	位置公差	位置度	⌖	有或无
	平面度	⏥	无		同心度（用于中心点）	◎	有
	圆度	○	无				
	圆柱度	⌭	无		同轴度（用于轴线）	◎	有
	线轮廓度	⌒	无				
	面轮廓度	⌓	无		对称度	⌯	有
方向公差	平行度	∥	有		线轮廓度	⌒	有
	垂直度	⊥	有		面轮廓度	⌓	有
	倾斜度	∠	有	跳动	圆跳动	↗	有
	线轮廓度	⌒	有		全跳动	⌰	有
	面轮廓度	⌓	有				

如图 7–4（a）所示的标注，表示 ϕ20 圆柱体轴线的直线度公差为 ϕ0.05mm。

如图 7–4（b）所示的标注，表示 ϕ20 圆柱面的任意素线的直线度公差为 0.05mm 和任意截面上的圆度公差为 0.05mm。

如图 7–4（c）所示的标注，表示 ϕ32 圆柱体轴线对 ϕ20 圆柱体轴线的同轴度公差为 ϕ0.05mm。

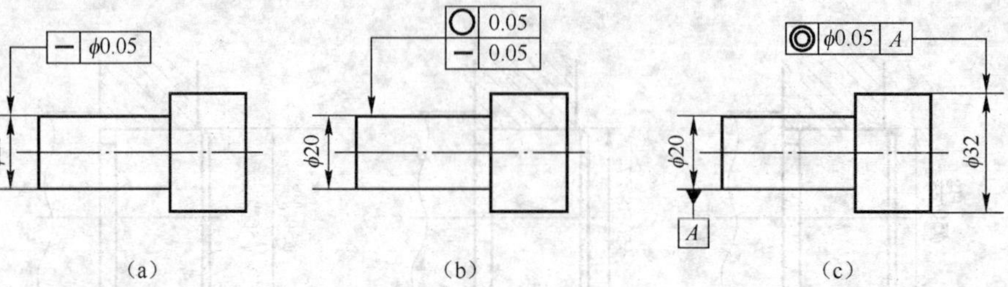

图 7–4　形位公差的标注示例

三、表面结构要求

零件在加工时，由于刀具在零件表面上留下的刀痕、切削时表面金属的塑性变形和机床的震动等因素的影响，使零件表面存在着间距较小的轮廓峰谷，它对零件的使用寿命、零件间的配合以及外观质量等都有一定的影响。表面结构参数（即微观几何特征的参数）是评定零件表面质量的重要指标之一。

1. 表面结构要求的评定参数

工作情况不同，对零件表面结构要求也各有不同。评定表面结构要求的主要高度参数有：轮廓算术平均偏差（*Ra*）(单位：μm)；轮廓最大高度（*Rz*）。在零件图中多采用轮廓算术平均偏差（*Ra*）值，它是在取样长度内被测轮廓线上各点至基准线的 y_i 的算术平均值，可用下式表示：

$$R_a = \frac{1}{n}\sum_{i=1}^{n}|y_i|$$

2. 表面结构的图形符号、代号

GB/T 131–2006《产品几何技术规范（GPS）技术产品文件中表面结构的表示法》中规定表面结构的图形符号分为基本图形符号、扩展图形符号、完整图形符号三种，对相同的表面结构要求，标准也做了明确规定，如表 7–2 所示。表面结构代号由规定的图形符号和有关参数值组成，表 7–3 所示为表面结构要求高度参数值的标注示例。

表 7-2　表面结构要求的图形符号

分　类	图形符号	意　　义	画　　法
基本图形符号		基本图形符号，仅用于简化代号标注，没有补充说明时不能单独使用	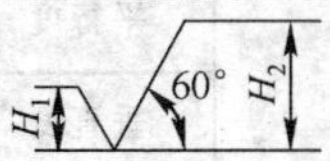 H_1=1.4*h*,H_2=3*h*,*h* 为字高
扩展图形符号		表示表面结构要求是用去除材料的方法获得，如车、铣、刨、磨、钻等加工	基本图形符号加一短画

续表

分　类	图形符号	意　　义	画　法
扩展图形符号		表示表面结构要求是用不去除材料的方法获得，如铸、锻、冲压、热轧、冷轧等加工	基本图形符号加一圆
完整图形符号	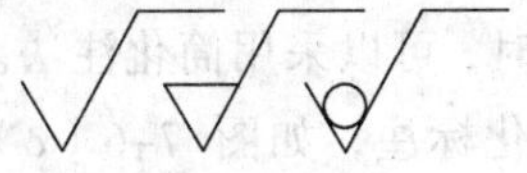	在基本符号的长边上加一横线、用于注写表面结构参数和数值、加工方法、表面纹理方向、加工余量等内容	在基本符号的长边上加一横线
相同要求的符号	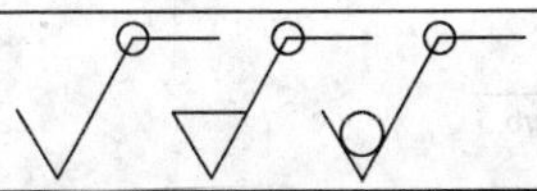	表示视图上封闭轮廓的各表面有相同的表面结构要求	在图形符号长边和横线的交点画一小圆圈

表 7-3　表面结构要求高度参数值的标注示例及其意义

代　号	意　　义
*Ra*3.2	用任何方法获得的表面，*Ra* 的最大允许值为 3.2μm
*Ra*3.2	用去除材料的方法获得的表面，*Ra* 的最大允许值为 3.2μm
*Ra*3.2	用不去除材料的方法获得的表面，*Ra* 的最大允许值为 3.2μm
*Ra*3.2 *Ra*1.6	用去除材料的方法获得的表面，*Ra* 的最大允许值为 3.2μm，最小允许值为 1.6μm
*Rz*200	用不去除材料的方法获得的表面，*Rz* 的最大允许值为 200μm

3．表面结构的代号（符号）的标注

（1）在零件图中，表面结构要求对每个表面一般只标注一次，表面结构要求可以标注在轮廓线或轮廓延长线上，也可标注在指引线上、标注在特征尺寸的尺寸线上、标注在形位公差框格上等，如图 7-5 所示。

（2）表面结构图形符号不应倒着标注，也不应指向左侧标注。遇到这种情况时应采用指引线标注，如图 7-5（a）、（b）所示，指引线应带箭头，但对于标注在轮廓线以内的指引线，其端部不带箭头，而带圆点。

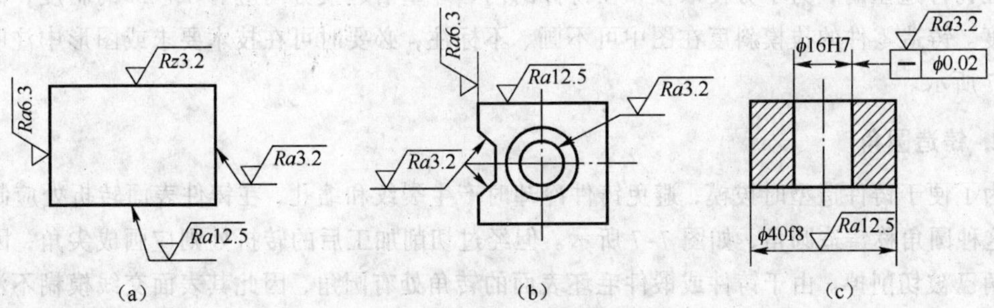

图 7-5　表面结构代号的标注

（3）如果工件的全部表面有相同的表面结构要求，或部分表面有相同的表面结构要求时，表面结构符号统一标注在图样标题栏附近。

（4）如果在工件的多数表面（除全部表面有相同要求的情况外），表面结构要求的符号后面在圆括号内给出无任何其他标注的基本符号，如图 7-6（a）所示；或在圆括号内给出不同的表面结构要求如图 7-6（b）所示。

（5）当多个表面有共同的表面结构要求或图纸空间有限时，可以采用简化注法。可用带字母的完整符号，以等式的形式，在图形或标题栏附近进行简化标注，如图 7-6（c）所示；也可只用表面结构符号进行简化标注，如图 7-6（d）所示。

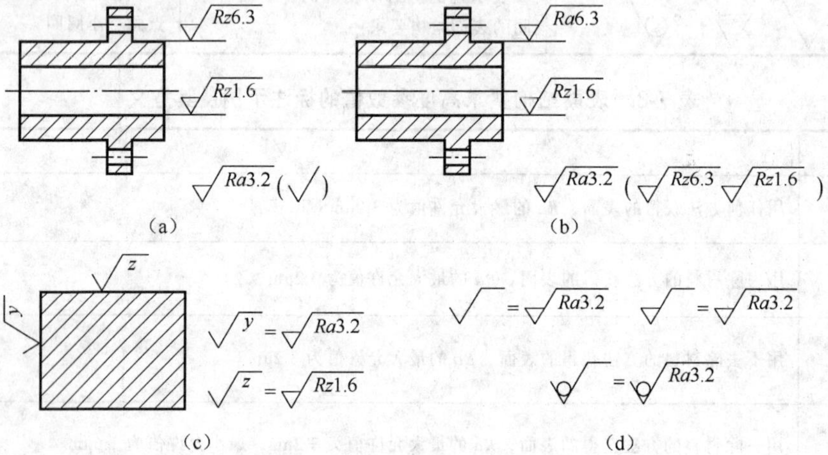

图 7-6　表面结构要求的简化标注

任务 3　零件上常见的工艺结构

零件的结构和形状，不仅要满足零件在机器中的使用要求，而且在制造零件时还要符合制造工艺要求。零件的工艺结构，多数是在生产过程中满足加工和装配要求而设置的。因此，在设计和绘制零件工作图时，必须把这些工艺结构绘制或标注在零件工作图上，以便于加工和装配。

一、铸造工艺结构

1. 拔模斜度

在铸件造型时，为了方便取模，在铸件的内、外壁沿起模方向应有 1∶20 的斜度，称为拔模斜度。铸造零件的拔模斜度在图中可不画、不标注，必要时可在技术要求或图形中注明，如图 7-7 所示。

2. 铸造圆角

为了便于铸件造型时拔模，避免铸件冷却时产生裂纹和缩孔，在铸件表面转折处应制成圆角，这种圆角称铸造圆角，如图 7-7 所示。但经过切削加工后的转折处则应画成尖角，因为这时圆角已被切削掉。由于铸件或锻件毛坯表面的转角处有圆角，因此其表面交线模糊不清，为了便于看图仍然要画出交线，但交线两端空出不与轮廓线的圆角相交，这种交线称为过渡线。图 7-8、图 7-9 所示为常见过渡线的画法。

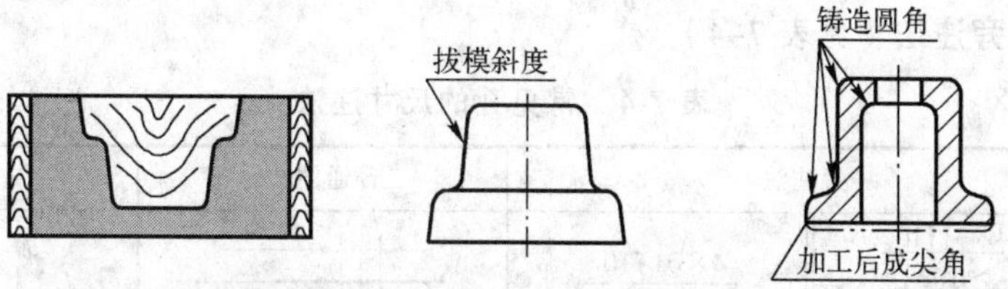

图 7-7　铸件的拔模斜度和铸造圆角

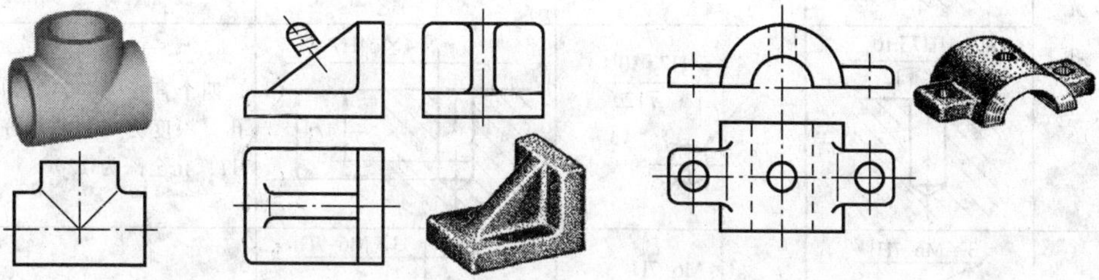

图 7-8　圆柱相交、肋板与平面相交的过渡线

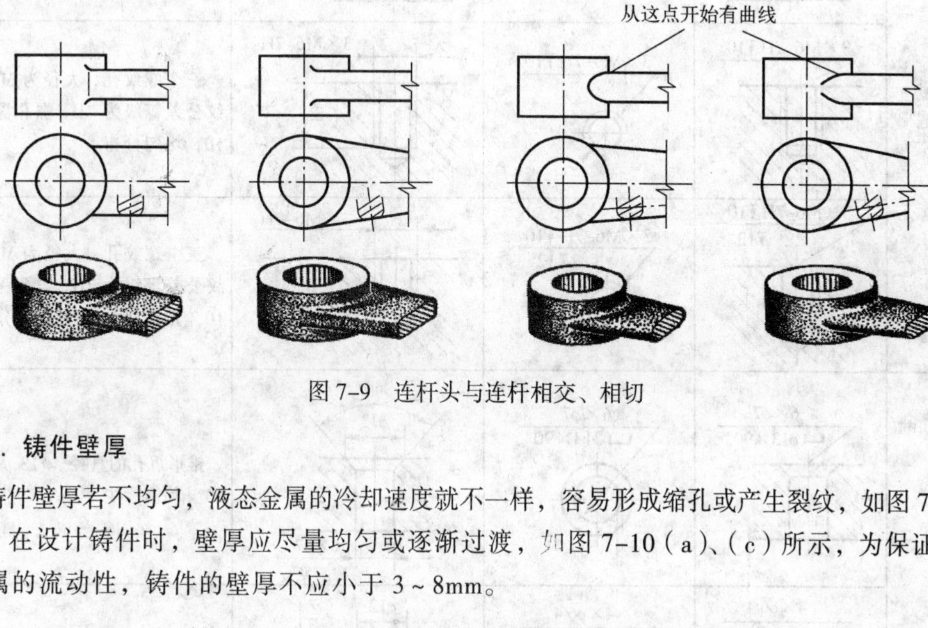

图 7-9　连杆头与连杆相交、相切

3. 铸件壁厚

铸件壁厚若不均匀，液态金属的冷却速度就不一样，容易形成缩孔或产生裂纹，如图 7-10（b）所示。在设计铸件时，壁厚应尽量均匀或逐渐过渡，如图 7-10（a）、（c）所示，为保证铸件液态金属的流动性，铸件的壁厚不应小于 3 ~ 8mm。

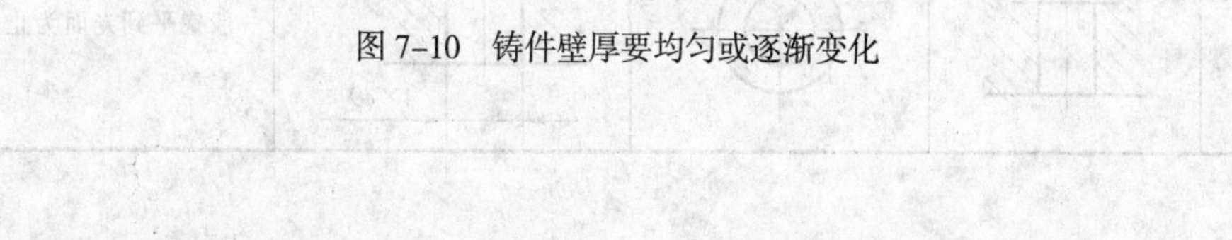

图 7-10　铸件壁厚要均匀或逐渐变化

4. 各种孔的旁注法（见表 7-4）

表 7-4　常见孔的尺寸注法

序号	类型	旁注法	普通注法	说明
1	光孔	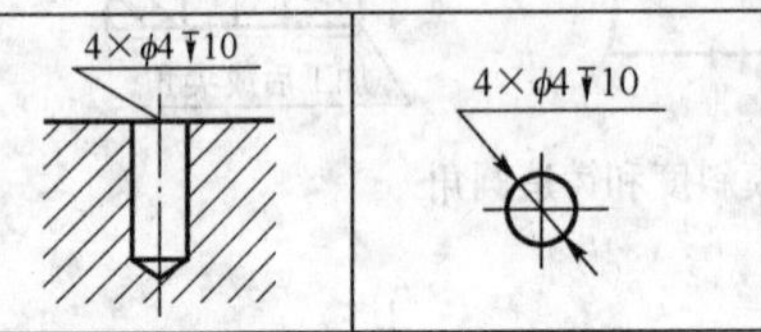	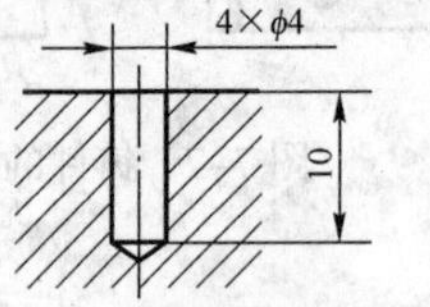	四个直径为 4，深度为 10，均匀分布的孔
2	光孔	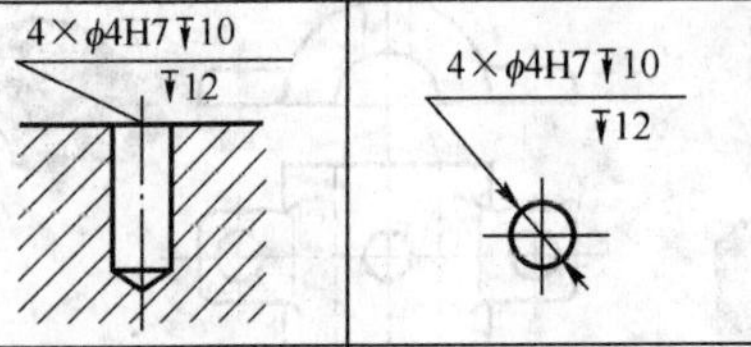	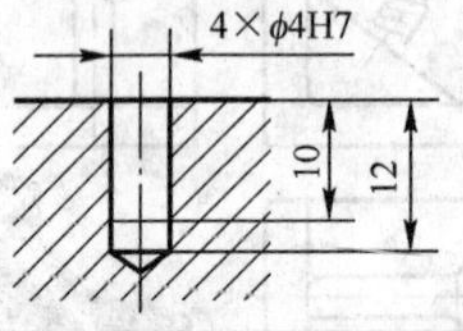	四个直径为 4，均匀分布的孔。深度为 10 的部分公差为 H7，孔全深为 12
3	螺孔	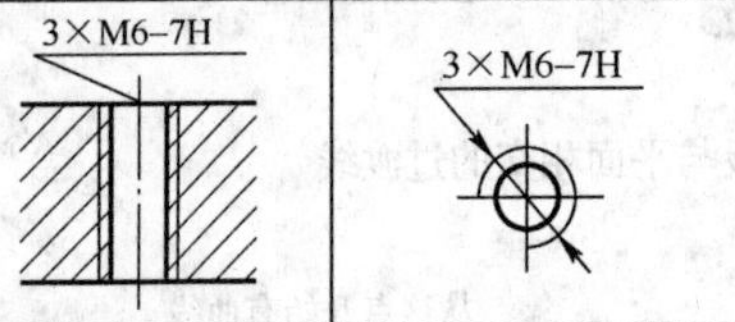	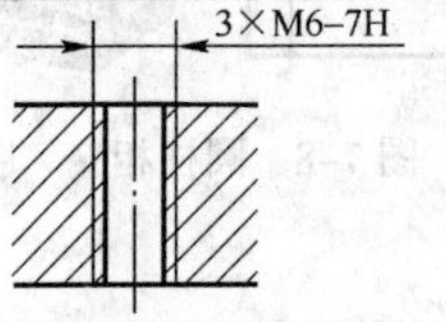	三个螺纹孔，大径为 M6，螺纹公差等级为 7H，均匀分布
4	螺孔	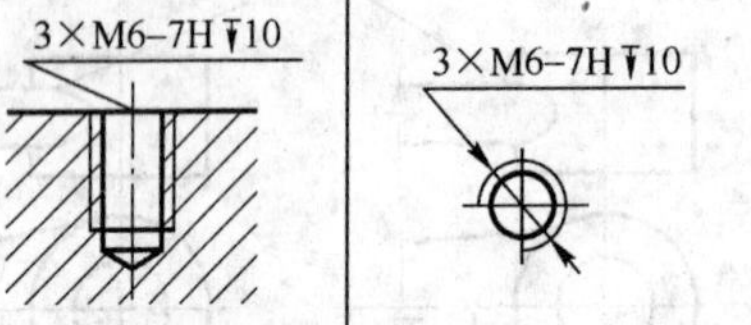	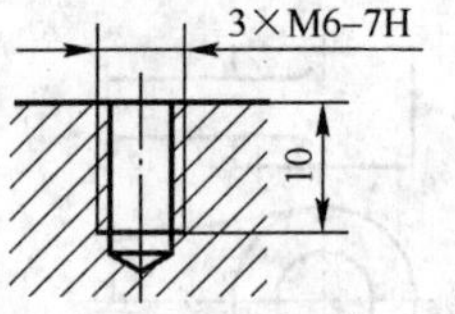	三个螺纹孔，大径为 M6，螺纹公差等级为 7H，螺孔深度为 10，均匀分布
5	螺孔	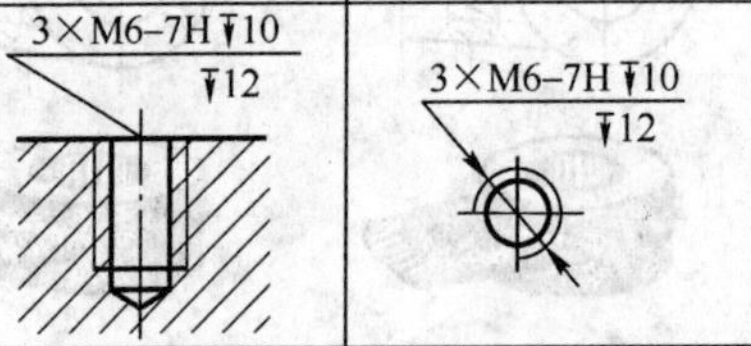	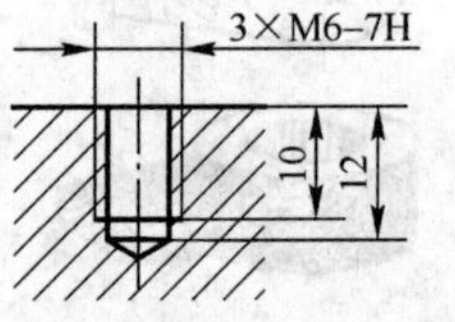	三个螺纹孔，大径为 M6，螺纹公差等级为 7H，螺孔深度为 10，光孔深为 12，均匀分布
6	沉孔	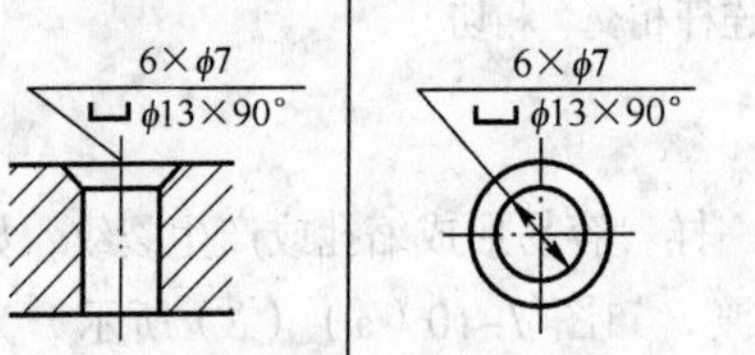	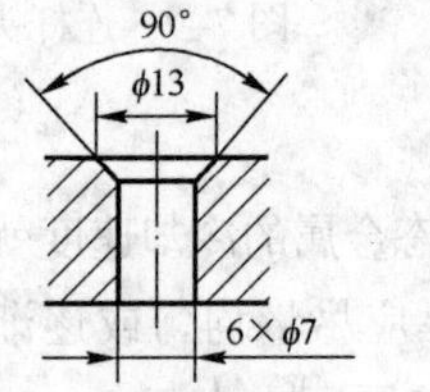	锥形沉孔的直径 ϕ13 及锥角 90°，均需标注
7	沉孔	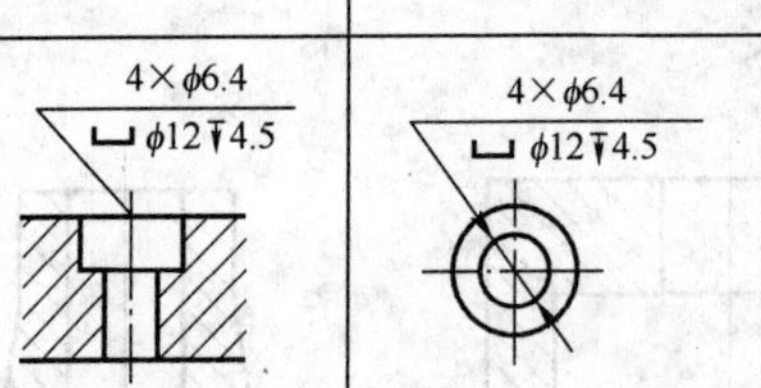	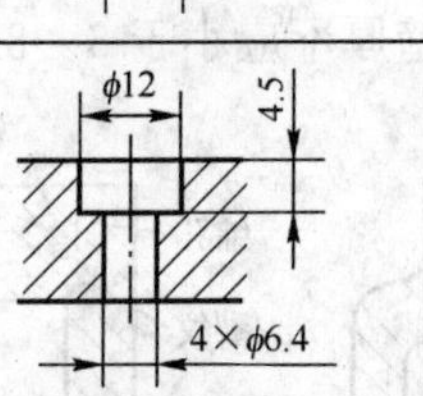	柱形沉孔的直径 ϕ12 及深度 4.5，均需标注
8	沉孔	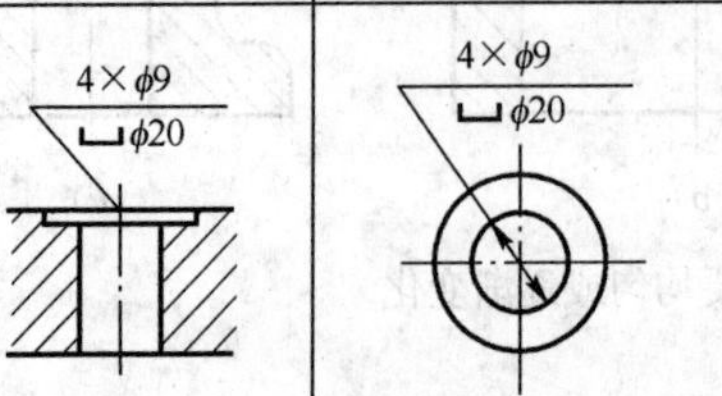	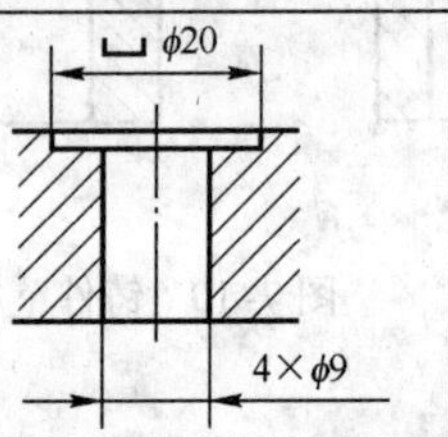	锪平 ϕ20 的深度不需标注，一般锪平到光面为止

二、零件机械加工工艺结构

1. 倒角和圆角

为了去除零件加工表面转角处的毛刺、锐边和便于零件装配，一般在轴和孔的端部加工出45° 倒角；为了避免阶梯轴轴肩的根部因应力集中而容易断裂，故在轴肩的根部加工成圆角，如图 7-11 所示。

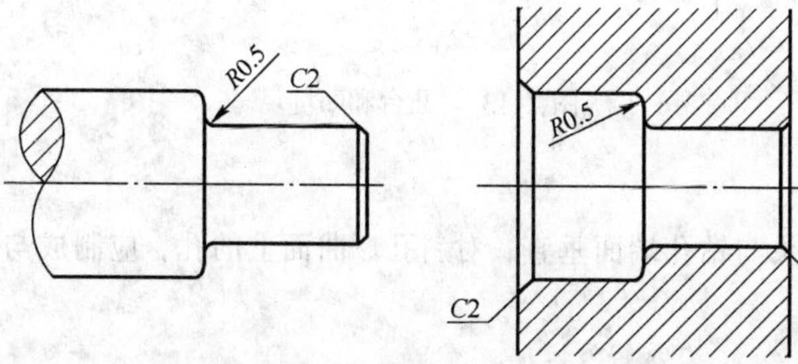

图 7-11　倒角和圆角的画法

轴、孔的标准倒角和圆角的尺寸可由 GB 6403.4—2008 查得。其尺寸标注方法如图 7-11 所示。零件上倒角尺寸全部相同时，可在图样的技术要求中注明“全部倒角 C×(×为倒角的轴向尺寸)”；当零件倒角尺寸无一定要求时，则可在技术要求中注明“锐边倒钝”。

2. 退刀槽或越程槽

在切削加工中，为了使刀具易于退出，并在装配时容易与有关零件靠紧，常在加工表面的台肩处先加工出退刀槽或越程槽。常见的有螺纹退刀槽、砂轮越程槽、刨削越程槽等，如图 7-12 所示，图中的数据可由相关的标准中查取。退刀槽的尺寸标注形式，一般可按“槽宽×直径”或“槽宽×槽深”标注。越程槽一般用局部放大图画出。

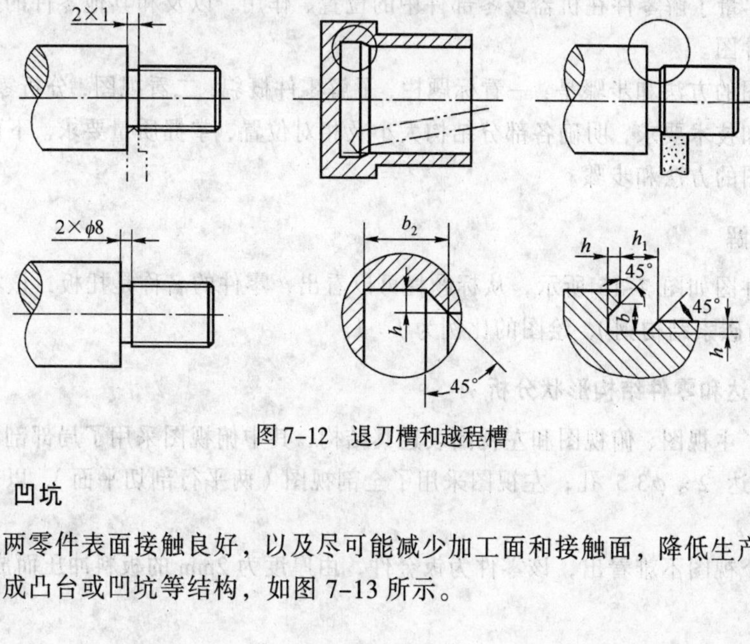

图 7-12　退刀槽和越程槽

3. 凸台、凹坑

为了保证两零件表面接触良好，以及尽可能减少加工面和接触面，降低生产成本，一般在零件的表面制成凸台或凹坑等结构，如图 7-13 所示。

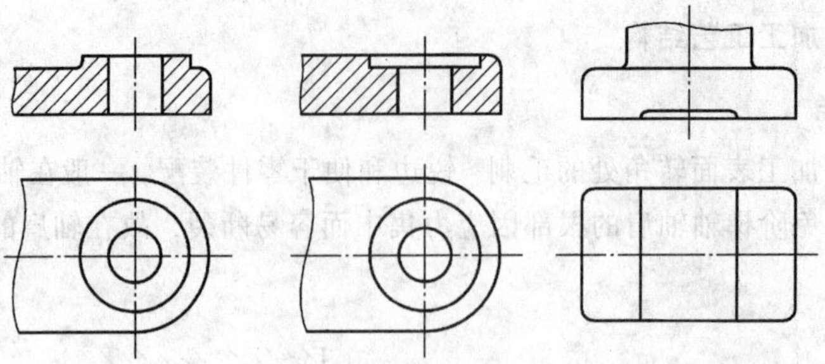
(a) (b) (c)

图 7-13 凸台和凹坑

4. 钻孔结构

在钻孔时，为了钻头与钻孔端面垂直，对斜孔、曲面上的孔，应制成与钻头垂直的凸台或凹坑，如图 7-14 所示。

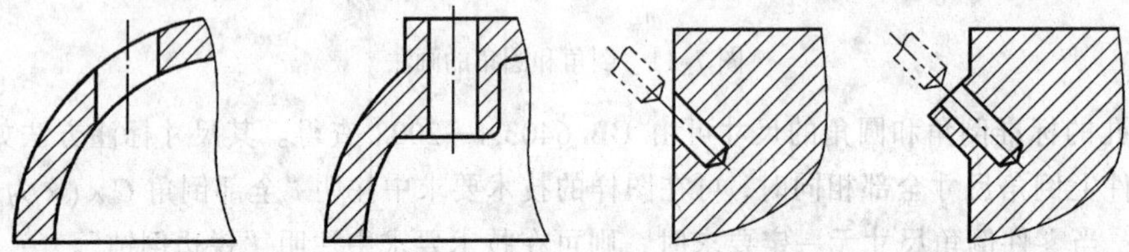
(a) 不合理 (b) 合理 (c) 不合理 (d) 合理

图 7-14 钻孔结构

任务 4 识读零件图的方法和步骤

识读零件图的目的是根据零件图想象零件的结构形状、了解零件的尺寸和技术要求。识读零件图时，应尽量了解零件在机器或零部件中的位置、作用，以及和其他零件的关系，以便于理解和读懂零件图。

识读零件图的方法和步骤是：一看标题栏，了解零件概貌；二看视图，分析零件结构形状；三看尺寸标注和技术要求，明确各部分结构大小及相对位置，掌握质量要求。下面以托板为例分析识读零件图的方法和步骤。

1. 概括了解

托板的零件图如图 7-15 所示，从标题栏可以看出，零件的名称是托板，该零件所用的材料为 08F（优质碳素结构钢），绘图的比例为 1∶1。

2. 视图表达和零件结构形状分析

该零件用了主视图、俯视图和左视图表达其结构，其中俯视图采用了局部剖视图（单一剖切平面），以表达 2×ϕ3.5 孔；左视图采用了全剖视图（两平行剖切平面），以表达ϕ6 孔和 2×M4-6H 螺孔。

从以上三个视图不难看出，该零件为钣金件，由厚度为 2mm 的板料冲压而成。

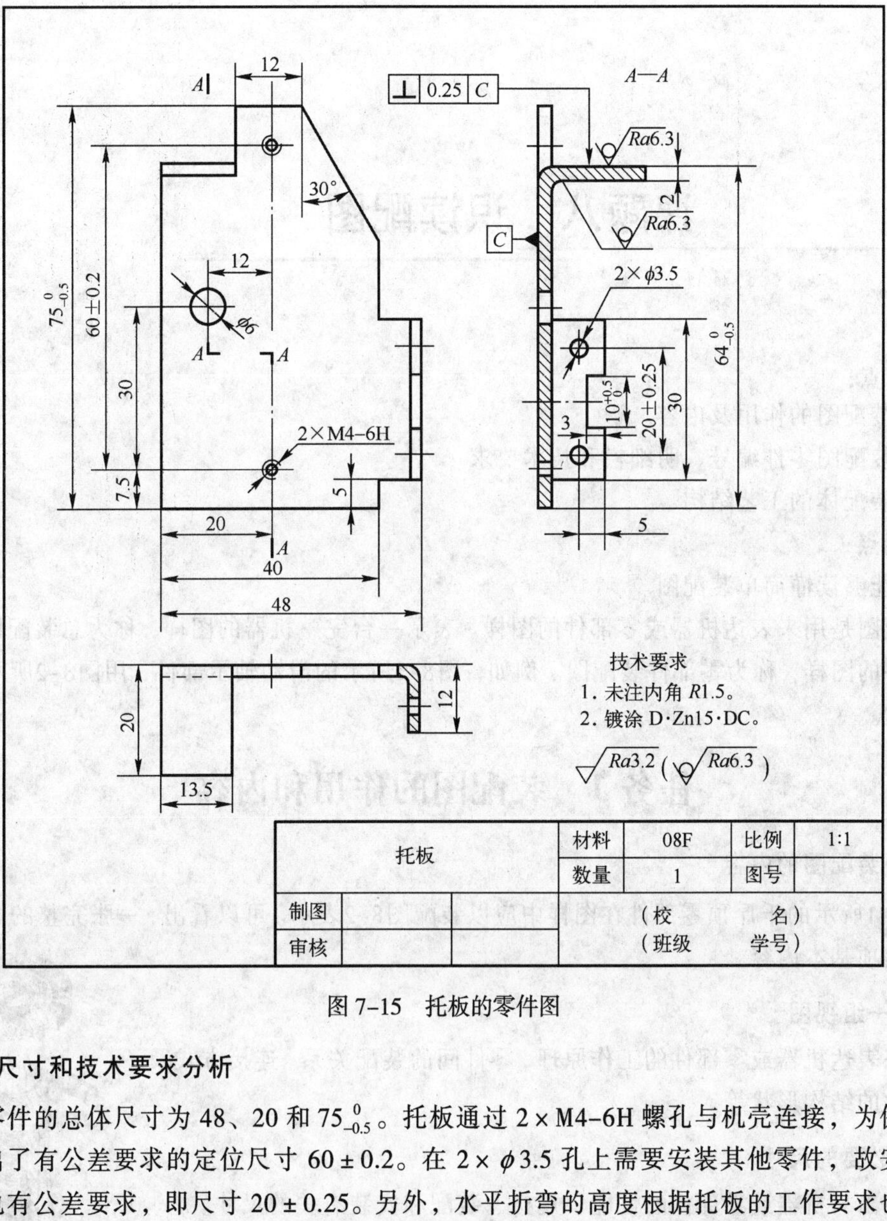

图 7-15　托板的零件图

3. 尺寸和技术要求分析

该零件的总体尺寸为 48、20 和 $75_{-0.5}^{\ 0}$。托板通过 2 × M4-6H 螺孔与机壳连接，为保证安装精度标出了有公差要求的定位尺寸 60 ± 0.2。在 2 × ϕ3.5 孔上需要安装其他零件，故安装孔的中心距也有公差要求，即尺寸 20 ± 0.25。另外，水平折弯的高度根据托板的工作要求也标注了尺寸公差，即尺寸 $64_{-0.3}^{\ 0}$。主视图上左上圆孔的定形尺寸为 ϕ6，定位尺寸为 30 和 12。其他尺寸可自行分析。

该零件板料两侧面的表面结构要求为 $\sqrt{\circ}$，其他各表面的表面结构要求为 $\sqrt{Ra25}$。该零件水平折弯的上表面相对于零件后面的垂直度公差值为 0.25mm。

课题八 识读配图

知识点：

◆ 装配图的作用及内容。

◆ 装配图零件编号、明细栏和技术要求。

◆ 装配体的工艺结构。

技能点：

◆ 能够读懂简单装配图。

装配图是用来表达机器或零部件的图样。表示一台完整机器的图样，称为总装配图；表示一个部件的图样，称为零部件装配图。例如，图8-1所示的滑动轴承部件，用图8-2所示的装配图来表达。

任务1 装配图的作用和内容

一、装配图的内容

图8-1所示的千斤顶零部件在图样中应以装配图8-2表示。可以看出，一张完整的装配图包括以下四项基本内容。

1. 一组视图

用来表达机器或零部件的工作原理、零件间的装配关系、连接方式及主要零件的结构形状等。

2. 必要的尺寸

标注出与机器或零部件的性能、规格、装配和安装有关的尺寸。

3. 技术要求

用符号、代号或文字说明装配体在装配、安装、调试等方面应达到的技术指标。

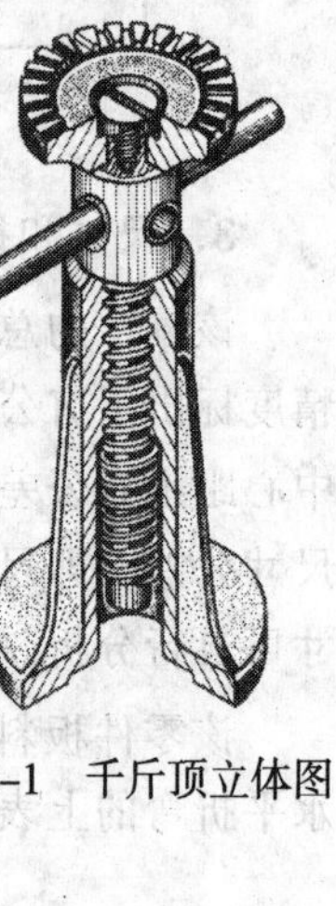

图 8-1 千斤顶立体图

4. 标题栏、零件序号及明细表

在装配图上，必须对每个零件编号，并在明细栏中依次列出零件序号、名称、数量、材料等。在标题栏中，写明装配体的名称、图号、绘图比例以及有关人员的签名等。

二、装配图的作用

装配图主要表达机器或零部件的工作原理、装配关系、结构形状和技术要求，用以指导机器或零部件的装配、检验、调试、安装、维修等。因此，装配图是机械设计、制造、使用、维修以及进行技术交流的重要技术文件。

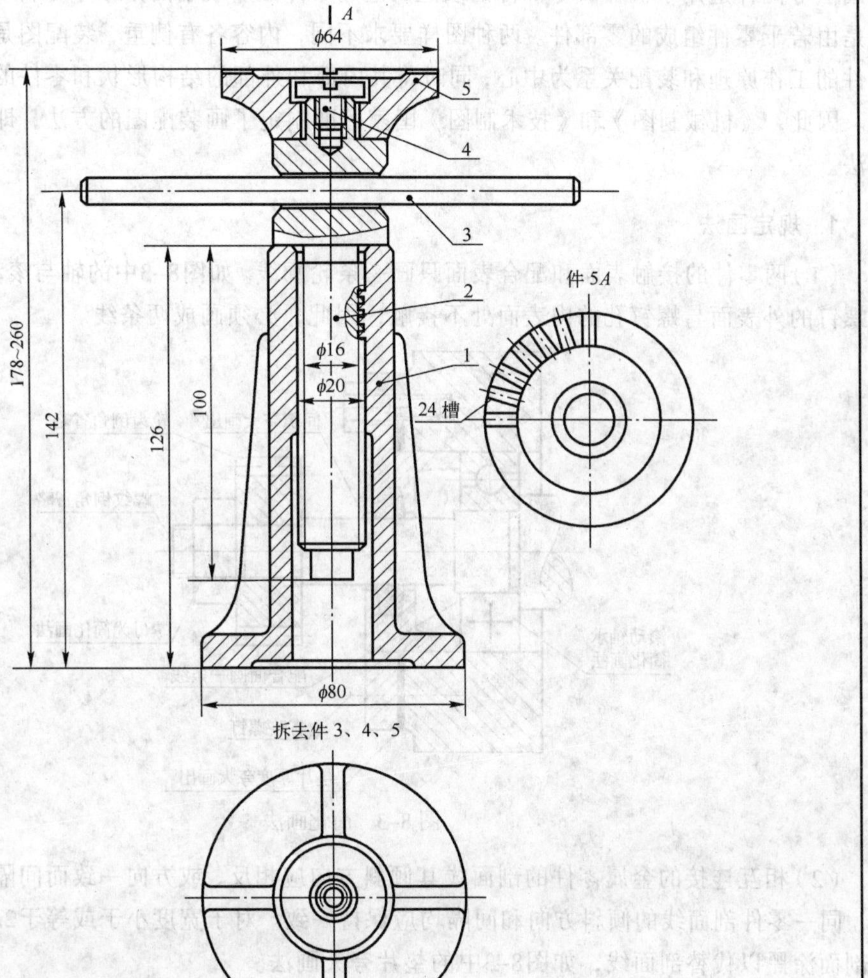

序号	名　称	数量	材　料	备　注
5	顶盖	1	45	
4	螺钉	1	30	GB/T 67—2000
3	旋转杆	1	45	
2	起重螺杆	1	45	
1	底座	1	HT300	

千斤顶	材料	1:2	共　张	01
	数量	1	第　张	
制图				
设计				
审核				

图 8-2　千斤顶装配图

三、装配图的表达方法

本书前面介绍过的零部件各种表达方法，如视图、剖视图和断面图，以及局部放大图、简化画法等同样适用于机器或零部件的表达，但是零件图所表示的是单个零件，而装配图表达的则是由若干零件组成的零部件。两种图样要求不同，内容各有侧重，装配图是以表达机器或零部件的工作原理和装配关系为中心，同时将其内部和外部的结构形状和零件的主要结构表达清楚。因此，《机械制图》和《技术制图》国家标准制定了画装配图的方法，即规定画法和特殊画法。

1. 规定画法

（1）两零件的接触表面和配合表面只画一条轮廓线。如图8-3中的轴与滚动轴承的接触面。而螺钉的外表面与螺钉孔的内表面处不接触，因此，必须画成两条线。

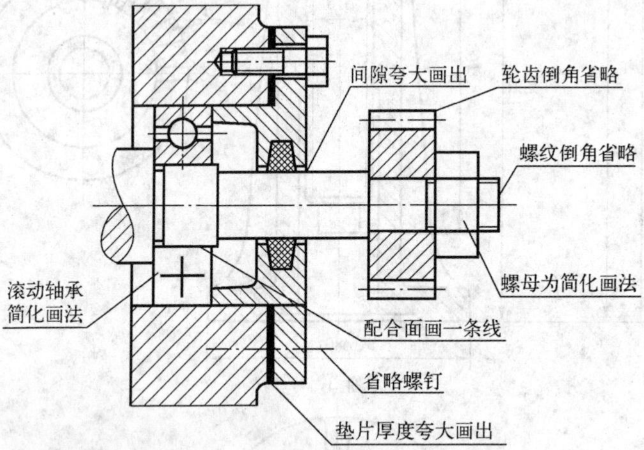

图 8-3　简化画法

（2）相互连接的金属零件的剖面线其倾斜方向应相反，或方向一致而间隔不等，在各视图中，同一零件剖面线的倾斜方向和间隔均应保持一致。对于宽度小于或等于2mm的剖面，允许将剖面涂黑以代替剖面线，如图8-3中的垫片夸大画法。

（3）对螺纹紧固件和实心零件，如轴、手柄、拉杆等，当剖切平面通过其轴线时，则这些零件均按不剖绘制，如图8-2中的起重螺杆和螺钉等。

2. 特殊画法

（1）拆卸画法。当一个或几个零件在装配图的某一视图中遮挡了大部分装配关系或影响所要表达的内容时，可假想将这些零件拆去后绘制，这种画法称为拆卸画法，如图8-2所示的俯视图。为便于看图而需要说明时，可在视图上方标注“拆去件××”。

（2）沿零件的结合面剖切画法。为了表达零部件的内部结构，可假想沿某些零件的结合面剖切。如图8-6中右视图是沿泵盖和泵座结合面剖切后画出的全剖视图。注意，在结合面上不画剖面线，但被剖切的螺栓断面要画剖面线。

（3）夸大画法。在画装配图时，对薄片零件、细丝弹簧、微小间隙和较小锥度等，难以按其实际尺寸画出时，均可不按比例而采用夸大画法，如图8-3中的垫片。

（4）假想画法。为了表示本零部件和相邻零部件的相互关系，可将其相邻的零部件的轮廓用细双点画线画出，如图 8-6 所示的主视图中；有些运动零件，当需要表示运动范围或极限位置时，可在一个极限位置上画出该零件，而在另一个极限位置用双点画线画出其轮廓，如图 8-4 所示。

（5）单独表示某个零件。在装配图中，当某个零件的结构形状未表达清楚而对理解装配关系有影响时，可单独画出该零件的某一视图，但需注明视图名称。在相应视图的附近用箭头指明投影方向，并注上图样字母，如图 8-6 所示的泵盖 B。

（6）简化画法。在装配图中，某些零件的结构允许不按真实投影画出或作必要的简化：

① 零件的工艺结构，如圆角、倒角、退刀槽等允许不画，如图 8-3 所示。

② 螺母和螺栓头允许采用简化画法。对螺纹连接件等相同的零件组，可仅详细地画出一组，其余用点画线表示装配位置，如图 8-3 所示。

③ 在剖视图中，滚动轴承允许用规定画法。即画出对称图形的一半，另一半只画出轮廓并在轮廓内用细实线画出对角线，如图 8-3 所示。

④ 在能够清楚表达产品特征和装配关系的前提下，可仅画出外轮廓或简化轮廓，如图 8 - 5 所示。

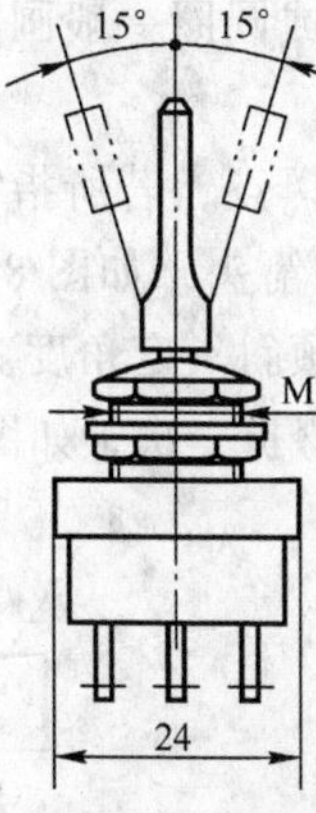

图 8-4　假想画法

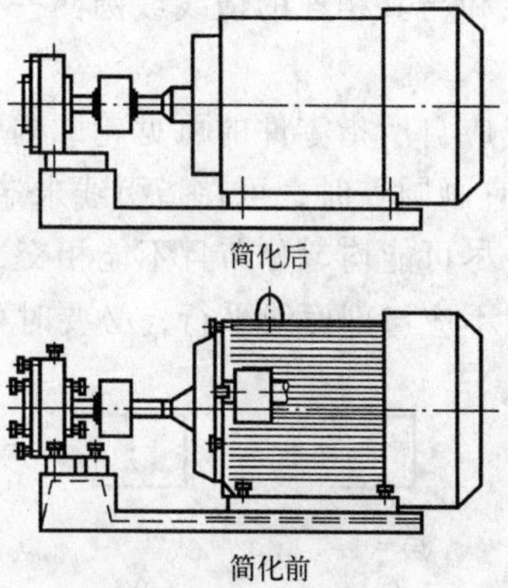

图 8-5　简化轮廓画法

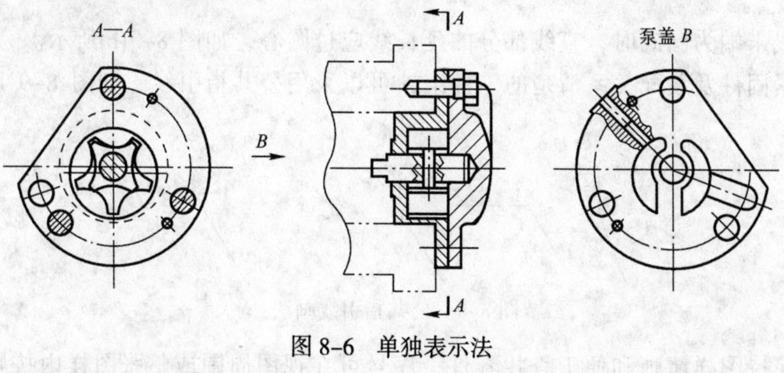

图 8-6　单独表示法

四、零件序号标注及明细表

1. 装配图中零件（部件）序号

为了便于读图和进行图样管理以及做好生产准备工作，对装配图中所有零件必须编写序号。

（1）编写序号的方法。

编写序号通常有两种方法：

① 将装配图中所有零件按顺序编号，如图 8-2 所示。

② 将装配图中的非标准件按顺序编号，标准件不编序号，而将标准件的标记直接注写在图样上相应标准件的附近。

（2）编写序号的形式。

编写序号的形式有下列三种：

① 序号写在指引线一端的水平横线上方，序号数字可比视图中的尺寸数字大一号或两号，如图 8-7(a)所示。

② 序号写在指引线一端的圆圈内，序号数字比图尺寸数字大一号或两号，如图 8-7(b)所示。

③ 序号写在指引线一端附近，序号数字可比图中尺寸数字大两号，如图 8-7(c)所示。

（3）编写序号的有关规定。

① 在一张装配图中编写序号的形式应一致。

② 每一种零件在视图上只编一个序号，对同一标准部件（如油杯、轴承、电动机等）在装配图上一般只编一个序号。

③ 指引线和与其相连的横线或圆圈一律用细实线绘制。横线或圆圈一般画在图形外的适当位置。

④ 指引线应自所指零件的可见轮廓内引出，并在末端画一小黑点，若所指零件很薄或是涂黑的剖面不宜画圆点时，可在指引线末端画出指向该部分轮廓的箭头，如图 8-8(a)所示。

⑤ 指引线尽可能均匀分布且不能相交，一般画成与水平方向倾斜一定角度。

⑥ 指引线不应与剖面线平行，必要时可画成折线，但只允许弯折一次，如图 8-8(b)所示。

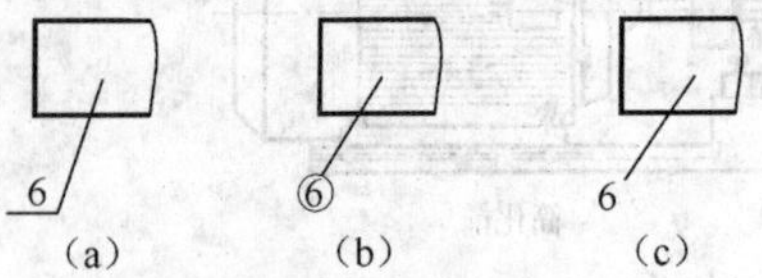

图 8-7　编号形式

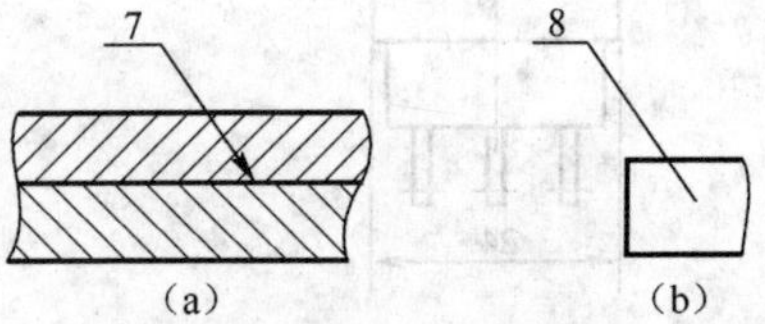

图 8-8　指引线的画法

⑦ 指引线末端为圆圈时，直线部分的延长线应过圆心，如图 8-7(b)所示。

⑧ 一组紧固件及装配关系清楚的零件组，可以采用公共指引线，如图 8-9 所示公共指引线的画法。

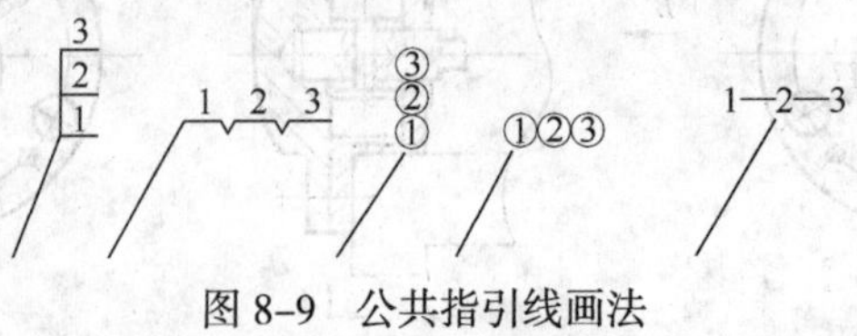

图 8-9　公共指引线画法

⑨ 为了保持图样清晰和便于查找零件，序号可在视图周围或整张图样内按顺时针或逆时针顺次排列成一圈或按水平以及铅垂方向整齐排列成行，如图 8-2 所示。

2. 明细表

明细表是装配图中全部零件（部件）的详细目录，其内容一般有序号、名称、数量、材料及备注。装配图的所有零件均按顺序填入明细表中，应注意明细表中序号必须与图中所注序号一致。明细表一般配置在装配图中的标题栏上方，若位置不够时可接续画在标题栏的左方。明细表左右外框线为粗实线，内部和顶线为细实线，零件序号按自下而上填写，如图 8-10 所示。

3						
2						
1						
序号	名　称		数量	材料	备　注	
图　名			比例		（图　号）	
			件数			
制图		（日期）	重量		共　张	第　张
校对		（日期）				
审核		（日期）				

图 8-10　装配图上标题栏及明细表

五、装配图的尺寸类别及标注

装配图上标注尺寸的出发点与零件图完全不同，因为零件图是加工零件的依据，所以应注出制造时所需要的全部尺寸。而装配图主要用于设计、装配等过程，因此，只需标注一些必要的尺寸，这些尺寸按其功用的不同，大致可分为以下五种类别。

1. 性能（规格）尺寸

表示机器或零部件的性能特征或规格的尺寸，这些尺寸既是设计机器或零部件的依据，又是了解和选用机器的依据。如图 8-11 所示的滑动轴承的装配图中 $\phi 50H8$，表明该轴承只能用来支撑直径是 $\phi 50$ 的轴。

2. 装配尺寸

表示零件间装配关系的尺寸。一般可分成下面三种：

（1）配合尺寸。

表示零件间配合性质的尺寸。它包括配合尺寸和主要零件间的相对位置尺寸。如图 8-11 中轴承盖与轴承座止口的配合尺寸 $90\dfrac{H9}{f9}$、固定套与轴承盖、上轴衬的配合尺寸 $\phi 10\dfrac{H8}{S7}$ 及上、下轴衬与轴承盖、座之间的配合尺寸 $\phi 60\dfrac{H8}{k7}$。

（2）相对位置尺寸。零件间有些较重要的距离和间隙等，如图 8-11 中主视图中的尺寸 2 是装配后要保证的轴承座与轴承盖之间的间隙尺寸，而尺寸 85 ± 0.3 是表示两螺栓轴线的距离。

（3）装配时加工的尺寸。机器在装配时需要同时加工的尺寸，如销孔直径等。

3. 安装尺寸

表示机器或零部件安装在基础或其他设备上所需要的尺寸。如图 8-11 中滑动轴承的安装孔 $\phi 17$ mm 及其他定位尺寸 180 mm。

4.外形尺寸

表示机器或零部件外形轮廓的尺寸，即总长、总宽和总高，这类尺寸在机器的包装，运输和厂房设计中是不可缺少的。如图 8-11 所示中的尺寸 240mm、80 mm 和 160 mm。

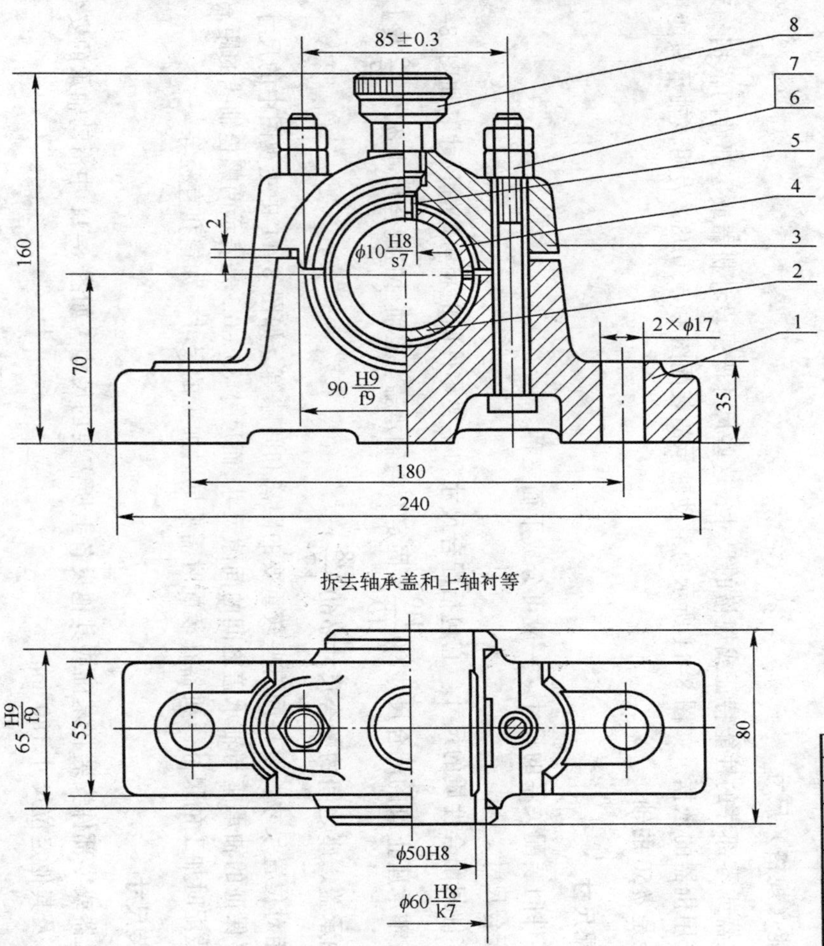

技术要求

1. 上下轴衬与轴承座及轴承盖之间应保证接触良好；
2. 轴衬最大压力 $p\leqslant29.4$MPa；
3. 轴衬与轴颈最大线速度 $v\leqslant8$m/s；
4. 轴承温度低于 120℃。

序号	名称	数量	材料	备注
8	油杯 12	1		JB/T74403-1995
7	螺母 M12	4		GB/T 6177-2000
6	螺栓 M12×130	2		GB/T 5782-2000
5	轴承固定套	1		GB/T 700-2006
4	上轴衬	1	ZQAL9-4	
3	轴承盖	1	HT150	
2	下轴衬	1	ZQAL9-4	
1	轴承座	1	HT150	

设计				（单位）
校核				滑动轴承
审核			比例 1:2	（图号）

图 8-11 滑动轴承装配图

5. 其他重要尺寸

它是在设计中经过计算确定或选定的尺寸，但又未包括在上述四类尺寸之中，如运动零件的极限位置尺寸，主体部件的重要尺寸等。

必须指出，并不是每张装配图必须全部标注上述五种尺寸的，并且有时装配图上同一尺寸往往有几种含意。所以，装配图上究竟要标注哪些尺寸，要根据具体情况进行具体分析。

任务 2　识读装配图的方法和步骤

在对设备的设计、制造、装配、使用、维修以及技术交流中，经常遇到要看装配图的问题。通过看装配图，可以分析零部件的工作原理，了解部件的性能、结构特点以及零件之间的装配连接关系等。因此，工程技术人员必须具备识读装配图的能力。

一、识读装配图的要求

（1）了解零部件的功用、使用性能和工作原理。

（2）了解零件间的相对位置、装配关系及装拆顺序和装拆方法。

（3）弄清每个零件的结构形状。

（4）零部件的尺寸和技术要求。

二、识读装配图的方法和步骤

下面以图 8-12 所示的折叠式摇臂旋钮为例，介绍识读装配图的方法和步骤。

1. 概括了解

了解零部件的名称、用途、性能和工作原理。从标题栏的名称可以知道该零部件是一种带有能折叠摇臂的旋钮。通过产品说明书或其他资料可了解到，它是装在电台发射机上调节空气可变电容器，用以调节波长。从明细栏和序号可知零件的数量和种类，从而略知其大致的组成情况及复杂程度。

图 8-12 所示的主视图反映了它的工作位置。轴套 5 用 M4 螺钉连接在电容器的轴上。调节时，握住把手 13 作快速连续转动。调节完毕后，为了不碰坏摇柄 9 等零件，必须把摇柄推入旋钮 1 的槽内，并将支臂 12 等折叠在旋钮的空腔中，如主视图中的双点画线所示。

若慢速调节，则不必将摇柄拉出，只要直接转动旋钮 1 即可。

2. 分析现图

弄清各个视图的名称、所采用的表达方法和表达的主要内容。折叠式摇臂旋钮的装配图采用了主视图和右视图，*A* 向局部视图，*B—B* 剖视和 *C—C* 断面。

主视图采用全剖视，表达了旋钮、摇柄和支臂部分各零件间的装配关系。

右视图采用拆卸画法，主要表达该零部件的外形和有关零件的装配关系。

A 向局部视图表示摇柄 9 与支臂 12 结合处的外形。

B—B 剖视表示摇柄和支臂之间的装配关系。

C—C 断面表示槽板 3、旋钮 1 和轴套 5 之间的连接方式。

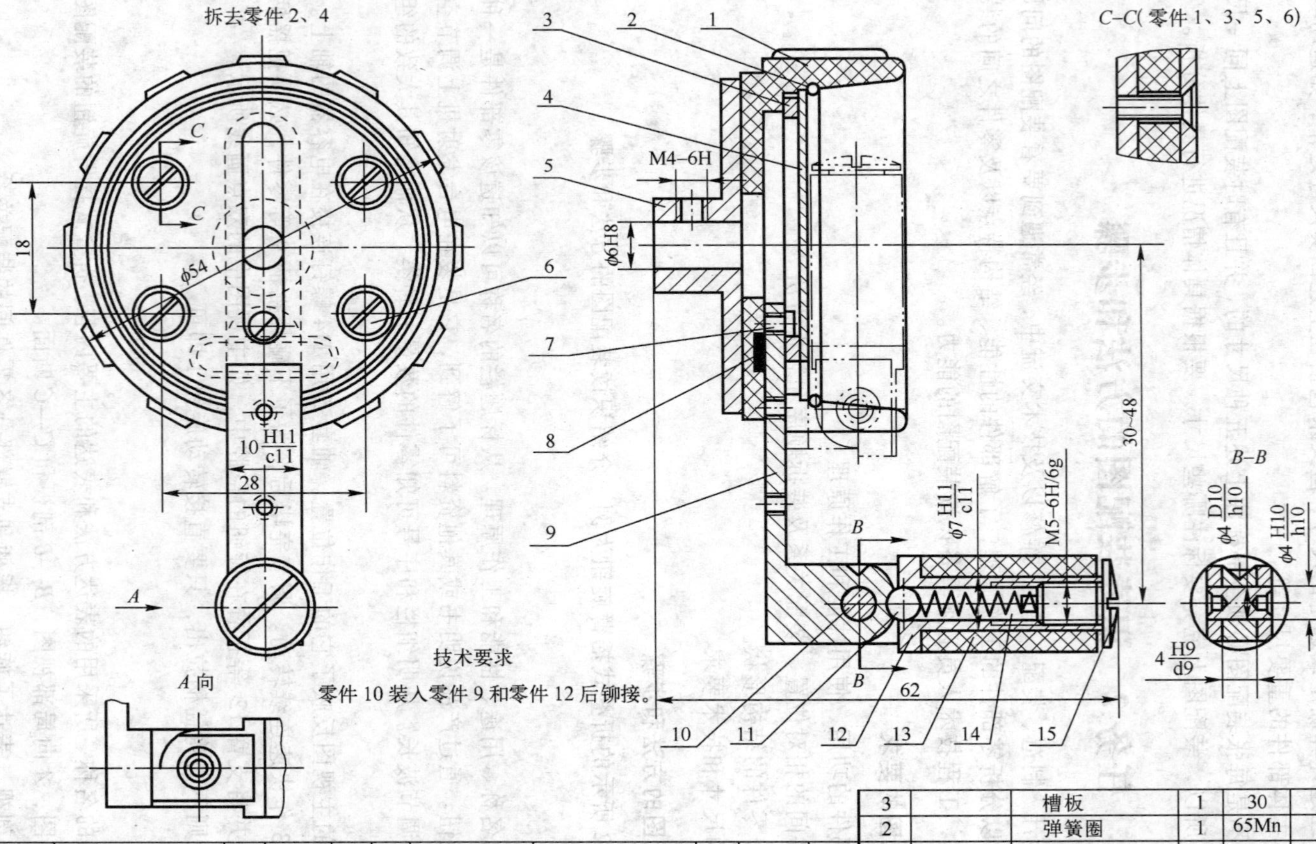

15		螺钉	1		9		摇柄	1	35	
14	GB/T2089–2009	压簧 0.5×3.5×20	1		8		弹簧片	1	65Mn	
13		把手	1	××塑料	7	GB/T65–2000	螺钉 M2.5×10	1		
12		支臂	1	35	6	GB/T68–2000	螺钉 M3×10	4		
11	GB/T308–2000	钢球 4Ⅵ	1		5		轴套	1	35	
10		小轴	1	35	4		盖板	1	10	

3		槽板	1	30	
2		弹簧圈	1	65Mn	
1		旋钮	1	塑 料	
序号		名称	数量	材 料	备 注
折叠式摇臂旋钮			08、03、00		

图 8–12　折叠式摇臂旋钮装配图

3. 分析零件的形状和作用，掌握零部件的装配关系

根据零部件的工作原理，了解每个零件的作用，进而看懂每个零件的结构形状。一般先分析主要零件，当主要零件的某些部位难以看懂时，可先看与它有关的零件，然后再看这个主要零件。为了从装配图中区分不同零件，可将下列三个方面联系起来进行：看零件的序号和明细表；对投影关系；以及根据“同一零件的剖面线方向和间距在各视图中都应一致”等规定画法来区分。

要了解各零件之间的装配关系，应从反映装配关系的视图着手，看懂每条装配干线的结构。

折叠式摇臂旋钮可分为四条装配干线，即旋钮部分，支臂部分，摇柄滑动部分，摇柄与支臂连接部分。这四条装配干线上各零件的作用和装配关系，说明如下：

从主视图、右视图和 *C—C* 断面可以看出：旋钮 1、轴套 5、槽板 3 用四个沉头螺钉 6 连接在一起。为了保持内部清洁，外形美观，槽板外面装有盖板 4 用弹簧圈 2 将其挡住。

摇柄 9 装在旋钮的槽中（槽的形状在右视图中用虚线表示），采用间隙配合，并用弹簧片 8 压住。这样，摇柄在旋钮槽中不会自行滑动。摇柄上装有螺钉 7，其头部嵌入槽板的槽中（此槽形状也在右视图中表示），以防止摇柄从旋钮中脱出；当螺钉 7 拧入摇柄上位置不同的螺孔时，可改变操作时的力臂。

支臂的定位是由弹簧 14 压住钢珠 11 嵌入摇柄的锥孔中实现的。把手 13 与支臂之间采用间隙配合，使其转动灵活，操作时手不会受到摩擦。从 A 向局部视图中可以看出，摇柄与支臂结合处的外形结构保证支臂的轴线与旋钮的轴线平行。

由 *B—B* 剖视和技术要求中可以看出支臂与摇柄用小轴 10 铆接在一起，它们之间都采用间隙配合，使支臂能灵活转动。

4. 分析尺寸，了解技术要求

分析装配图上所注的尺寸，有助于进一步了解零部件的规格、外形大小、零件间的装配要求以及该零部件的安装方法等。图中的 $\phi 54$、62、30 ~ 48 是折叠式摇柄旋钮的规格尺寸和外形尺寸。$\phi 6H8$ 和 M4 - 6H 是安装尺寸。

其余都是装配尺寸。根据前面所学知识，可了解到零件之间的配合技术要求。

5. 总结

在上面分析的基础上，按照看装配图的方法，进行归纳总结，以便对零部件有一个完整的、全面的认识。为此，必须根据零部件的工作原理，综合分析整个零部件的结构特点和安装方法，进一步明确每个零件的作用和形状、装配关系及装拆顺序。

对初学者来说，还要了解装配图的表达特点及图上每个尺寸的意义。

图 8-13 所示为折叠式摇臂旋钮的分解轴测图。

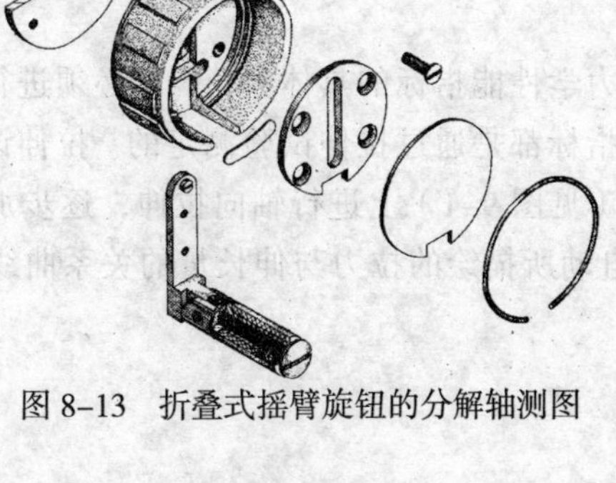

图 8-13 折叠式摇臂旋钮的分解轴测图

模块二 常用金属材料与热处理

课题九 常用金属材料

知识点：

◆ 金属材料的力学性能指标、含义。

◆ 常用金属材料的牌号、性能及用途。

◆ 常用钢的热处理工艺和用途。

技能点：

◆ 能识读常用金属材料的牌号。

◆ 能掌握金属材料的热处理方法。

金属材料是现代机械制造业的基本材料，广泛应用于各种生产设备、工具等部门。在工业生产中，要正确选择金属材料，充分发挥材料性能上的优越性，就必须熟悉金属材料的基础知识。

任务1 金属材料的力学性能

金属材料制成的机械零件，在工作中要受到各种外加载荷的作用，而产生变形、磨损、断裂等损坏现象。因而要求金属材料必须具备抵抗外力作用而不被破坏的能力，这就对材料的机械性能有了技术要求。金属材料抵抗外力的能力称为金属材料的力学性能。力学性能是保证零件正常工作和使用寿命的主要方面。

金属材料在加工及使用过程中所受的外力称为载荷。金属材料受不同载荷作用而发生的几何形状和尺寸的变化称为变形。变形一般分为弹性变形和塑性变形。

（1）弹性变形：指外力去处后能够恢复的变形称为弹性变形。

（2）塑性变形：指外力去处后不能恢复的变形称为塑性变形。

一、拉伸试验

为了测定金属材料各项力学性能指标的具体数值，就必须进行金属力学性能试验。金属材料力学性能中的强度和塑性指标都是通过拉伸试验测定的。拉伸试验，就是将被测试的金属材料制成标准样式，在拉伸机（见图9-1）上进行轴向拉伸，逐步加大拉力，试件产生相应的伸长，直至拉断，机器记录仪自动所描绘的拉力与伸长量的关系曲线，即 $F—\Delta l$ 曲线，这种曲线叫做拉伸曲线或拉伸图。

图 9-2 所示为退火低碳钢的拉伸图，图中的纵坐标表示载荷 F，单位是牛顿（N），横坐标表示绝对伸长 Δl，单位是毫米(mm)。

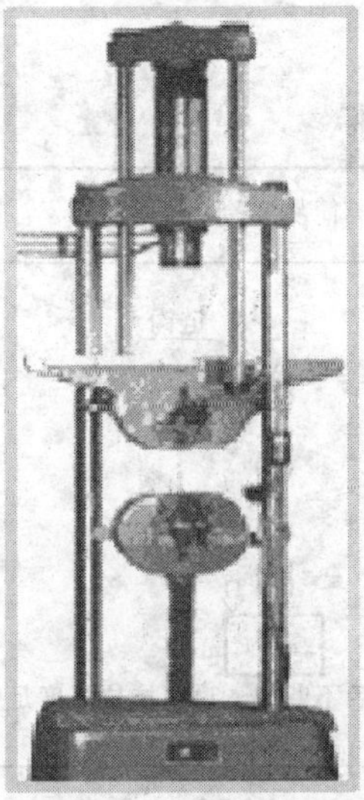

图 9-1 拉伸试验机

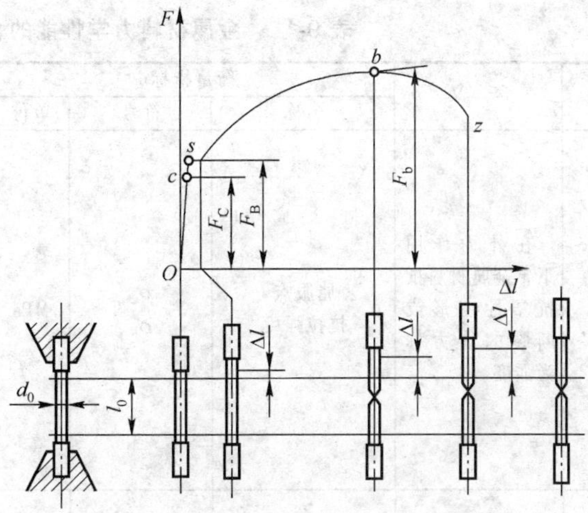

图 9-2 低碳钢的 F-Δl 曲线

1. OA——弹性变形阶段

试件变形完全是弹性变形，此时如果卸载，试样即恢复原状。

σ_e 为试样能恢复到原始形状和尺寸的最大加载应力，称为弹性极限。

2. BC——屈服阶段

当拉力超过 F_a，即加载应力超过 σ_e 再卸载时，试样的伸长只能部分地恢复，而保留一部分残余变形，此时保留在试样中的残余变形即为塑性变形。在这一阶段图上出现平台或锯齿状，这种在应力不增加或略有减小的情况下，试样还继续伸长的现象叫做屈服。σ_s 为屈服阶段中最低点所对应的应力值称为屈服点。屈服后，材料开始出现明显的塑性变形。

3. CD——强化阶段

在屈服阶段以后，欲使试样继续伸长，必须不断加载。随着塑性变形增大，试样变形抗力也逐渐增加，这种现象称为材料的强化（或称加工硬化），此阶段试样的变形是均匀发生的。σ_b 为试样拉伸试验时所承受的最大加载应力，称为抗拉强度。

4. DE——缩颈阶段（局部塑性变形阶段）

拉力超过 F_b,即当加载应力达到最大值 σ_b 后，试样的直径发生局部收缩，称为“缩颈”。由于试样“缩颈”处横截面积的减小试样变形所需的载荷也随之降低，这时伸长主要集中于缩颈部位，直至 E 点断裂。

综上所述，金属在外力作用下，变形过程可分为三个阶段；弹性变形、塑性变形和断裂。根据拉伸图，可以求出材料的强度与塑性指标。

工程上使用的金属材料 多数没有明显的屈服现象。有些脆性材料 不仅没有屈服现象，而且也不产生“缩颈”，如铸铁等。

二、金属材料力学性能的指标

金属材料的力学性能一般包括强度、塑性、硬度、冲击韧性及疲劳强度。它们是衡量金属材料性能的重要指标。

表 9-1　金属材料力学性能的含义及衡量指标

力学性能	含义	衡量指标			简易实验及说明
		名称	符号	单位	
强度	在外力作用下，金属材料抵抗塑性变形或断裂的能力称为强度	屈服点 抗拉强度	σ_a σ_b	MPa	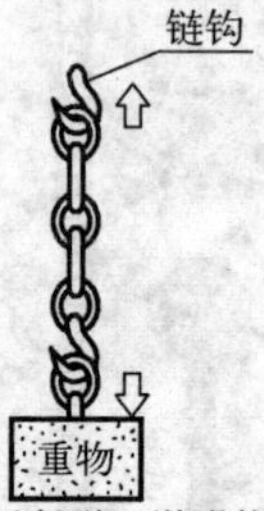 钢链受载后不断裂，说明抗拉强度足够
塑性	在外力作用下，金属材料产生塑性变形而不破坏的性能称为塑性	伸长率 断面收缩率	δ ϕ	%	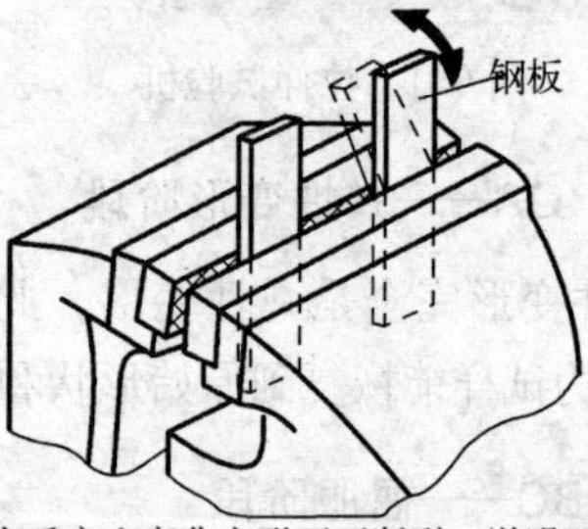 钢板受力后产生弯曲变形而不断裂，说明可塑性强
硬度	金属材料抵抗更硬物体压入其表面的能力称为硬度	布氏硬度 洛氏硬度 C 标尺 洛氏硬度 B 标尺 洛氏硬度 A 标尺	HBS、HBW HRC HRB HRA	N/mm^2	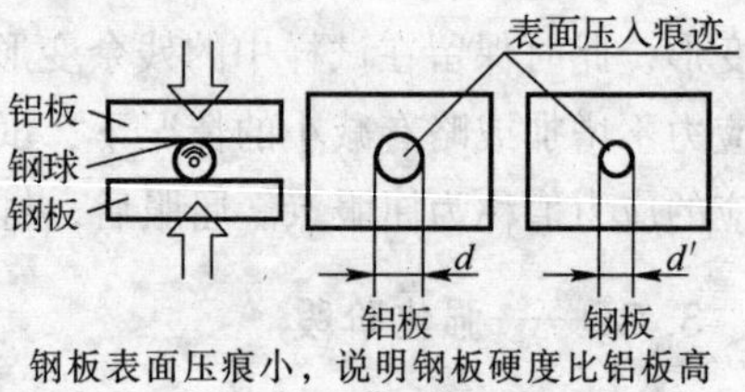 钢板表面压痕小，说明钢板硬度比铝板高
		维氏硬度	HV	N/mm^2	
冲击韧度	金属材料抵抗冲击载荷而不破坏的能力称为冲击韧度	冲击韧度值	a_k	J/cm^2	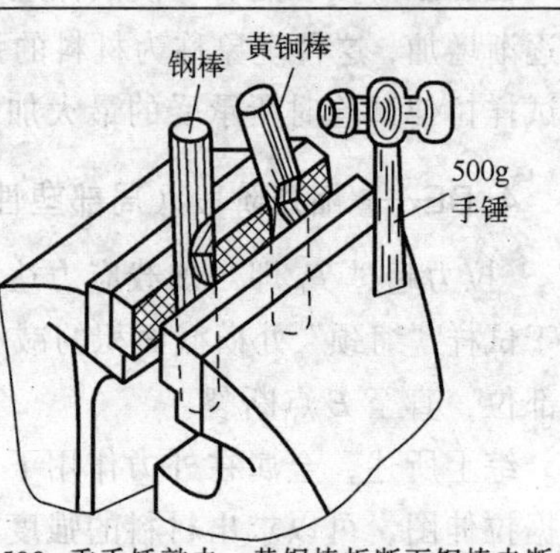 用 500g 重手锤敲击，黄铜棒折断而钢棒未断，说明低碳钢的冲击韧度比黄铜好

续表

力学性能	含　义	衡量指标			简易实验及说明
		名称	符号	单位	
疲劳强度	金属材料在无数次重复的交变载荷作用下而不破坏的最大应力称为疲劳强度	疲劳极限	σ_{-1}	MPa	实际上，金属材料不可能作无数次交变载荷试验。对于黑色金属，一般规定应力循环 10^7 周次而不断裂的最大应力为其疲劳极限；有色金属、不锈钢等取 10^8 周次

任务 2　常用金属材料

金属材料可分为黑色金属和有色金属，其中黑色金属又分为铸铁、钢与合金钢；有色金属又分为铝合金、铜合金与其他有色合金。

常用金属材料一般都是合金，所谓合金是指由一种金属元素与其他金属元素或非金属元素通过熔炼或其他方法结合而成的具有金属特性的材料。如碳钢和铸铁就是铁、碳元素组成的合金。

一、碳素钢

含碳量在 0.021%～2.11%间的铁碳合金称为碳素钢，简称碳钢。它具有较好的力学性能和工艺性能，冶炼方便，价格低廉，得到广泛应用。

碳素钢按钢中含碳量分类可分为低碳钢（C≤0.25%）、中碳钢（0.25%＜C＜0.6%）和高碳钢（C≥0.6%）。按主要质量等级分类可分为普通质量碳素钢（*W*（S）≥0.045%，*W*（P）≥0.045%）、优质碳素钢（硫与磷含量比普通质量碳素钢少）、特殊质量碳素钢（*W*（S）和 *W*（P）含量及少）。按钢的用途分类可分为碳素结构钢、碳素工具钢。钢的牌号、性能及用途如表 9-2 所示。

表 9-2　碳素钢的牌号、性能及用途

类　别		牌号表示方法及说明	主要性能及用途	应用图例
碳素结构钢	普通碳素结构钢	Q235 — A · F 脱氧程度 F：沸腾钢 b：半镇静钢 Z：镇静钢，可省略 TZ：特殊镇静钢，可省略 质量等级，分为 A、B、C、D 四级 屈服点为 235 MPa	强度和硬度不高，塑性和焊接性好，易于成形，常用于制造受力不大的结构及零件，如螺栓、车身	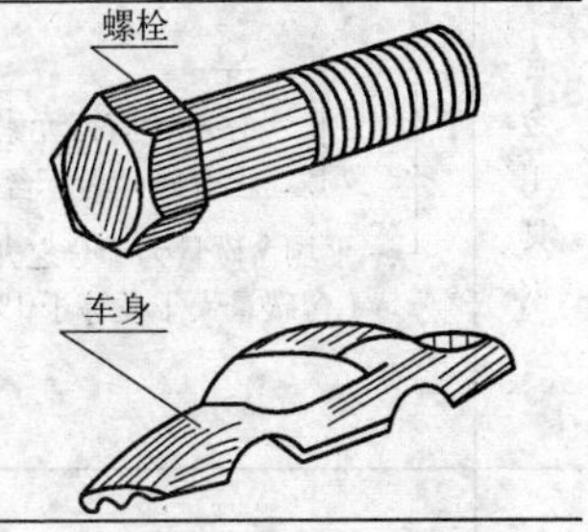
	优质碳素结构钢	20 平均含碳量为万分之二十 50 Mn 较高含锰量的优质碳素钢 平均含碳量为万分之五十 08 F 沸腾钢 平均含碳量为万分之零八	随含碳量的增加，强度和硬度逐渐升高，而塑性和韧性逐渐降低。常用于制造机器上的重要零件，如齿轮、轴等	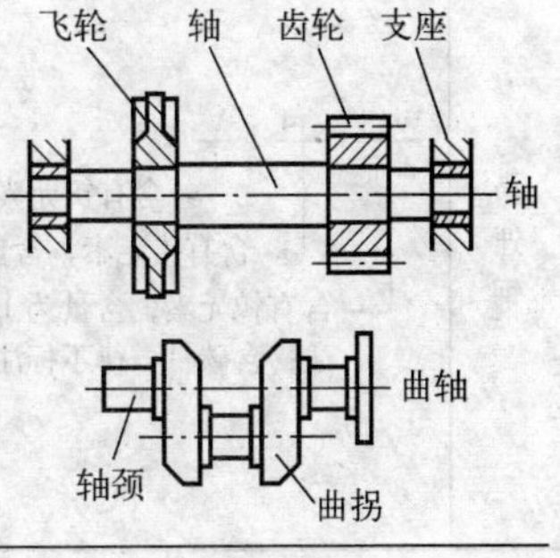

续表

类　别	牌号表示方法及说明	主要性能及用途	应用图例
碳素工具钢	T 10 10 → 平均含碳量为千分之十 T → 碳素工具钢 T 12 A A → 质量等级为高级优质 12 → 平均含碳量为千分之十二 T → 碳素工具钢	硬度高、且含碳量越高硬度越高、耐磨性越好，但韧性越低。常用于制造截面小、形状简单的低速刀具和耐磨件，如錾子、锉刀等	 錾子 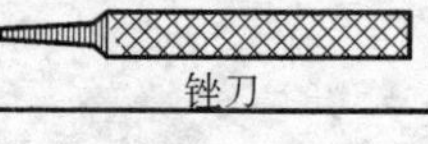 锉刀

二、合金钢

在碳钢的基础上，为改善钢的性能，在冶炼时有目的地加入合金元素的钢。常加入的合金元素有锰、铬、镍、硅、铝、硼、钨、钒、钛、稀土元素等。

合金钢按用途分类为合金结构钢、合金工具钢和特殊性能钢三大类。它们的牌号、性能及用途如表 9-3 所示。

表 9-3　合金钢的牌号、性能及用途

类别	牌号表示方法及说明	主要性能及用途	常用牌号	应用图例
合金结构钢	60 Si2 Mn Mn → 含有锰元素，含量小于 1.5% Si2 → 含有硅元素，含量为 2% 60 → 平均含碳量为万分之六十	合金钢经热处理后较碳素钢有高的综合力学性能，高的淬透性、热硬性等其他特性，常用于制造承受负荷较重的或截面尺寸较大的重要机械零件和刀具	60Si2Mn 40Cr	 重要齿轮  连杆
合金工具钢	9 Si Cr Cr → 含有铬元素，含量小于 1.5% Si → 含有硅元素，含量小于 1.5% 9 → 平均含碳量为千分之九 （含碳量大于或等于 1% 时，不标注）		9SiCr	 丝锥 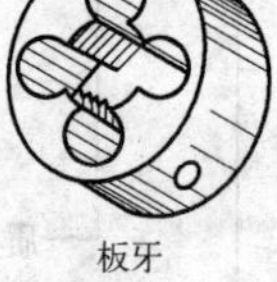 板牙
高速钢	W18 Cr4 V V → 含有钒元素，含量小于 1.5% Cr4 → 含有铬元素，含量为 4% W18 → 含有钨元素，含量为 18% 注：含碳量一律不标注		W18Cr4V W6Mo5 Cr4V2	 圆盘铣刀  钻头

三、铸铁

铸铁是含碳量大于 2.11%的铁碳合金。在实际应用中，一般含碳量在 2.5%～4.0%之间，并含有较多的硅、锰、硫、磷等杂质元素。

铸铁的力学性能不如钢，但具有良好的铸造性、减振性、耐磨性和切削加工性等，且生产容易，价格低廉，因此在工业生产中广泛应用。

根据铸铁中碳的存在形态不同，铸铁又可分为灰口铸铁、可锻铸铁、球墨铸铁和蠕墨铸铁。铸铁的种类和牌号如表 9-4 所示。

表 9-4 铸铁的种类和牌号

类 别	牌号表示方法及说明	常用牌号	应用图例
白口铸铁	—	—	很少直接用于制造机械零件
灰铸铁	HT 200 200 → 最低抗拉强度为 200 MPa HT → 灰铸铁	HT200 HT250	 轴承座
可锻铸铁 (俗称玛钢)	KT H 300 — 6 6 → 最低伸长率为 6% 300 → 最低抗拉强度为 300 MPa H → 黑心（B：白心，Z：珠光体） KT → 可缎铸铁	KTH300—6 KTH350—10	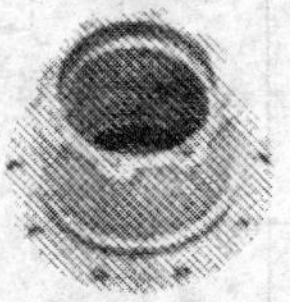 汽车轮壳
球墨铸铁	QT 450 — 10 10 → 最低伸长率为 10% 450 → 最低抗拉强度为 450 MPa QT → 球墨铸铁	QT450—10 QT600—3	 柴油机凸轮轴
蠕墨铸铁	RuT 340 340 → 最低抗拉强度为 340 MPa RuT → 蠕墨铸铁	RuT340 RuT300	

四、有色金属

黑色金属以外的金属称为有色金属。它具有密度小，导电性能好，耐腐蚀等许多特殊的性能，成为现代工业中不可缺少的金属材料。

1. 铜及铜合金

（1）纯铜：呈紫红色，又称为紫铜。

工业纯铜的牌号表示为：“T+顺序号”。顺序号越大，纯度越低。常用工业纯铜的牌号和用途如表 9-5 所示。

表 9-5 常用工业纯铜的牌号和用途

名 称	牌 号	特性与用途
一号纯铜	T1	具有良好的塑性、导电性、导热性和耐蚀性，用作各种导电、导热材料及配制各种铜合金
二号纯铜	T2	
三号纯铜	T3	
四号纯铜	T4	

（2）铜合金。常用的铜合金可分为：黄铜、青铜和白铜，常用的是黄铜与青铜。黄铜是以锌为主加元素的铜合金，白铜是铜和镍的合金，青铜是除黄铜和白铜以外的铜合金。铜合金的牌号表示法、常用牌号及应用如表 9-6 所示。

表 9-6 铜合金的牌号表示法、常用牌号及应用

类 别		牌号表示方法及说明	常用牌号	应用举例	应用图例
黄铜	普通黄铜	H 68 68 → 平均含铜量为 68% H → 黄铜	H90、H68	弹壳、散热器、垫片等	 垫片
	特殊黄铜	H Pb 59 — 1 1 → 平均含铅量为 1% 59 → 平均含铜量为 59% Pb → 含有铅元素 H → 黄铜	HMn58-2 HPb59-1	弱电电路用的零件；热冲压及切削加工零件，如螺钉、螺母、轴套等	 螺母  轴套
青铜		Q Sn 4 — 3 3 → 其他加人元素平均含量为 3% 4 → 平均含锡量为 4% Sn → 含有锡元素 Q → 青铜	QSn4-3 QA19-4	耐磨件及重要弹性元件，如轴承、轴套、蜗轮等	 蜗轮

2. 铝及铝合金

铝在地壳中储量第一，居四大金属（Al、Fe、Mg、Ti）之首，在金属材料中，铝及铝合金的应用位于有色金属之首（见图 9-3），仅次于钢铁，其牌号说明如表 9-7 所示。

表 9-7　铝及铝合金的牌号说明

第一位数字									第二位数字或字母				最后两位数字	
铝及铝合金的组别									原始纯铝或铝合金的改型情况				纯铝	铝合金
									数字(四位数字体系)		字母(四位字符体系)			
1	2	3	4	5	6	7	8	9	0	1～9	A	B～Y		
纯铝	以铜为主要合金元素的铝合金	以锰为主要合金元素的铝合金	以硅为主要合金元素的铝合金	以镁为主要合金元素的铝合金	以镁和硅主要合金元素的铝合金	以锌为主要合金元素的铝合金	以其他合金元素为主要合金元素的铝合金	备用合金组	原始纯铝	改型情况	原始铝合金	改型情况	铝的最低质量分数中小数点后面的两位	表示同一组中不同的铝合金

图 9–3　铝合金的应用

（1）纯铝。工业纯铝的牌号和用途如表 9–8 所示。

表 9-8　工业纯铝的牌号和用途

新牌号	旧牌号	特性与用途
1070	L1	具有密度小、熔点低、塑性大和良好的导电性、抗腐蚀性、加工工艺性等 用作导线、电器零件、电缆及配制各种铝合金等
1060	L2	
1050	L3	
1035	L4	
1200	L5	通信系统的零件、垫片、电线保护导管等

（2）铝合金。铝合金常用的有防锈铝、硬铝、超硬铝、锻铝、铸造铝合金等。铝合金的常用牌号及用途如表 9-9 所示。

表 9-9　铝合金的常用牌号及用途

类　别	常用牌号		用　途	应用图例
	新牌号	旧牌号		
防锈铝	5A02	LF2	耐蚀性好的容器、包铝板材等	 铝板
硬铝	2A12	LY12	航空及仪表制造业等	 飞机起落架
超硬铝	7A04	LC4		
锻铝	2A50	LD6	航空和仪表工业中形状复杂，要求强度较高、密度较小的锻件等	 螺旋桨
铸造铝合金		ZL105	形状复杂的零件	 活塞

任务 3　电厂金属材料

在火力发电厂中，常用的金属材料有数十种。如何正确选择材料或评定某一零部件所用的材料是否合理，是电厂工作者常常需要解决的问题、电厂主要设备是锅炉与汽机，下面简单介绍其主要零部件的材料选择方法。

一、锅炉钢管的工作条件和对材料的要求

锅炉钢管主要是用来制造水冷壁、过热器、再热器、省煤器、联箱和主蒸汽管、导汽管等管道。这些管子在高温、应力及腐蚀介质的作用下长期工作、会产生蠕变和氧化、腐蚀，其中尤以过热器和蒸汽管道最为典型。过热器管子外部受高温烟气的作用，内部则流通着高压蒸汽，而且管壁温度（即金属温度）比蒸汽温度高 50~80℃。蒸汽管道外壁虽然不受高温烟气的作用，仅受内部过热蒸汽的温度和压力的作用。但是蒸汽管道一旦发生事故影响面大、后果更为严重。因此，对同一钢号用于蒸汽管道和联箱时所允许的最高使用温度一般要比过热器管低

30～50℃。为了保证热力设备安全可靠地运行，对管子用钢提出以下要求：

（1）高的蠕变极限、持久强度和良好的持久塑性。在进行过热器管和蒸汽管道的强度计算时，常以持久强度作为主要依据。然后再按蠕变极限进行校核。

（2）高的抗氧化性能和耐腐蚀性能。一般要求在工作温度下的氧化深度应小于 0.1mm/a（毫米/年）。

（3）足够的组织稳定性。

（4）良好的工艺性能，特别是焊接性能要好。

锅炉受热面管子和蒸汽管道用钢的选择，其主要依据是工作温度。为进行强度计算，需要确定各种温度下的基本许用应力〔σ〕。温度在 450℃以下的低压锅炉钢管主要使用 l0 号、20 号优质碳素钢。中、高压机组除水冷壁和省煤器管用 20A 碳钢外，其他管子大部分采用合金钢管。锅炉管道可采用低合金耐热钢等。

二、汽轮机叶片的工作条件和对材料性能的要求

叶片从汽轮机中将气流的动能转换为有用功的极其重要的零部件。汽轮机工作过程中，动叶片承受着最大的静应力、动应力及交变应力。汽轮机叶片是在温度、应力和介质的复杂工况下长期工作的、一台汽轮机有几千个叶片，只要有一个叶片打断就能能造成事故。因此，为使汽轮机长期安全运行，必须对叶片材料提出严格要求：有足够的室温和高温机械性能；良好的减振性；高的组织稳定性；良好的耐蚀性及抗冲蚀稳定性；良好的冷、热加工工艺性能。

Cr11M oV 可以在 500~600℃下长期工作，我国 12.5 万 kM 机组，30 万 kW 机组及 60 万 kM 机组的汽轮机前几级动叶片都是用这种钢制造的。

铬不锈钢（1Cr13 和 2Cr13）属于耐热钢，它们除了在室温和工作温度下只有足够的强度外，还应具有高的耐腐性和减振性，其热处理工艺为：1Cr13 加热到 1 000~1 050℃油淬，700~750℃回火，2Crl3 加热到 950~1 000℃油淬，650~700℃回火。

课题十　钢的热处理

知识点：

◆ 常用钢的热处理工艺和用途。

技能点：

◆ 能掌握金属材料的热处理方法。

在实际工作中，机械零件要求具有足够的强度与高韧性相配合的良好综合力学性能，故需要对金属材料进行热处理。

热处理是将固态金属或合金采用适当的方式进行加热、保温和冷却以获得所需要的组织结构与性能的工艺。

热处理的目的：提高零件的使用性能；充分发挥钢材的潜力；延长零件的使用寿命；改善工件的工艺性能，提高加工质量，减小刀具的磨损。

钢的热处理方法常用的有退火、正火、淬火、回火及表面热处理等五种。

一、钢的退火

将钢加热到适当温度（见图 10–1），保持一定时间，然后缓慢冷却（一般随炉冷却）的热处理工艺称为退火。

退火的主要目的是：降低钢的硬度，提高塑性，以利于切削加工及冷变形加工；改善钢的性能或为以后的热处理作组织上的准备；消除钢中的残余内应力，以防止变形和开裂。

图 10–1　钢的加热设备

常用的退火方法有：完全退火、球化退火、去应力退火。

用途：完全退火用于中碳钢、低中碳合金结构钢的铸件、锻件、焊接件等。球化退火用于碳素工具钢、合金工具钢、轴承钢等。去应力退火用于去除铸造、锻造、焊接和切削加工过程中内应力。

二、钢的正火

将钢加热，保温适当的时间，在空气中冷却的工艺方法。

正火、退火的目的基本相同，但正火比退火的冷却速度快，强度、硬度、韧性比退火后高。

正火主要用于如下场合：改善低碳钢和低碳合金钢的切削加工性；改善钢的力学性能，并为球化退火作组织准备；代替中碳钢和低碳合金结构钢的退火。

三、钢的淬火

将钢加热到某一温度，保温一定时间，然后快速冷却的热处理工艺称为淬火。

目的：提高钢的强度和耐磨性。

淬火冷却介质：油、水、盐水、碱水等。淬火后，出现内应力，材料变脆，须回火。

四、钢的回火

将钢淬火后，再加热到某一温度，保温一定时间，然后冷却到室温的热处理工艺称为回火。

回火目的：消除内应力；获得所需要的力学性能；稳定组织和尺寸。

其基本的趋势：随着回火温度的升高，钢的强度、硬度下降，而塑性、韧性提高。

回火有低温回火、中温回火、高温回火三种。生产中常把淬火及高温回火的复合热处理工艺称为调质处理。

用途：低温回火主要用于各种工具及要求硬而耐磨零件。中温回火主要用于弹性零件、热锻模具等。调质处理主要用于重要结构零件，如机床主轴、齿轮、连杆等。

五、钢的表面热处理

在机械设备中，有许多零件（如齿轮、活塞销、曲轴等）是在冲击载荷及表面摩擦条件下工作的。这类零件表面必须具有高硬度和耐磨性，而心部要有足够的塑性和韧性。这类零件要进行表面热处理。

常用的表面热处理方法：表面淬火及化学热处理。

1. 表面淬火

对工件表面进行淬火的工艺称为表面淬火。主要用于中碳钢及中碳合金钢，以提高其表面层的硬度和耐磨性。常分为火焰加热表面淬火和感应加热表面淬火。

2. 化学热处理

将工件置于特定介质中加热保温，使介质中活性原子渗入工件表层从而改变工件表层化学成分和组织，进而改变其性能的热处理工艺。

常用的化学热处理可分为渗碳、氮化、多元共渗、渗其他元素等，图 10–2 所示为工厂的渗碳设备。

化学热处理能使钢的表层与内部都得到不同的化学成分和组织，以调整其使用性能。

图 10–2　渗碳设备

模块三 常用机构和机械传动

常用的机构种类很多，本模块仅对应用较广的铰链四杆机构、凸轮机构和间歇运动机构及常用机械传动作简要介绍。

课题十一 机 构

知识点：

◆ 机械、机器、机构的概念与区别。

◆ 零件、构件的概念与区别。

◆ 运动副和机构运动简图。

技能点：

◆ 能熟知机械类概念。

◆ 读懂机构运动简图。

任务1 机器的特征

一、机器的概念

在人类生产和生活中，为了减轻人的劳动和提高生产效率，人们创造了各式各样的机器，如起重机、机床、内燃机、发电机、缝纫机、发动机、自行车等。

机器的种类繁多，结构形式和用途也各不相同，但总的来说机器有三个共同特征：

（1）都是一种人为实物的组合。

（2）各部分之间具有确定的相对运动。

（3）能完成有用的机械功或实现能量转换。

二、构件与零件

从加工制造角度来看，在机器中不可分割的最小单元体称为零件，如螺钉、螺母等。因此机器是由零件组成。

在机器中，这些零件不是单独运动的，而是刚性组合在一起作为一个整体来独立参与运动，我们将这一整体称为构件，如内燃机中的摇杆。因此，从运动的角度出发，机器是由构件组成。

构件可以是一个零件，也可以是由几个零件组成，但各个零件之间没有相对运动。

三、机构

由一系列构件组成的构件系统中，选取一个构件加以固定（机架），当另一构架（或几个构件）按给定的规律独立运动时，其余构件的运动也确定，这个构件系统就称为机构。机构中输入运动的构件称为原动机（如自行车大链轮），其余可动的构件则称为从动件。由此可见，机构是由原动机、从动件和机架三部分组成，是指一种用来传递与变换运动和力的可动装置。

机器通常由一个或几个机构组成，每个机构实现一定的运动变换。机构具有机器的前两个特征，即是人为实物的组合，其各部分之间的相对运动也是确定的，但不能做有用的机械功或转换机械能，只能实现一种运动。这也是机器与机构之间的区别。

机械是机构和机器的总称。

任务 2　运 动 副

一、运动副概念

机构中各个构件之间必须有确定的相对运动，因此，构件的连接既要使两个构件直接接触，又能产生一定的相对运动，这种直接接触的活动连接称为运动副。

二、运动副分类

在运动副中，构件与构件的接触形式通常有三种：点接触（见图 11-2（b））、线接触（见图 11-2（c））和面接触（见图 11-1（b））。按其接触形式，通常把运动副分为低副和高副两类。

1. 低副

两构件通过面接触组成的运动副称为低副。根据它们的相对运动情况，又可分为回转副和移动副。

（1）回转副：若组成运动副的两个构件只能在一个平面内做相对转动，这种运动称为回转副，如图 11-1（a）所示

（2）移动副：若组成运动副的两个构件只能沿某一轴线作相对移动，这种运动称为移动副，如图 11-1（b）所示。

（3）螺旋副：两构件在接触处只允许作一定关系的转动和移动的复合运动。丝杠与螺母组成的运动副，如图 11-1（c）所示。

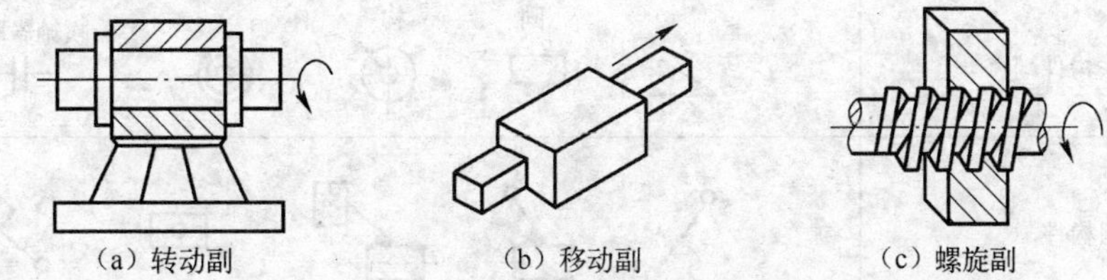

（a）转动副　（b）移动副　（c）螺旋副

图 11-1　构件与构件的接触形式

2. 高副

两构件通过点或线接触的运动副称为高副，如图 11-2 所示。

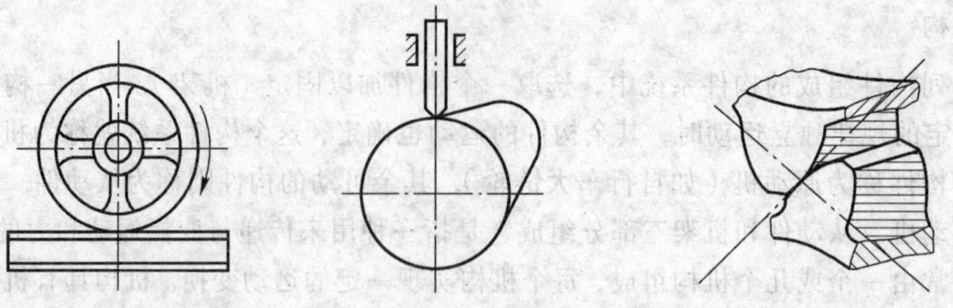

图 11-2　高副

三、运动副的特点

1. 低副特点

由于是面接触，承受载荷时的单位面积压力较小，故较耐用，传力性能好。但低副是滑动摩擦，摩擦损失大，因而效率低。低副不能传递较复杂的运动。

2. 高副特点

由于是点、线接触，承受载荷时的单位面积压力较大，故两构件接触处容易磨损，制造和维修困难，但高副能传递较复杂的运动。

机构中至少有一个运动副是高副的机构称为高副机构。

任务 3　机构运动简图

在研究机构的运动时，为了便于分析，可以不考虑构件的形状、截面尺寸和运动副的具体结构，按比例只用简单线条和符号表示构件和运动副；采用简单的图形把机构及其运动情况表示出来，这种简单图形称为机构运动简图。构件的表示方法如表 11-1 所示。

表 11-1　构建的符号

名　称	符　　号
机架	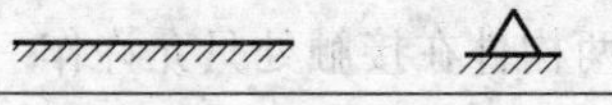
杆、轴类构件	
固联构件	
两副构件	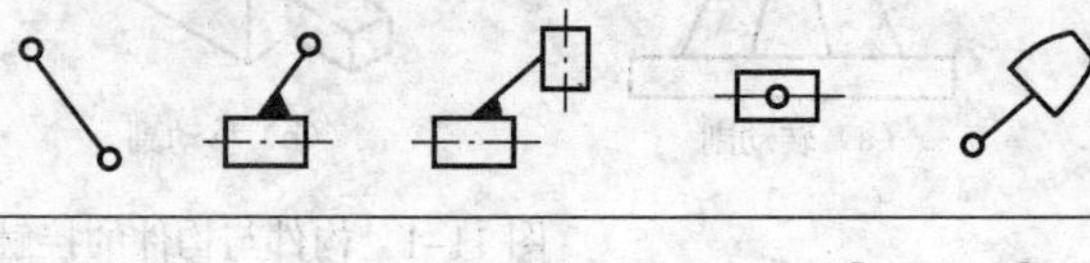
三副构件	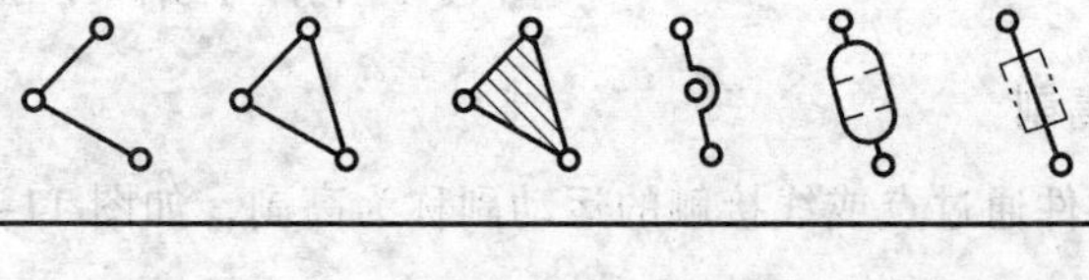

运动副的表示符号如表 11-2 所示。

表 11-2　运动副的符号

名　称		符　号	
		两运动构件的连接	运动构件与固定构件的连接
平面副	转动副	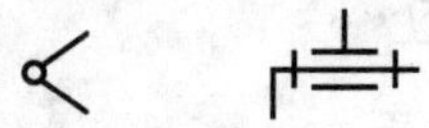 平行运动平面　垂直运动平面	 平行运动平面　垂直运动平面
	移动副		
	平面高副		
空间副	螺旋副		 固定螺母　固定螺杆
	球面副		
	球销副		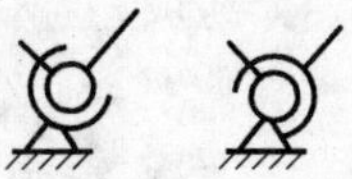

【例 11-1】 识读图 11-3 所示的缝纫机踏板机构，（a）图为结构图，（b）图为机构运动简图。

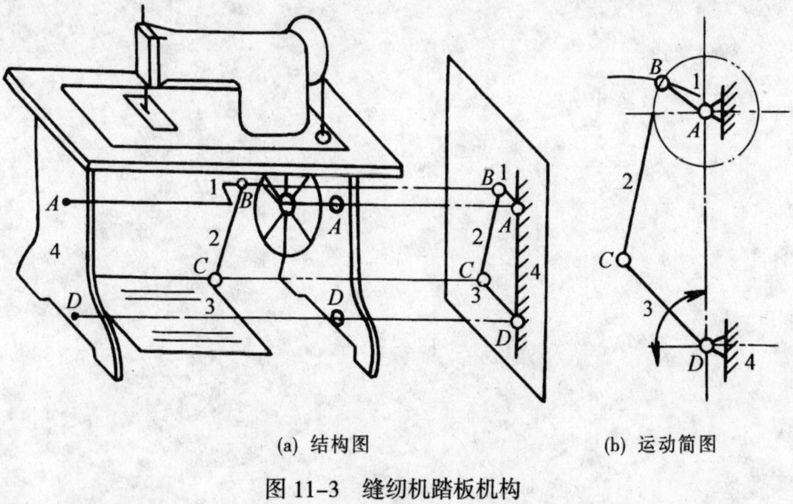

(a) 结构图　　(b) 运动简图

图 11-3　缝纫机踏板机构

【例 11-2】识读图 11-4 所示发动机配气机构，（a）图为结构图，（b）图为机构运动简图。

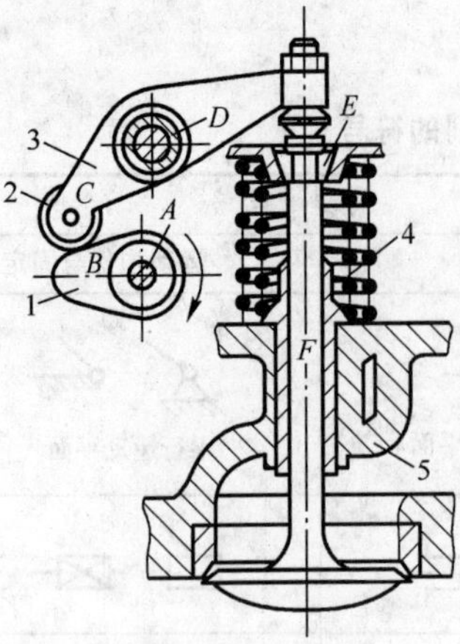

（a）结构图

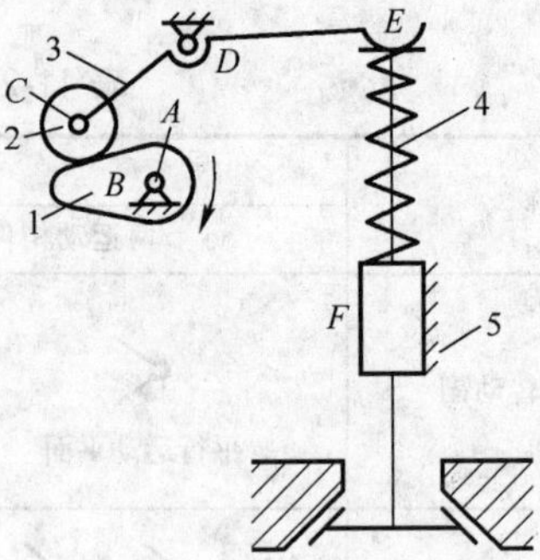

（b）运动简图

1—凸轮；2、3、4—从动件；5—固定件

图 11-4 发动机配气机构

课题十二　铰链四杆机构

知识点：

◆ 铰链四杆机构的基本类型及运动特性。

◆ 铰链四杆机构基本类型的判别方法。

◆ 铰链四杆机构的演化形式。

技能点：

◆ 具有判别铰链四杆机构的基本类型。

铰链四杆机构是由四个构件通过转动副（即铰链）连接而成的机构。在传递运动和动力、变换运动形式和放大位移等方面有着广泛的应用。它的优点是：各构件之间为面接触、压强小、磨损小、寿命较长；接触面为平面或圆柱面，易于制造并能获得较高精度，成本低。其缺点是：低副间存在间隙，会引起运动误差。

任务 1　铰链四杆机构的基本类型及应用

一、铰链四杆机构的组成

铰链四杆机构中，固定不动的构件称为机架，如图12-1中AD；不直接与机架相连的杆BC称为连杆；与机架相连的杆AB和杆CD称之为连架杆。

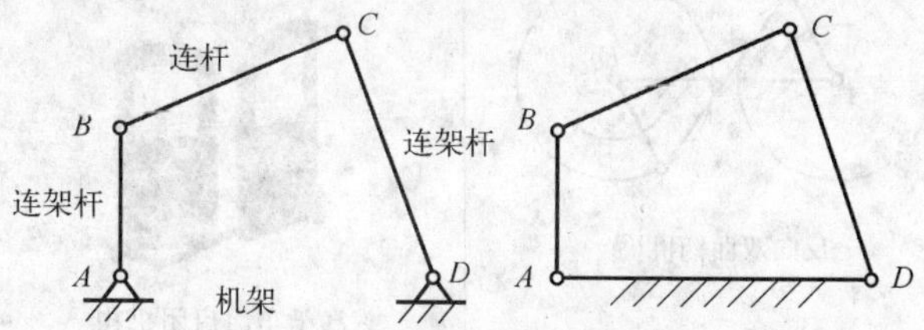

图 12-1　铰链四杆机构

凡是能作整周回转的连架杆称之为曲柄，只能在小于 360° 的范围内作往复摆动的连架杆称为摇杆。

二、铰链四杆机构的基本类型及应用特性

铰链四杆机构一般分为：曲柄摇杆机构、双曲柄机构、双摇杆机构三种基本形式。表 12-1 所示给出了铰链四杆机构的基本类型及应用特性。

表 12-1 铰链四杆机构的基本类型及运动特性

<table>
<tr><th>分类</th><th>定义</th><th>机构简图</th><th>应用实例</th><th>运动特性</th></tr>
<tr><td>曲柄摇杆机构</td><td>铰链四杆机构中，两个连架杆，一个为曲柄，另一个为摇杆的机构</td><td>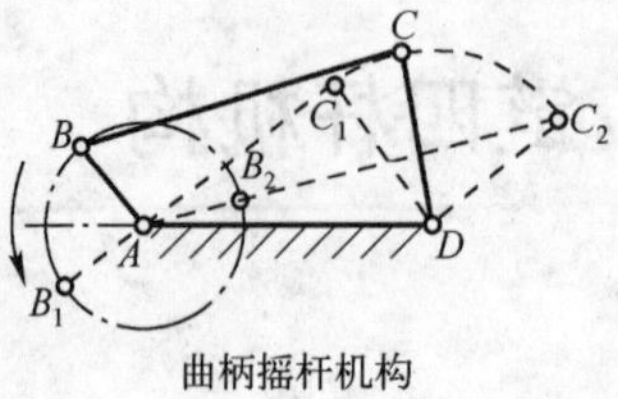

曲柄摇杆机构</td><td>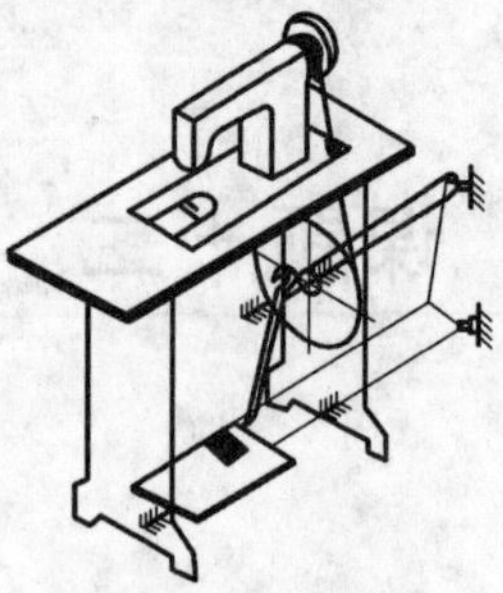
缝纫机的踏板机构</td><td>当曲柄 AB 为主动件并匀速转动时，摇杆 CD 往复摆动且有急回特性；当摇杆 CD 为主动件并往复摆动时，曲柄 AB 整周回转，机构可能出现两个死点位置（曲柄与连杆共线时，图中 AB_1C_1D、AB_2C_2D 位置）</td></tr>
<tr><td>双曲柄机械</td><td>铰链四杆机构中，两个连架杆均为曲柄的机构</td><td>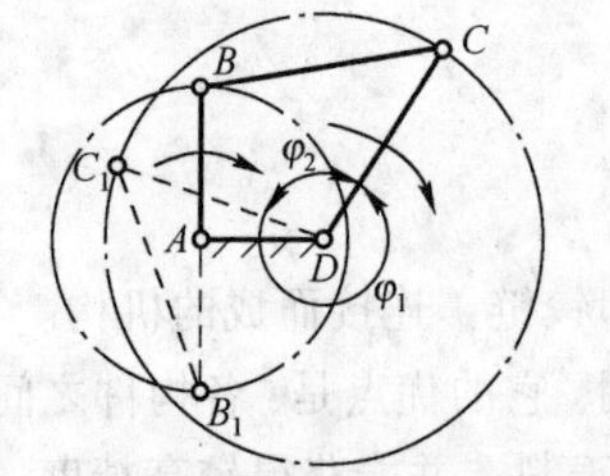

不等长双曲柄机构</td><td>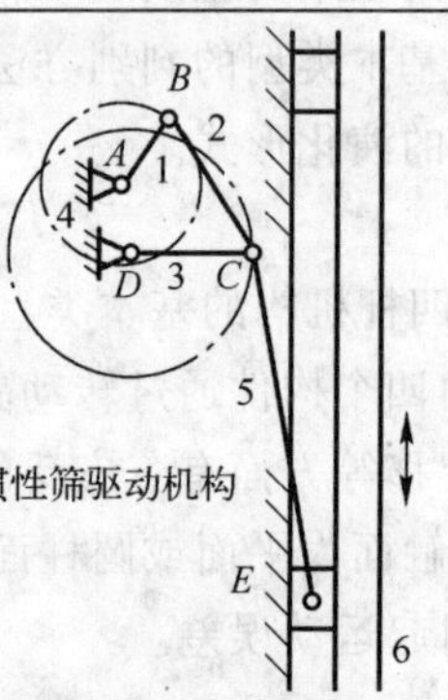

惯性筛驱动机构</td><td>主动曲柄 AB 匀速回转一周，从动曲柄 CD 随之变速回转一周，具有急回特性（$AB \neq CD$）</td></tr>
<tr><td rowspan="2">双曲柄机构</td><td rowspan="2">铰链四杆机构中，两个连架杆均为曲柄的机构</td><td>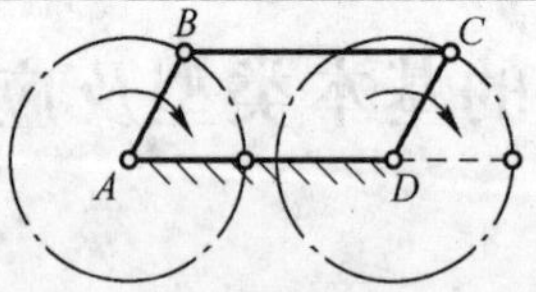

平行双曲柄机构</td><td>
天平机构</td><td>两曲柄 AB、CD 的回转方向相同，角速度相等（$AB=CD$）</td></tr>
<tr><td>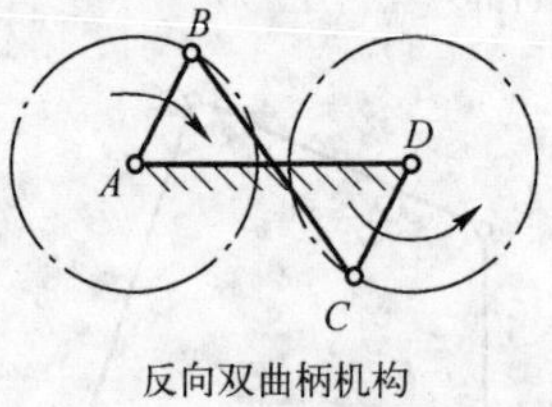

反向双曲柄机构</td><td>
汽车车门启闭机构</td><td>主动曲柄 AB 匀速转动时，从动曲柄 CD 作变速转动，而且两曲柄的旋转方向相反（$AB=CD$）</td></tr>
<tr><td>双摇杆机构</td><td>铰链四杆机构中，两个连架杆均为摇杆的机构</td><td>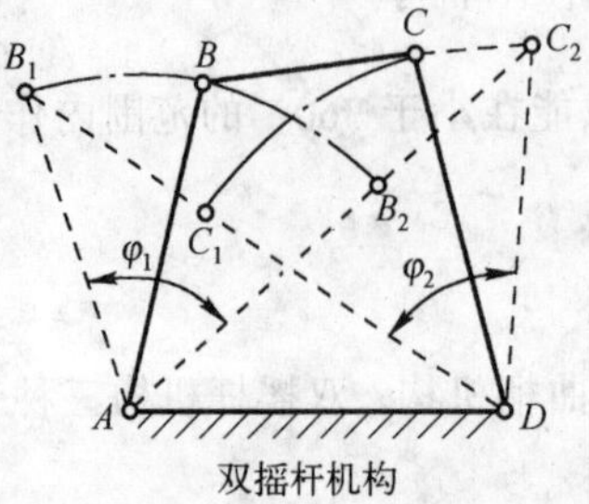

双摇杆机构</td><td>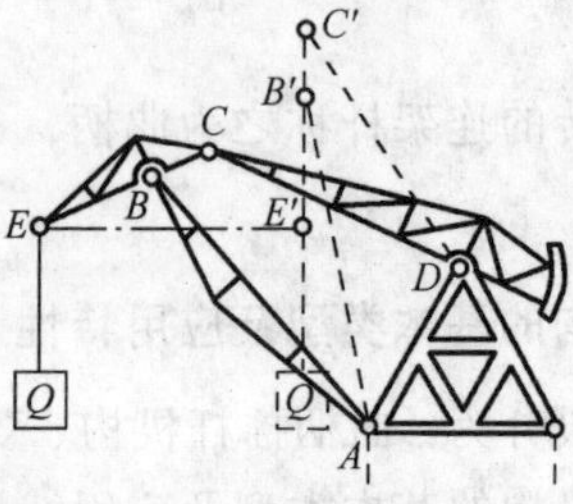

起重机机构</td><td>不论以哪个摇杆为主动件，机构均有死点位置（从动件与连杆共线时，图中 AB_1C_1D、AB_2C_2D 位置）</td></tr>
</table>

任务 2　铰链四杆机构基本类型的判别方法

铰链四杆机构三种基本类型的判别方法如下：

（1）取最短杆与最长杆长度之和小于或等于其余两杆长度之和时，则：

① 取最短杆的邻边为机架时，构成曲柄摇杆机构。如表 12–1(a)中所示，最短杆为曲柄。

② 取最短杆对边为机架时，构成双摇杆机构。如表 12–1(e)中所示。

③ 取最短杆为机架时，构成双曲柄机构。如表 12–1(b)中所示。

（2）若铰链四杆机构中最短杆与最长杆长度之和大于其余两杆长度之和，则不论以哪一杆为机架，均为双摇杆机构。

（3）铰链四杆机构存在曲柄，必须同时满足以下两个条件：

① 连架杆和机架中必有一杆是最短杆。

② 最短杆与最长杆长度之和小于或等于其他两杆长度之和。

【例 12–1】 如图 12–2 所示，已知铰链四杆机构中各杆的长度为：a =150 mm，b =500 mm，c=300 mm，d= 400 mm。试问：（1）当取杆件 d 为机架时，是否存在曲柄？若存在，则那一杆件为曲柄？（2）若选其他杆件为机架，则可分别得到什么类型的机构？

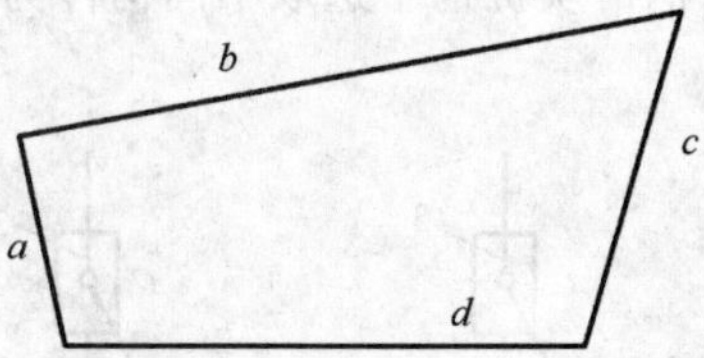

图 12–2　铰链四杆机构

解：由已知条件可知：最短杆 a=150mm，最长杆 b=500mm

因为 150 + 500 < 300 + 400

即 $a+b<c+d$　　最短杆与最长杆长度之和小于其余两杆长度之和

所以（1）当取杆件 d 为机架时（最短杆的邻边），存在曲柄 a 杆件，该机构为曲柄连杆机构。（2）若选 c 杆件为机架时（最短杆对边），得到双摇杆机构；若选 b 杆件为机架时（最短杆的邻边），得到曲柄摇杆机构；若选 a 杆件为机架时（最短杆），得到双曲柄机构。

任务 3　铰链四杆机构的演化形式

在生产实践中，除铰链四杆机构的三种基本形式以外，还广泛采用其他形式的四杆机构，一般是通过改变铰链四杆机构的某些构件的形状、相对长度或选择不同构件作为机架等方式演化而来。

1. 曲柄滑块机构

在曲柄摇杆机构中，如果以一个移动副代替摇杆和机架间的转动副，则形成的机构称为曲柄滑块机构。

它能把回转运动转换为往复直线运动，或作相反的转变，如图 12–3 所示。

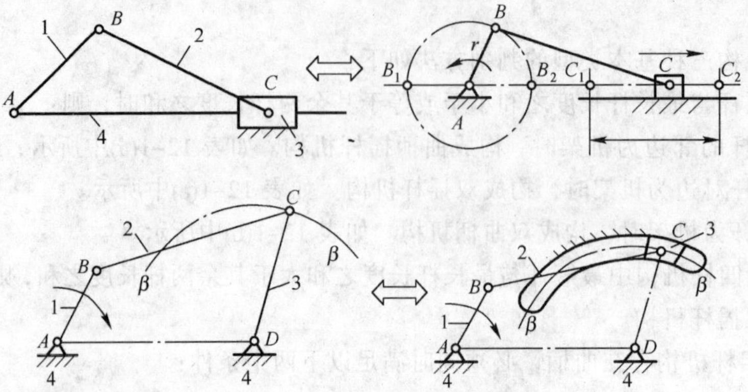

图 12-3　曲柄滑块机构的演化

1—曲柄；2—连杆；3—摇杆（滑块）；4—机架

2．导杆机构

连架杆中至少有一个构件为导杆的平面四杆机构称为导杆机构，其常见形式如图 12-4 所示。导杆机构都可以看作是在曲柄滑块机构中选取不同构件为机架演化而成的。

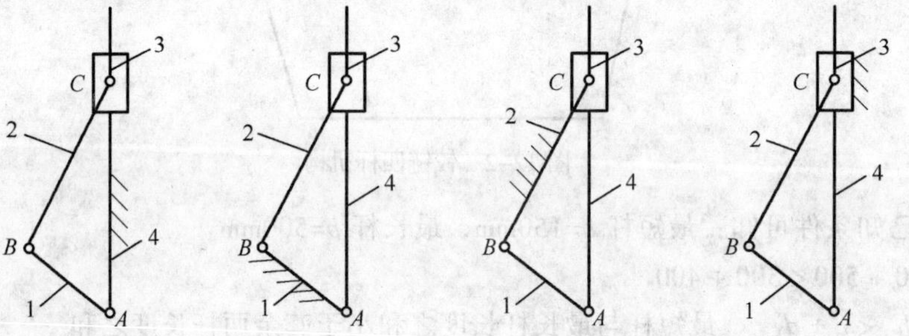

（a）曲柄摇杆机构　（b）导杆机构　（c）摆动滑块机构　（d）固定滑块机构

图 12-4　导杆机构

导杆机构广泛用于生产中，如图 12-5 所示中的自翻卸料车和抽水机。

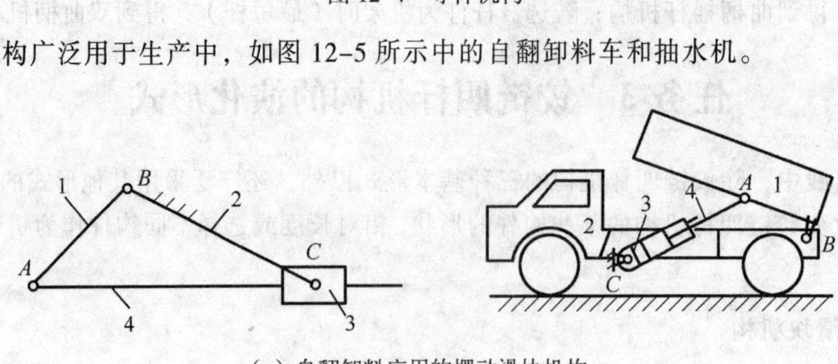

（a）自翻卸料应用的摆动滑块机构

图 12-5　导杆机构应用实例

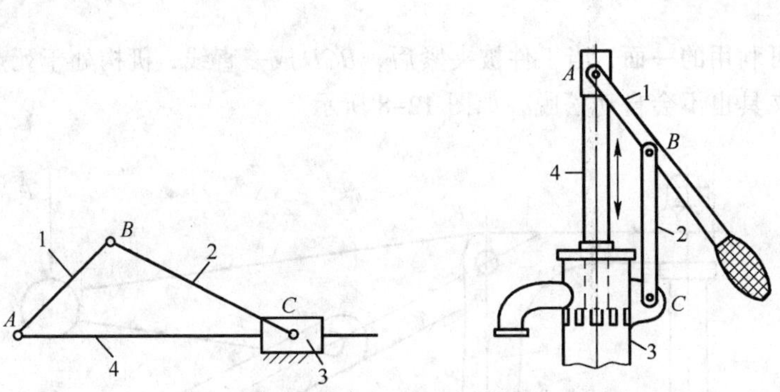

（b）抽水机中应用的固定滑块机构

图 12-5　导杆机构应用实例（续）

任务 4　铰链四杆机构的基本特性

一、急回特性

曲柄摇杆机构中，如图 12-6 所示，当曲柄 AB 沿顺时针方向以等角速度 ω 转过 $\varphi 1$ 时，摇杆 CD 自左极限位置 C_1D 摆至右极位置 C_2D，设所需时间为 t_1，C 点平均速度为 V_1；而当曲柄 AB 再继续转过 $\phi 2$ 时，摇杆 CD 自 C_2D 摆回至 C_1D，设所需的时间为 t_2，C 点的平均速度为 V_2。由于 $\phi_1 > \phi_2$，所以 $t_1 > t_2, V_2 > V_1$。由此说明：曲柄 AB 虽作等速转动，而摇杆 CD 空回行程的平均速度却大于工作行程的平均速度，这种性质称为机构的急回特性。

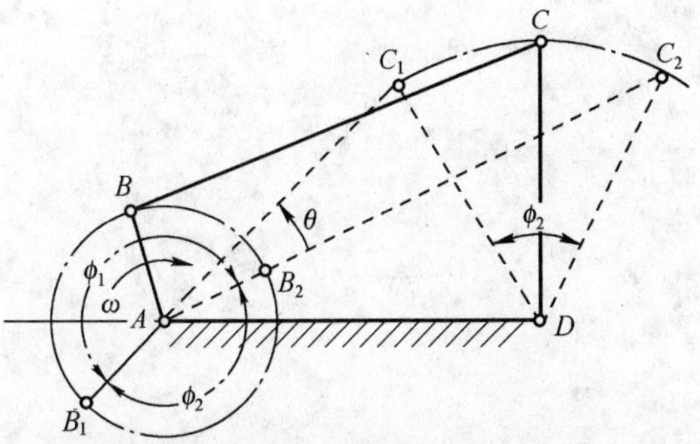

图 12-6　曲柄摇杆机构具有急回特性

摇杆 CD 的两个极限位置间的夹角 ψ 称为摇杆的最大摆角，主动曲柄在摇杆处于两个极限位置时所夹的锐角 θ 称为极位夹角。

在某些机械中（如牛头刨床、插床或惯性筛等），常利用机械的急回特性来缩短空回行程的时间，以提高生产率。

机构是否存在急回运动取决于该机构有无极位夹角 θ，当 $\theta = 0$ 时，说明该机构无急回特性；当 $\theta > 0$ 时，则机构具有急回特性；θ 越大，急回特性越显著。

二、死点

以摇杆作为主动件的曲柄摇杆机构。在从动曲柄与连杆共线的两个位置时，出现了机构的传动角 $\gamma = 0$，压力角 $\alpha = 90°$ 的情况。此时连杆对从动曲柄的作用力恰好通过其回转中心不能推动曲柄转动，机构的这种位置称为死点，如图 12-7 所示。机构在死点位置时由于偶然外力的影响，也可能使曲柄转向不定。

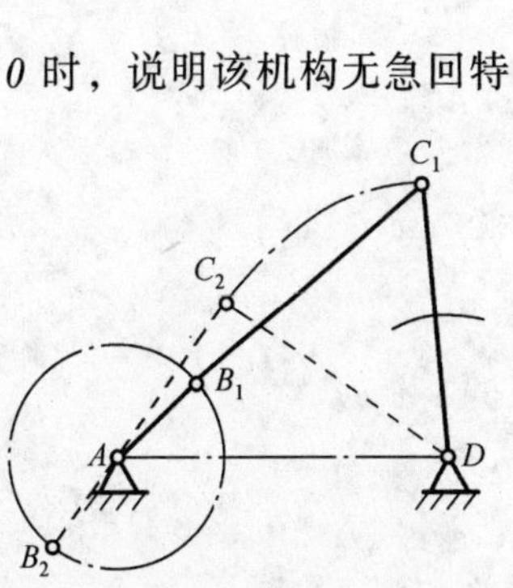

图 12-7　死点位置

死点对于转动机构是不利的，常利用惯性来通过死点，也可采用机构错排的方法避开死点。

但死点也有可利用的一面，当工件被夹紧后，*BCD* 成一直线，机构处于死点位置，即使工件的反力很大，夹具也不会自动松脱，如图 12-8 所示。

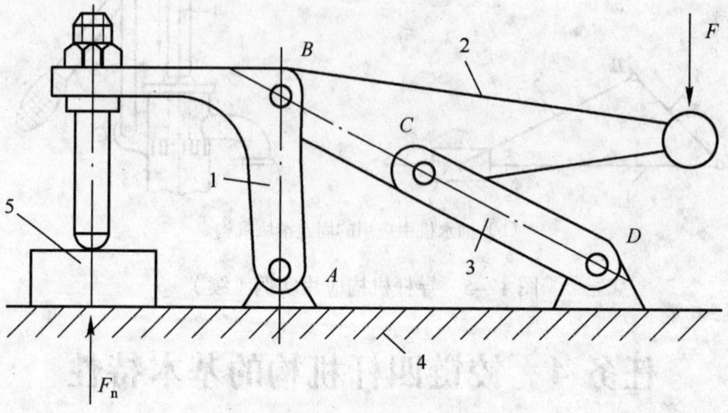

图 12-8　夹紧机构

课题十三　其他常用机构

知识点：

◆ 凸轮机构的组成、特点及分类。

◆ 凸轮机构中从动件的运动规律。

◆ 常见间歇运动机构的组成、类型、特点及应用。

◆ 常见间歇运动机构的形式。

技能点：

◆ 熟知凸轮机构、棘轮机构、槽轮机构等工作原理及应用。

◆ 能判断间歇运动机构的基本类型。

任务1　凸轮机构

一、凸轮机构的组成和应用

1. 组成

如图13-1所示，凸轮机构是由凸轮、从动件和机架三个部分组成。

凸轮机构的运用广泛，图13-2所示为一内燃机的配气机构。凸轮1为原动件，气门推杆2是从动件；机架3是气门推杆上下移动的导路。弹簧保证凸轮轮廓与气门推杆在运动过程中始终保持接触，使推杆按预定的运动规律上下移动。凸轮1等速转动时，由于凸轮各处半径不同，通过从动件2迫使气门自动开闭。

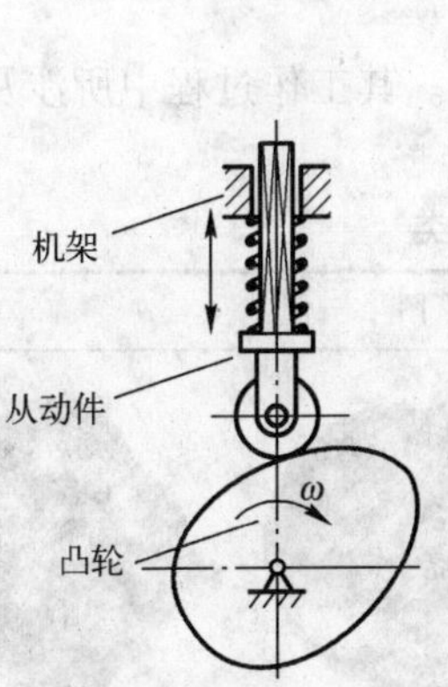

图13-1　凸轮机构

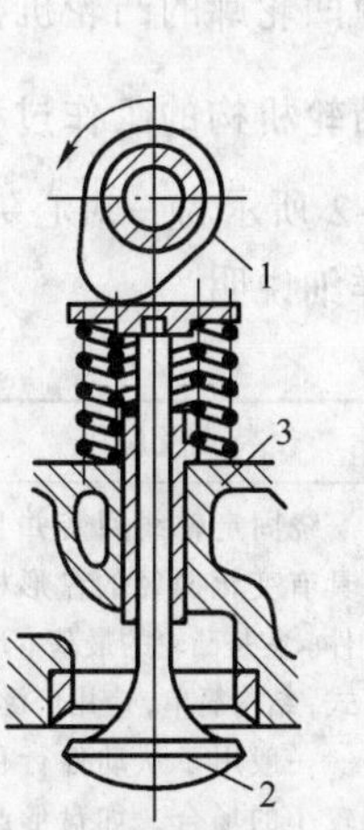

图13-2　内燃机配气机构

2. 运动规律

凸轮机构可以将主动件凸轮的等速连续转动变换为从动件的往复直线运动或绕某定点的摆动，并依靠凸轮轮廓曲线准确地实现所要求的运动规律。

3. 特点

优点：只要正确地设计凸轮轮廓曲线，就可以使从动件实现任意给定的运动规律，且结构简单、紧凑、工作可靠。

缺点：凸轮与从动件之间为点或线接触，不易润滑，容易磨损。

因此，凸轮机构多用于传力不大的控制机构和调节机构。

二、凸轮机构的分类

1. 按凸轮的形状分

（1）盘形凸轮。也称平板凸轮。这种凸轮是一个径向尺寸变化的盘形构件，当凸轮绕固定轴转动时，可使从动件在垂直于凸轮轴的平面内运动。

（2）移动凸轮。当盘形凸轮的径向尺寸变得无穷大时，其转轴也将在无穷远处，这时凸轮将作直线移动。通常称这种凸轮为移动凸轮。

（3）圆柱凸轮。凸轮为一圆柱体，它可以看成是由移动凸轮卷曲而成的。曲线轮廓可以开在圆柱体的端面也可以在圆柱面上开出曲线凹槽。

2. 按从动件的形式分

（1）尖顶从动件。

结构最简单，而且尖顶能与较复杂形状的凸轮轮廓相接触，从而能实现较复杂的运动，但因尖顶极易磨损，故只适用于轻载、低速的凸轮机构和仪表中。

（2）滚子从动件。在从动件的一端装有一个可自由转动的滚子。由于滚子与凸轮轮廓之间为滚动摩擦，故磨损较小，改善了工作条件。因此，可用来传递较大的动力，应用也最广泛。

（3）平底从动件。从动件一端做成平底（即平面），在凸轮轮廓与从动件底面之间易于形成油膜，故润滑条件较好、磨损小。当不计摩擦时，凸轮对从动件的作用力始终与平底垂直，传力性能较好，传动效率较高，所以常用于高速凸轮机构中。但由于从动件为一平底，故不适用于带有内凹轮廓的凸轮机构，如表 13-1 所示。

三、凸轮机构的工作过程

表 13-2 所示为一对心尖顶移动从动件盘形凸轮机构。其工作过程中所涉及的基本概念，将在表中详细说明。

表 13-1　凸轮机构的分类

类　型		特点及应用	图　例
按凸轮的形状分类	盘形凸轮机构	绕固定轴线回转并且具有变化向径的盘形构件。它是凸轮的最基本形式，结构简单，应用广泛。 一般用于从动件行程较小的场合，如盘形凸轮的送料机构	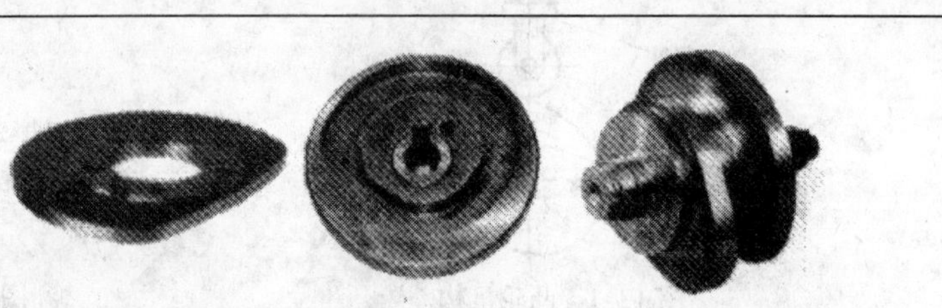

续表

<table>
<tr><th colspan="2">类　型</th><th>特点及应用</th><th colspan="2">图　　例</th></tr>
<tr><td rowspan="2">按凸轮的形状分类</td><td>移动凸轮机构</td><td>转轴位于无穷远时盘形凸轮的一部分，相对于机架作往复直线移动。
多用于靠模仿形机械中，如靠模车削手柄装置</td><td colspan="2"></td></tr>
<tr><td>圆柱凸轮机构</td><td>在圆柱面上开有曲线沟槽或在圆柱端面上作出曲线轮廓。
一般用于从动件可获得较大的行程的场合，如车床主轴箱内变速操纵机构</td><td></td><td></td></tr>
<tr><td rowspan="4">按从动件末端形状分类</td><td></td><td></td><td>移　动</td><td>摆　动</td></tr>
<tr><td>尖顶从动件</td><td>结构简单，能准确实现任意复杂的运动规律，但容易磨损，如绕线机排线机构</td><td>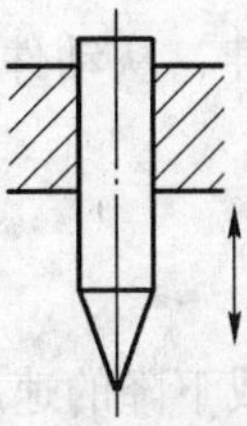</td><td>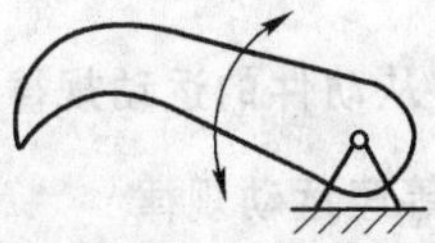</td></tr>
<tr><td>滚子从动件</td><td>摩擦和磨损小，可传递较大的动力。但结构复杂，不宜高速运动，如录音机的卷带机构</td><td>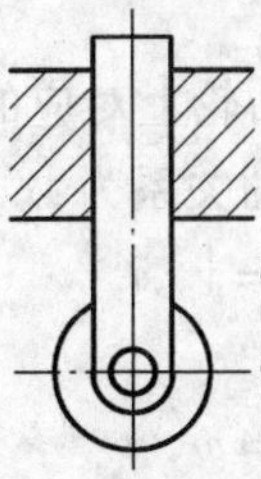</td><td>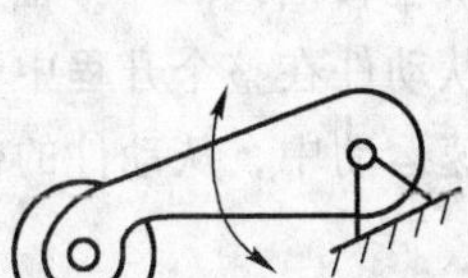</td></tr>
<tr><td>平底从动件</td><td>润滑较好，可高速运转，但不能用于凸轮轮廓呈凹形的场合，如内燃机配气机构</td><td>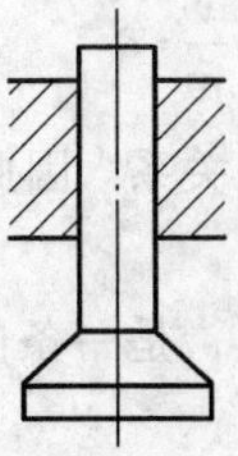</td><td>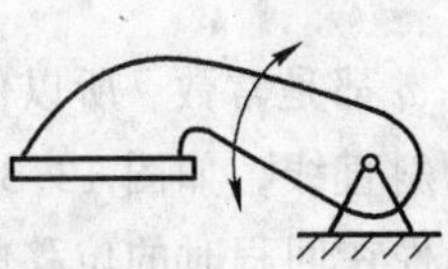</td></tr>
</table>

表 13-2 凸轮工作过程

概 念	定 义	图 例
基圆	以凸轮轮廓最小向径 r_0 为半径所作的圆	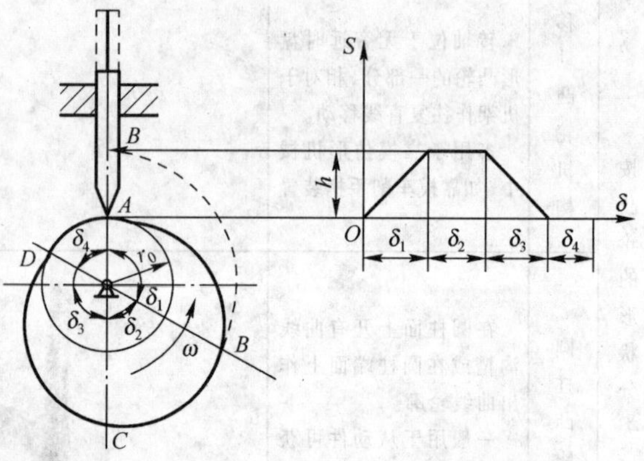 （a）凸轮机构工作过程 （b）从动件位移曲线 凸轮机构的工作原理
基圆半径	即为最小向径 r_0	
行程	从动件上升或下降的最大距离 h	
推程	从动件从最低点 A 上升到最高点 B' 的过程	
推程运动角	与推程对应的凸轮转角 δ_1	
远停程	从动件在静止不动的最高位置	
远停程角	与远停程对应的凸轮转角 δ_2	
回程	从动件从最高点 B' 下降到最低点 A 的过程	
回程运动角	与回程对应的凸轮转角 δ_3	
近停程	从动件在静止不动的最低位置	
近停程角	与近停程对应的凸轮转角 δ_4	

四、凸轮与从动件的关系

凸轮的轮廓机构取决于从动件的运动规律，从动件的运动规律取决于工作要求。

五、从动件的运动规律

1．等速运动规律

当凸轮作等角速度旋转时，从动件上升或下降的速度为一常数，这种运动规律称为等速运动规律。

（1）位移曲线($S-\delta$ 曲线)。

若从动件在整个升程中的总位移为 h，凸轮上对应的升程角为 δ_0，那么由运动学可知，在等速运动中，从动件的位移 S 与时间 t 的关系为：

$$S=v\cdot t$$

凸轮转角 δ 与时间 t 的关系为：

$$\delta=\omega\cdot t$$

则从动件的位移 S 与凸轮转角 δ 之间的关系为：

$$s=\frac{v}{\omega}\cdot\delta$$

v 和 ω 都是常数，所以位移和转角成正比关系。因此，从动件作等速运动的位移曲线是一条向上的斜直线，如图 13-3 所示。

从动件在回程时的位移曲线则与下图相反，是一条向下的斜直线。

（2）等速运动凸轮机构的工作特点。

由于从动件在推程和回程中的速度不变，加速度为零，故运动平稳；但在运动开始和终止时；从动件的速度从零突然增大到 v 或由 v 突然减为零，此时，理论上的加速度为无穷大，从动件将产生很大的惯性力，使凸轮机构受到很大冲击，这种冲击称刚性冲击。随着凸轮的不断转动，从动件对凸轮机构将产生连续的周期性冲击，引起强烈振动，对凸轮机构的工作十分不利。因此，这种凸轮机构一般只适用于低速转动和从动件质量不大的场合。

2．等加速、等减速运动规律

当凸轮作等角速度旋转时，从动件在升程（或回程）的前半程作等加速运动，后半程作等减速运动。这种运动规律称为等加速等减速运动规律。

（1）位移曲线(S- δ 曲线)。

由运动学可知，当物体作初速度为零的等加速度直线运动时，物体的位移方程：

$$s=\frac{1}{2}at^2$$

在凸轮机构中，凸轮按等角速度 ω 旋转，凸轮转角 δ 与时间 t 之间的关系为：

$$t=\delta/\omega$$

则从动件的位移 S 与凸轮转角 δ 之间的关系为：

$$s=\frac{a}{2\omega^2}\delta^2$$

式中 a 和 ω 都是常数，所以位移 s 和转角 δ 成二次函数的关系，所以，从动件作等加速等减速运动棘轮机构的位移曲线是抛物线。因此，从动件在推程和回程中的位移曲线是由两段曲率方向相反的抛物线连成，如图 13-4 所示。

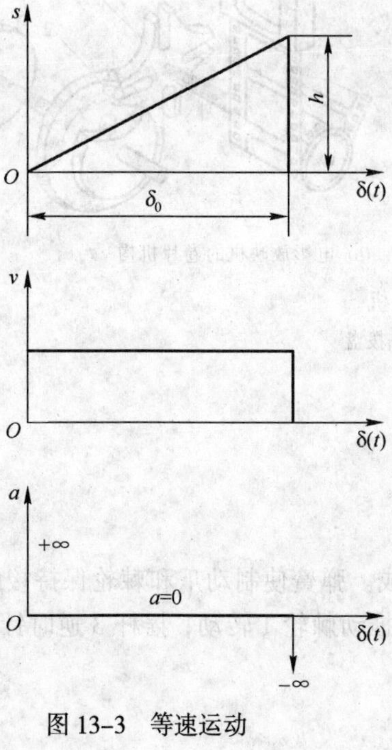

图 13-3　等速运动

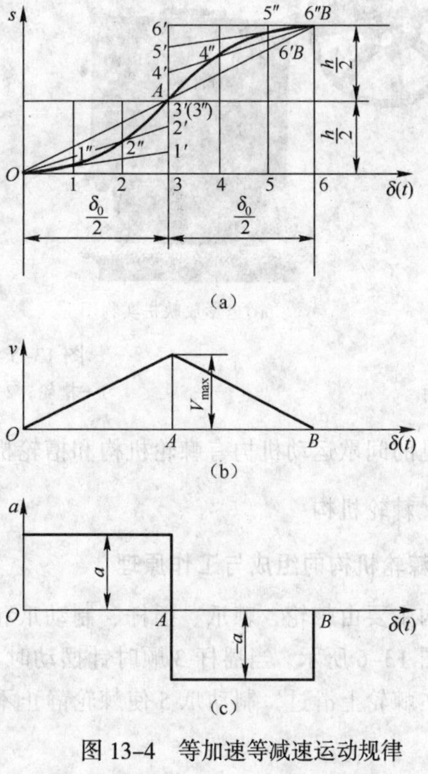

图 13-4　等加速等减速运动规律

（2）等加速等减速运动凸轮机构的工作特点。

从动件按等加速等减速规律运动时，速度由零逐渐增至最大，然后又逐步减小趋近零，这样就避免了刚性冲击，改善了凸轮机构的工作平稳性。因此，这种凸轮机构适合在中、低速条件下工作。

任务 2　间歇运动机构

在机器工作时，经常需要某些机构的主动件作连续运动时，从动件能够产生周期性的间歇地运动——停止——运动。即当主动件作连续运动时，从动件跟随作周期性的间歇地运动的装置称间歇运动机构。

间歇运动机构种类很多，应用也很广泛，如图 13–5 所示为电影放映机实物图。放电影时，胶片以 24 张/秒的速度通过镜头，每张画面在镜头前有一个短暂停留，人们通过视觉暂留而获得连续的场景。图 13–5 所示为电影放映机的卷片机构。槽轮 1 上开有四条径向槽，当传动轴带动拨盘 3 等角速度回转时，拨盘上的圆销 2 驱动槽轮转动。拨盘每回转一周，槽轮转过 90°，卷过一张胶片，并使画面有一段停留时间，满足放映的需要。

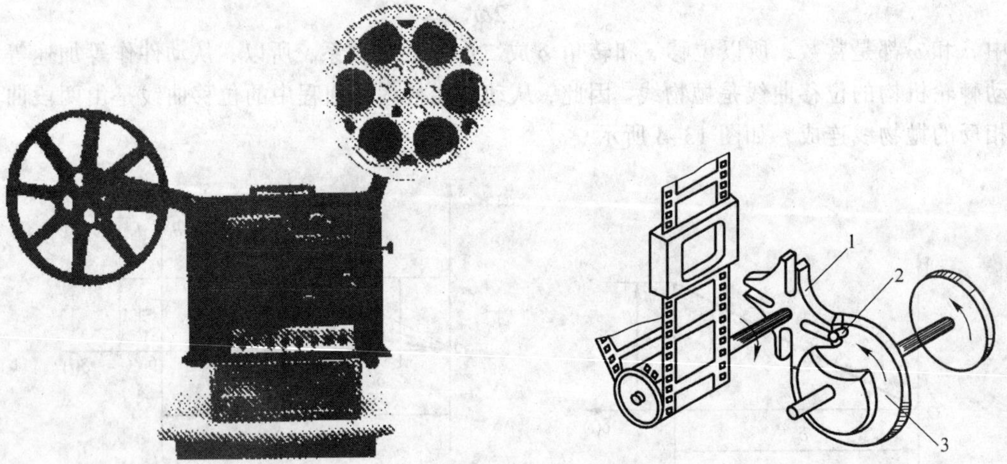

(a) 电影放映机实物图　　(b) 电影放映机的卷片机构

图 13–5　电影放映机

1—槽轮；2—圆销；3—拨盘

常见的间歇运动机构有棘轮机构和槽轮机构。

一、棘轮机构

1. 棘轮机构的组成与工作原理

机构主要由棘轮、棘爪、摇杆、制动爪和机架组成。弹簧使制动爪和棘轮保持接触。

如图 13–6 所示，当摇杆 3 顺时针摆动时，棘爪 2 推动棘轮 1 转动；摇杆 3 逆时针摆动时，棘爪 2 在棘轮上滑过，制动爪 5 使棘轮静止不动。

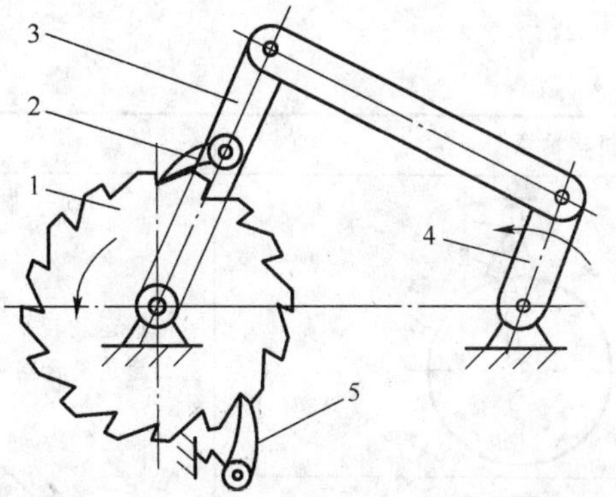

图 13-6　棘轮机构

1—棘轮；2—棘爪；3—摇杆；4—曲柄；5—制动棘爪

2. 工作特点

可实现单向间歇运动、机构简单、制造方便、运动可靠、棘轮转角可调；但冲击和噪声大、运动精度低，适用于低速轻载的场合。

3. 棘轮机构的类型及应用

常见的棘轮机构型式及特点如表 13-3 所示。

表 13-3　常见的棘轮机构型式及特点

型式		机构示意图	特点及应用实例
齿啮式	外接	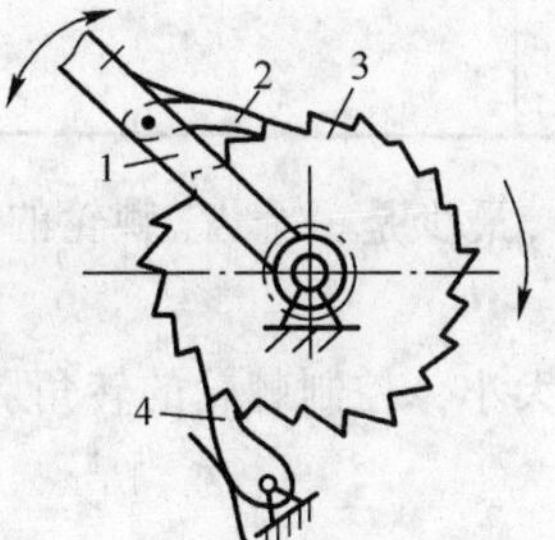 	运动可靠，多用于低速、轻载时间歇运动的控制，例如起重设备； 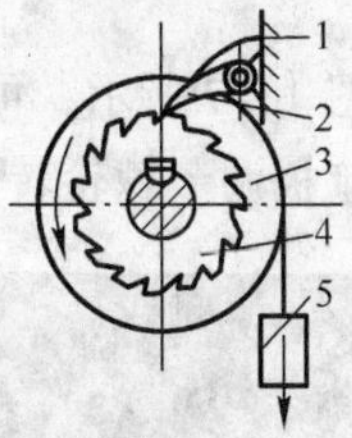 1—弹簧；2—棘爪；3—鼓轮；4—棘轮；5—重物 当转动的鼓轮 3 提升重物 5 时，棘爪 2 在同步转动的棘轮齿背表面滑过，到达指定高度时，鼓轮和棘轮停止转动，此时棘爪在弹簧 1 的作用下，嵌入棘轮的齿槽内，防止鼓轮逆转，从而保证了起重工作的安全可靠
	内接	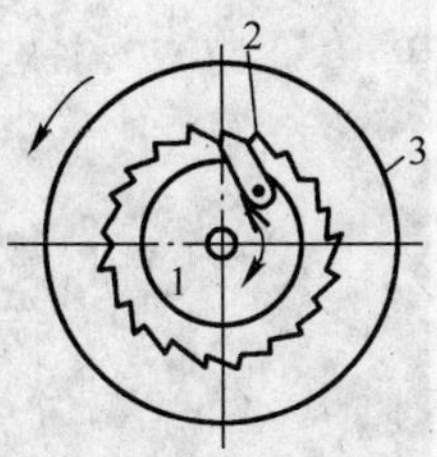 	

续表

形式			机构示意图	特点及应用实例
摩擦式	楔块	外接	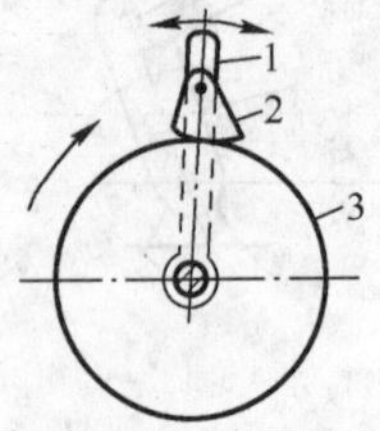	传递运动较平稳，从动件的转角可作无级调整，例如超越离合器 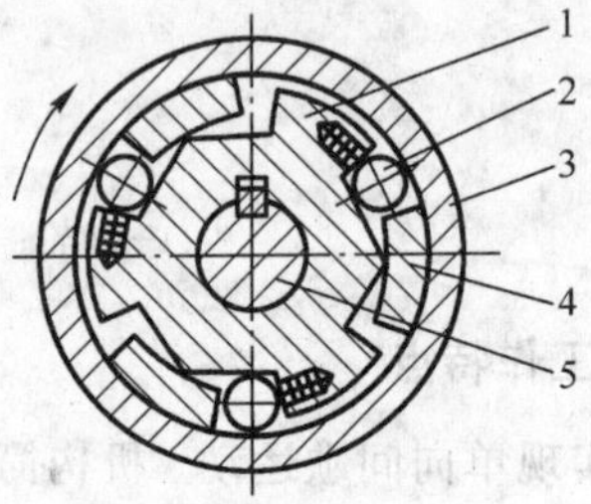 1—星轮；2—滚柱；3—外圈；4—内圈；5—轴 外圈 3 顺时针方向回转时，摩擦力使滚柱 2 楔紧在外圈与星轮之间，外圈通过滚柱带动星轮 1，使轴 5 以相同的转速、方向回转，内圈 4 也一起回转。内圈 4 朝任意方向回转，都能使轴 5 回转，满足了正、反方向均能超越的要求。当滚柱 2 从楔缝中退出时，外圈仍能以原来的转速回转
		内接	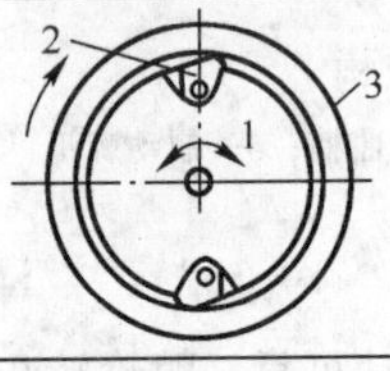	
	滚子	外接	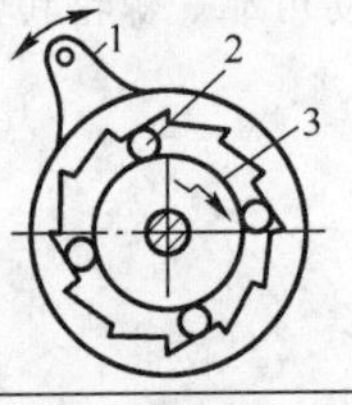	
		内接	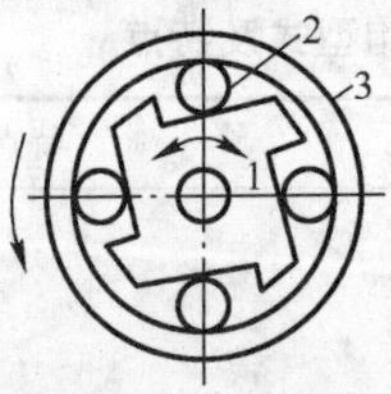	

棘轮机构每次转动只能转过某一整数齿的转角，最少是一个齿。棘轮的转角是可以调节的，其方法如下：

（1）如图 13-7 所示，可调节摇杆摆动角度的大小，控制棘轮的转角。

（2）用遮板调节棘轮转角，如图 13-8 所示。

图 13-7　调节摇杆摆角，控制棘轮的转角

图 13-8　遮板调节棘轮转角

二、槽轮机构

槽轮机构的类型、组成、原理及应用如表 13-4 所示。

表 13-4　槽轮机构的类型、组成、原理及应用

类　型	外　啮　合	内　啮　合
机械示意图	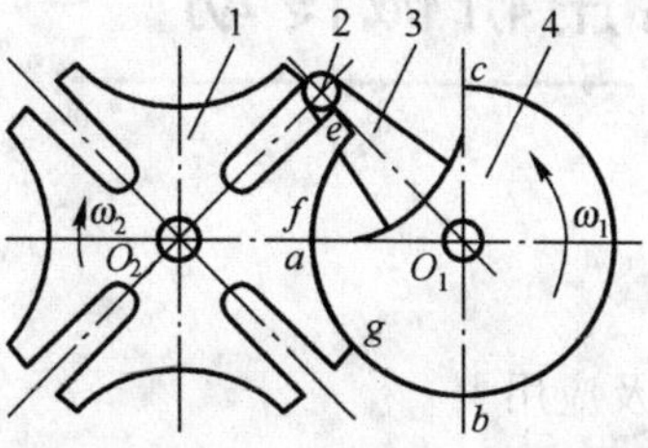	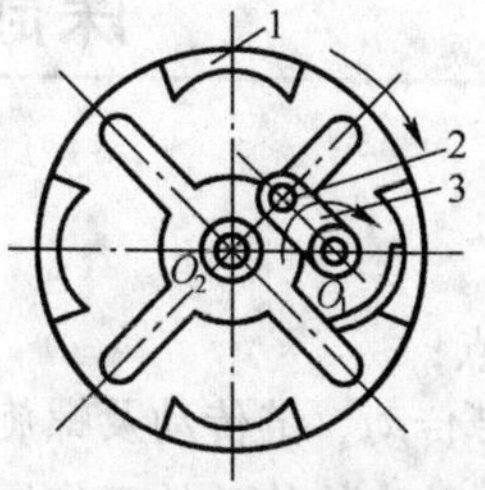
组成	由槽轮 1、圆柱销 2、主动杆 3、拨盘 4 组成	
原理	拨盘 4 作逆时针转动，当圆柱销 2 未进入径向槽时，槽轮因其内凹的锁止弧 *efg* 被拨盘外凸的锁住而静止；当圆柱销 2 进入径向槽时，两锁止弧脱开，槽轮 1 在圆柱销 2 的驱动下顺时针转动；当圆柱销 2 脱离径向槽时，槽轮 1 因另一锁止弧又被锁住，因此，拨盘 4 连续回转时，槽轮 1 做周期性的间歇运动（内啮合槽轮机构，其工作原理与外啮合槽轮机构相同，只是槽轮的回转方向与曲柄的回转方向相同。）	
特点应用	结构简单、工作可靠、机构效率高，能较平衡、间歇地进行转位。但因圆柱销突然进入与脱离径向槽，传动存在柔性冲击，不适用于高速场合，例如用于自动车床的刀架转位机构 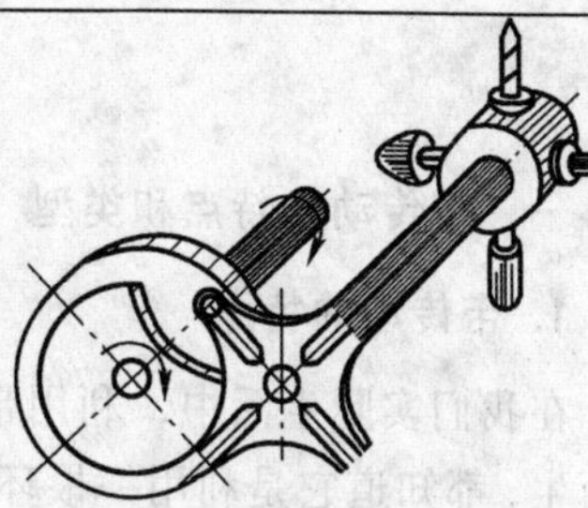	

课题十四 常用机械传动

知识点：

◆ 带传动、链传动及螺旋传动的工作原理及应用。

◆ 各种齿轮传动的工作原理及应用。

◆ 轮系的分类、特点及应用。

技能点：

◆ 了解各种机械传动方式的优缺点及其选用，并正确地使用和维护。

任务1 带 传 动

一、带传动的特点和类型

1. 带传动的特点

在我们实际生活中，利用带传动的例子有许多，同学们并不陌生，都知道它是利用一根环型带和两个带轮来实现传动的，如图 14–1 所示。其传动主要是依靠摩擦或啮合实现的。与其他的传动相比，这种传动具有以下优点：

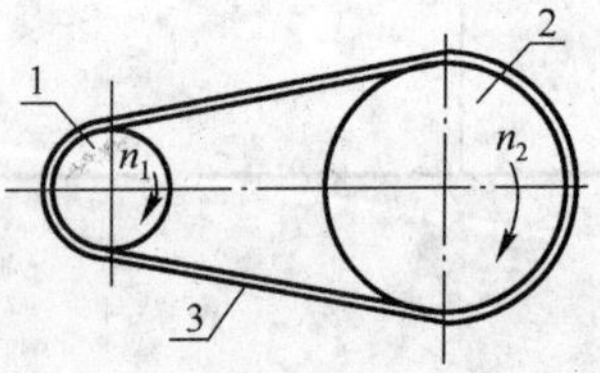

图 14–1 带传动简图

① 中心距变化范围大，适宜远距离传动；

② 过载时将引起带在带轮上打滑，因而可以防止其他零件的损坏；

③ 制造和安装精度不像啮合传动那样严格，结构简单、价格低廉；

④ 能起到缓冲和吸收振动，传动平稳，噪声小；

⑤ 维护方便，不需要润滑等。

但是，和其他传动相比，它也有一些缺点：

① 摩擦型带传动不能保持准确的传动比，传动效率较低；

② 传递同样大的圆周力时，轮廓尺寸和轴上的压力较大；

③ 带的寿命较短。

带传动在近代机械中的应用十分广泛，常用于中、小功率，带速在 5～25m/s，传动比 $i\leqslant 7$，机械效率 $\eta\approx 0.94\sim 0.97$ 的情况下。

2. 带传动的类型

从传动方式来看，主要可以分为：摩擦型带传动和啮合型带传动。

摩擦型带传动通常由主动轮、从动轮和张紧在两轮上的环形传动带组成，由于带已被张紧，传动带在静止时已受到预拉力的作用，带与带轮之间的接触面间产生了正压力。当主动轮转动时，依靠带与带轮接触面之间的摩擦力，拖动传动带进而驱动从动轮转动，实现传动，如图 14–2 所示。

啮合型带传动由同步带传动，它是由主动同步带轮、从动同步带轮和套在两轮上的环形同步带组成，如图 14–3 所示。

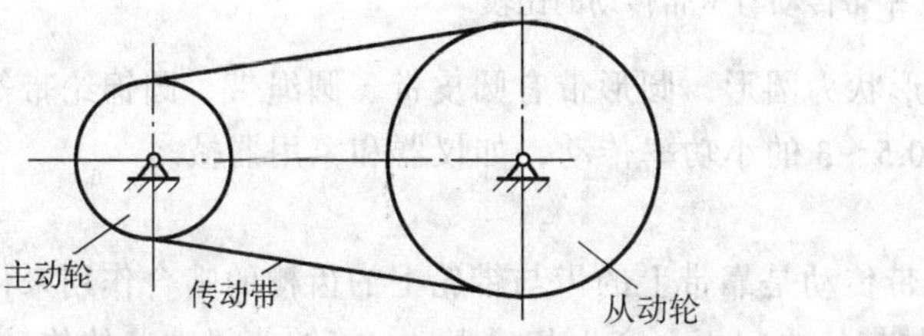

图 14–2　摩擦型带传动

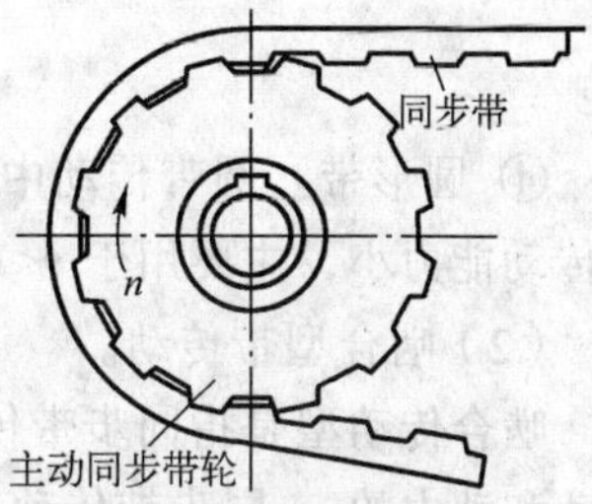

图 14–3　啮合型带传动

摩擦型带传动又可以分为平带、V 带、多楔带和圆形带，如图 14–4 所示。

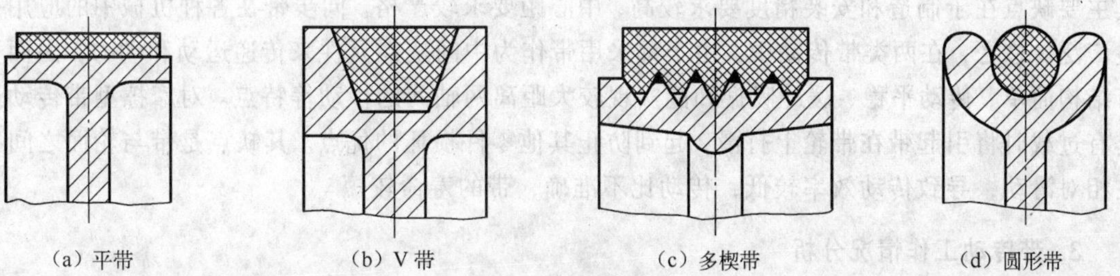

图 14–4　摩擦带的分类

（1）摩擦型带传动。

① 平带。工作面为内表面，弯曲应力小。平带传动结构最简单，传动效率较高，在传动中心距较大的场合应用较多，如图 14–5 所示。

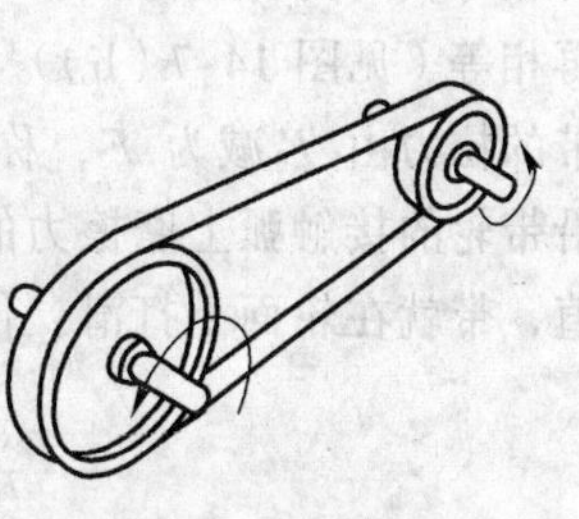

图 14–5　平带传动

② V 带。V 带传动中带的截面形状为等腰梯形。工作时带的两侧面是工作面，与带轮的环槽侧面接触，属于楔面摩擦传动。在相同的带张紧程度下，V 带传动的摩擦力要比平带传动约大 70%，其承载能力因而比平带传动高。在一般的机械传动中，V 带传动现已取代了平带传动而成为常用的带传动装置，如图 14–6 所示。

③ 多楔带。多楔带传动中带的截面形状为多楔形，多楔带是以平带为基体、内表面具有若干等距纵向 V 形楔的环形传动带，其工作面为楔的侧面，它具有平带的柔软、V 带摩擦力大的特点。

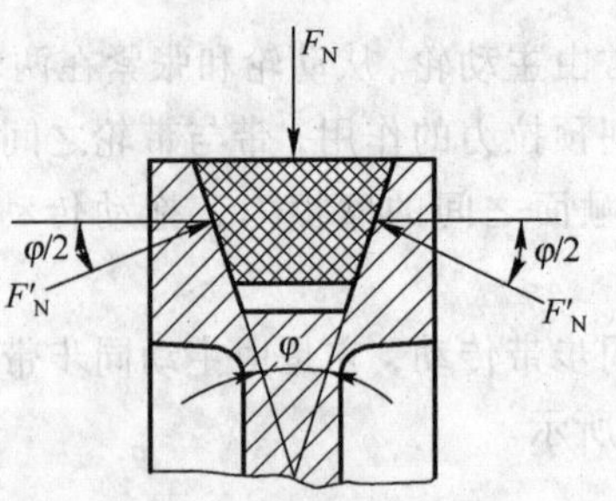

图 14–6　平带传动与 V 带传动的比较

④ 圆形带。圆带传动中带的截面形状为圆形，圆形带有圆皮带、圆绳带、圆锦纶带等，其传动能力小，主要用于 v<15m/s，i=0.5～3 的小功率传动，如仪器和家用器械。

（2）啮合型带传动。

啮合传动型是指同步带传动，同步带传动是靠带上的齿与带轮上的齿槽的啮合作用来传递运动和动力的。同步带传动工作时带与带轮之间不会产生相对滑动，能够获得准确的传动比，因此它兼有带传动和齿轮啮合传动的特性和优点。带的最基本参数是节距，它是在规定的张紧力下，同步带纵截面上相邻两齿对称中心线的直线距离。

由于不是靠摩擦力传递动力，带的预紧力可以很小，作用于带轮轴和其轴承上的力也很小。其主要缺点在于制造和安装精度要求较高，中心距要求较严格。同步带在各种机械中的应用日益广泛。总之，在两类带传动中，由于都采用带作为中间挠性元件来传递运动和动力，因而具有结构简单、传动平稳、缓冲吸振和能实现较大距离两轴间的传动等特点。对摩擦型带传动还具有过载时将引起带在带轮上打滑，起到防止其他零件损坏的优点。其缺点是带与轮面之间存在相对滑动，导致传动效率较低，传动比不准确，带的寿命较短。

3. 带传动工作情况分析

（1）带传动中的受力分析。

带呈环形，以一定的张紧力 F_0 套在带轮上，使带和带轮相互压紧。静止时，带两边的拉力相等，均为 F_0（见图 14–7（a））；传动时，由于带与轮面间摩擦力的作用，带两边的拉力不再相等（见图 14–7（b））。绕进主动轮的一边，拉力由 F_0 增加到 F_1，称为紧边拉力；而另一边带的拉力由 F_0 减为 F_2，称为松边拉力。两边拉力之差 $F=F_1-F_2$ 即为带的有效拉力，它等于沿带轮的接触弧上摩擦力的总和。在一定条件下，摩擦力有一极限值，如果工作阻力超过极限值，带就在轮面上打滑，传动不能正常工作。

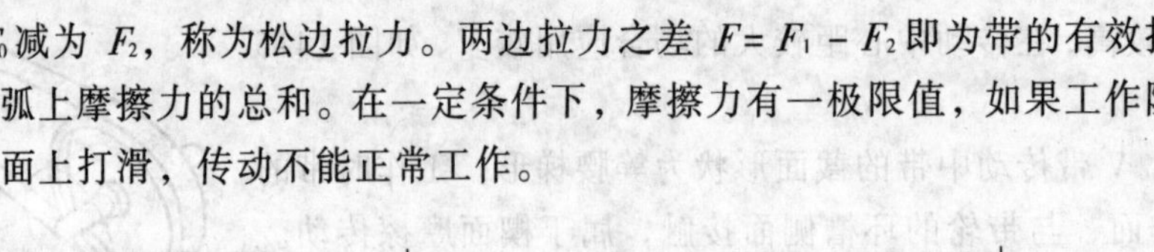

图 14–7　带传动中的受力分析

设带传动传递的功率为 P（kW）、带速为 V（m/s），则有效拉力 F（N）为：

$$F=F_1-F_2=1\,000\ P/V$$

由上式可知，在传动能力范围内，F 的大小和传递的功率 P 及带的速度 V 有关。当传递功率增大时，带的有效拉力即带两边拉力差值也要相应增大。带的两边拉力的这种变化，实际上反映了带和带轮接触面上摩擦力的变化。

（2）弹性滑动与打滑。

① 弹性滑动。传动带在工作时，受到拉力的作用要产生弹性变形。由于紧边和松边所受到的拉力不同，其所产生的弹性变形也不同，如图 14-8 所示。当传动带绕过主动轮时，其所受的拉力由 F_1 减小至 F_2，传动带的变形程度也会逐渐减小。由于此弹性变形量的变化，造成皮带在传动中会沿轮面滑动，致使传动带的速度低于主动轮的速度（转速）。同样，当传动带绕过从动轮时，带上的拉力由 F_2 增加到 F_1，弹性变形量逐渐增大，使传动带沿着轮面也产生滑动，此时带的速度高于从动轮的速度。这种由于传动带的弹性变形而造成的滑动称作弹性滑动。

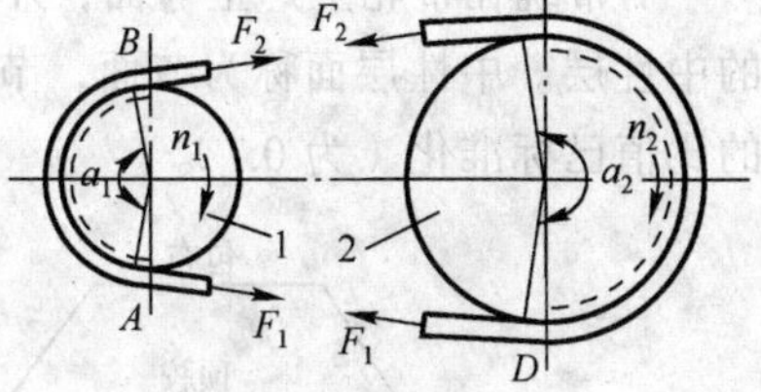

图 14-8　带的弹性滑动

弹性滑动将引起下列后果：从动轮的圆周速度低于主动轮；降低传动效率；引起带的磨损；发热使带温度升高。在带传动中，由于摩擦力使带的两边发生不同程度的拉伸变形，摩擦力是这类传动所必须的，所以弹性滑动也是不可避免的。

由于弹性滑动的影响，从动轮的圆周速度 v_2 低于主动轮的圆周速度 v_1，从而带传动的实际传动比：$i=\dfrac{n_1}{n_2}=\dfrac{d_2}{d_1}$，不能获得准确的传动比。

② 打滑。紧边拉力 F_1 和松边拉力 F_2 的大小，取决于初拉力 F_0 及有效圆周力 F_e；而 F_e 又取决于传递的功率 P 及带速 V。

显然，当其他条件不变且 F_0 一定时，这个摩擦力 F_f 不会无限增大，而有一个最大的极限值。如果所要传递的功率过大，使 $F_e>F_f$，带就会沿轮面出现显著的滑动现象。这种现象称为“打滑”，从而导致带传动不能正常工作。

打滑将造成带的严重磨损，带的运动处于不稳定状态，致使传动失效。

不能将弹性滑动和打滑混淆起来，打滑是由于过载所引起的带在带轮上的全面滑动，工作中应该避免。在传动突然超载时，打滑可以起到过载保护作用，避免其他零件发生损坏。

提高带传动的工作能力的措施：增大初拉力，摩擦系数和包角。

包角 α 是指带与带轮接触弧所对的圆心角。包角的大小，反映带与带轮轮圆表面间接触弧的长短。

包角越小，接触弧长越短，接触面间所产生的摩擦力总和也越小。为了提高平带传动的承载能力，包角就不能太小，一般要求小带轮上的包角 $\alpha_1 \geqslant 120°$。由于大带轮上的包角总是比小带轮上的包角大，因此只须验算小带轮上的包角是否满足要求即可。

二、V 带传动

V 带有普通 V 带、窄 V 带、宽 V 带、汽车 V 带、大楔角 V 带等。其中以普通 V 带和窄 V 带应用较广，本节主要讨论普通 V 带传动。

1. V 带的规格标准

标准 V 带都制成无接头的环形带，其横截面结构如图 14-9 所示。强力层的结构形式有帘布芯结构和绳芯结构。

V 带横截面呈梯形状，按截面尺寸由小到大分为 Y、Z、A、B、C、D、E 共七种型号，其截面尺寸已标准化，如图 14-10 所示。在同样的条件下，截面尺寸大则传递的功率就大。

V 带绕在带轮上产生弯曲，外层受拉伸变长，内层受压缩变短，两层之间存在一长度不变的中性层。中性层面称为节面，节面的宽度称为节宽 b_p。普通 V 带的截面高度 h 与其节宽 b_p 的比值已标准化（为 0.7）。

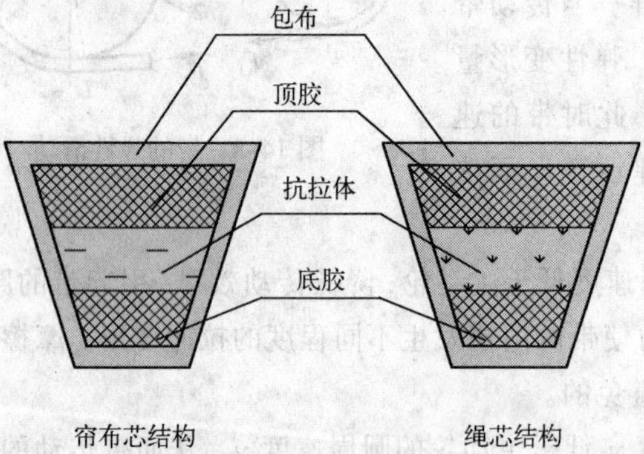

图 14-9　V 带的横截面结构

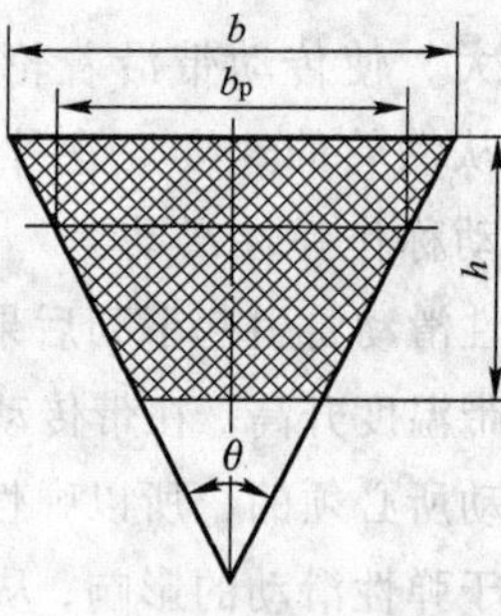

图 14-10　V 带的截面尺寸

V 带装在带轮上，与节宽 b_p 相对应的带轮直径称为基准直径，用 d_d 表示，基准直径系列如表 14-1 所示。每种型号的 V 带都有若干标准长度。通过节宽处量得的带长称为基准长度 L_d，并规定为标准长度。

表 14-1　带传动的张紧装置

型　号	Y	Z	A	B	C	D	E
最小基准直径 $d_{d\min}$	20	50	75	125	200	355	500
基准直径系列	20，22.4，25，28，31.5，35.5，40，45，50，56，63，71，75，80，90，95，100，106，112，118，125，132，140，150，160，170，180，200，212，224，236，250，265，280，300，315，355，375，400，425，450，475，500，530，560，600，630，710，750，800，850，900，950，1 000						

根据 V 带高与节宽之比的不同，分为普通 V 带和窄 V 带两种。普通 V 带高与节宽之比为 0.7，而窄 V 带高与节宽之比为 0.9。

2. V 带带轮

带轮由轮缘、腹板（轮辐）和轮毂三部分组成。轮缘是带轮的工作部分，制有梯形轮槽。轮毂是带轮与轴的连接部分，轮缘与轮毂则用腹板（轮辐）连接成一整体。V 带轮按腹板（轮辐）结构的不同分为以下几种型式，如图 14-11 所示。

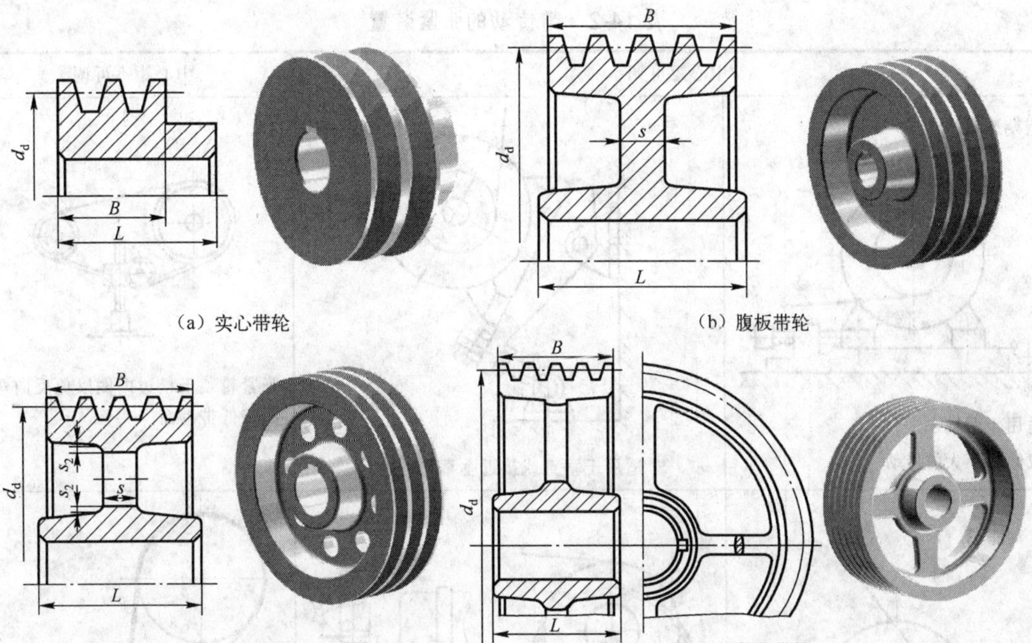

（a）实心带轮　（b）腹板带轮　（c）孔板带轮　（d）轮辐带轮

图 14–11　V 带带轮的型式

当带轮直径 $d_d<(2.5-3)d$ 时（d 为轴径），可采用实心式（见图 14–11（a））。当 $d_d<300$ mm 时，若 $d_2-d_1<100$ mm，采用腹板式（见图 14–11（b））；若 $d_2-d_1>100$ mm，采用孔板式（见图 14–11（c））。

当 $d_d>300$ mm 时，应采用椭圆轮辐式（见图 14–11（d））。各种型号 V 带轮的轮缘宽 B、轮毂孔径 d 和轮毂长 L 的尺寸，可查阅 GB/T 10412—2002。

【例 14–1】已知 A 型普通 V 带传动中，主动带轮的基准直径 d_1=100mm，从动带轮的基准直径 d_2=400mm，试计算传动比，并回答其小带轮上包角的取值范围。

解：根据

$$i=\frac{n_1}{n_2}=\frac{d_2}{d_1}=\frac{400}{100}=4$$

故传动比为 4，小带轮上包角 $\alpha\geqslant120°$ 。

3. V 带的标记

V 带的标记由带的型号、基准长度和标准编号等三部分组成。

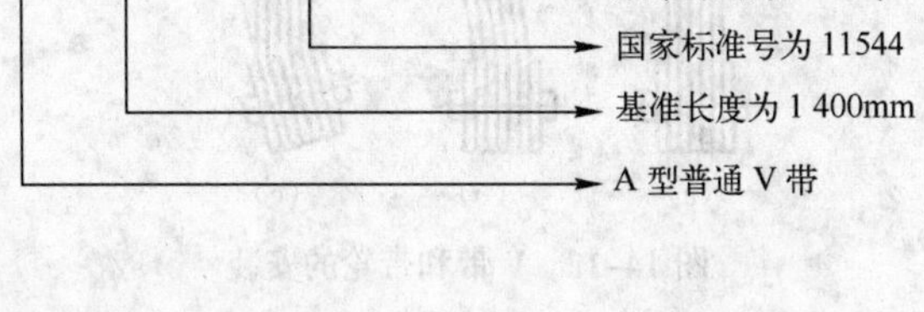

三、带传动的张紧

带传动不仅安装时必须把带张紧在带轮上，而且当带工作一段时间之后，因永久伸长而松弛时，还应将带重新张紧。张紧装置分定期张紧、自动张紧和张紧轮方式三类，如表 14–2 所示。

表 14-2　带传动的张紧装置

中心距可调		中心距不可调
定期张紧 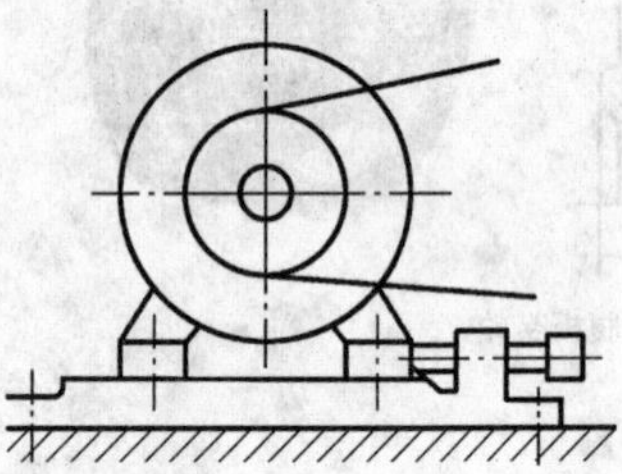 适用于两轴水平 或倾斜不大的传动	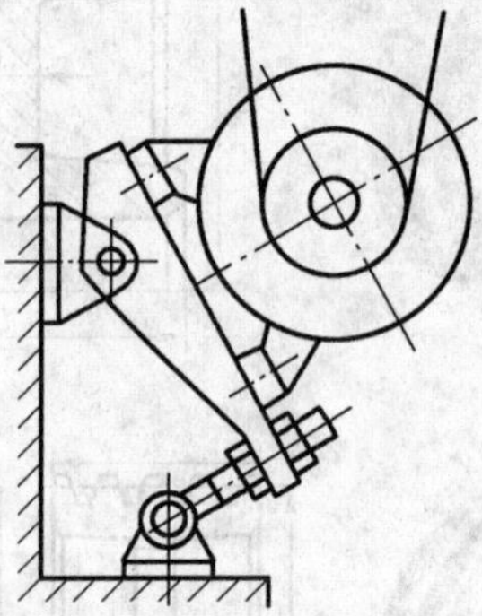 适用于垂直或接近垂直的传动	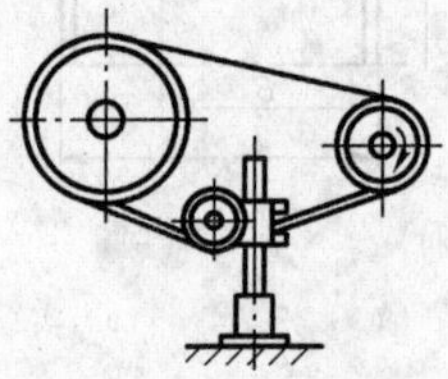 张紧轮装于松边内侧以免反向弯曲降低带寿命
自动张紧 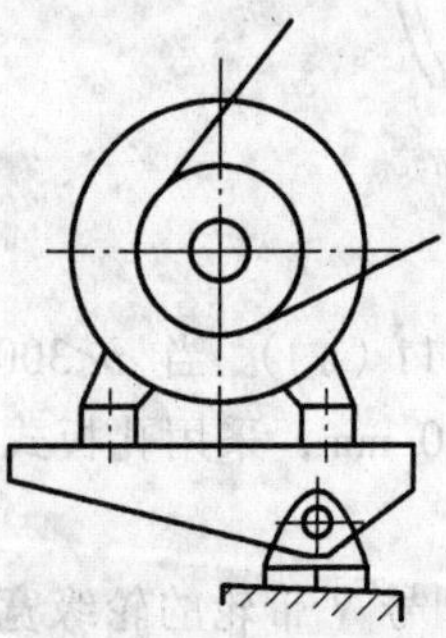 常用于中小功率传动	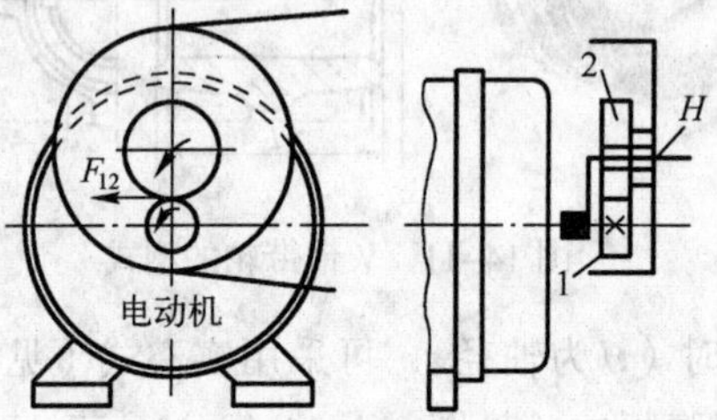 张紧力大小随传动功率成正比变化（带轮与齿轮 2 为一体，套在系杆 H 上，可绕电动机轴上齿轮 1 摆动，当传递功率增大时，Fa 增加，带张紧力加大）	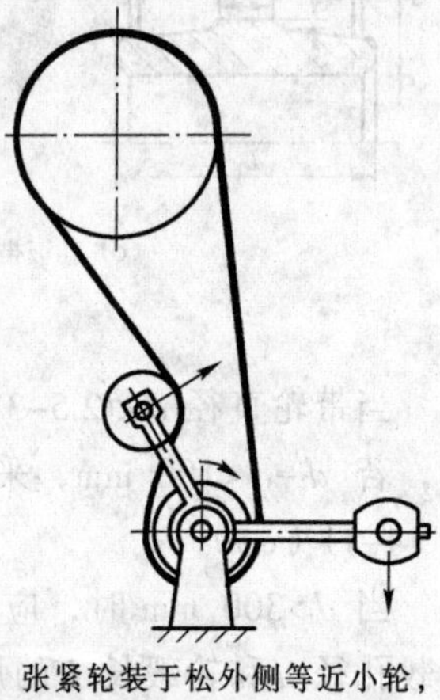 张紧轮装于松外侧等近小轮，以增大包角

四、V 带传动的安装与维护

1. 安装要求

两带轮轴线应相互平行，两轮相对应的 V 带型槽应对齐，其误差不得超过 20′，如图 14-12 所示。

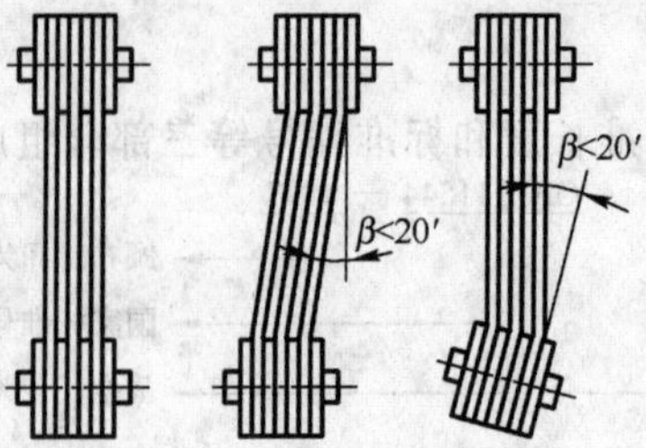

(a)　(b)　(c)

图 14-12　V 带和带轮的安装

（1）安装 V 带时，应先缩小中心距，将 V 带套入槽中后，再调整增大中心距并予以张紧，不应将带硬往带轮上撬，以免损坏带的工作表面和降低带的弹性。

（2）V带在轮槽中应有正确的位置，带的顶面应与带轮外缘平齐，底面与带轮槽底面间应有一定间隙，以保证带两侧工作面与轮槽全部贴合，如图 14-13 所示。

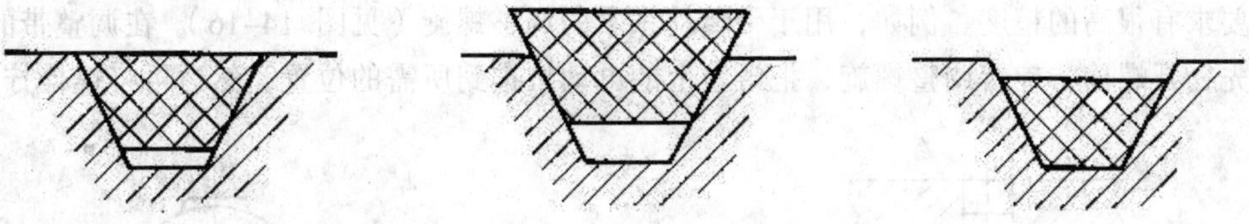

(a)　(b)　(c)

图 14-13　V 带在轮槽中的位置

（3）用多根 V 带传动时，为避免载荷分布不均，V 带的配组代号应相同，不同厂家生产的 V 带、新旧 V 带不能同组使用。

2. 维护要求

（1）为了便于带的装卸，带轮应布置在轴的外伸端；要加防护罩，以免发生意外事故；要保护工作环境，防止酸、碱、油等沾污传动带，防止日光暴晒。

（2）切忌在有易燃易爆气体的环境中（如煤矿井下）使用带传动，以免发生危险。

（3）定期检查，如有一根带松弛或损坏，应及时并全部更换新带。

任务 2　螺旋传动

一、螺旋传动的类型

螺旋传动是用螺杆和螺母传递运动和动力的机械传动，主要用于把旋转运动转换成直线运动，将转矩转换成推力。

与其他将回转运动转变为直线运动的传动装置（如曲柄滑块机构）相比，螺旋传动具有结构简单，工作连续、平稳，承载能力大，传动精度高等优点，因此广泛应用于各种机械和仪器中。它的缺点是摩擦损失大，传动效率较低；但滚动螺旋传动的应用，已使螺旋传动摩擦大、易磨损和效率低的缺点得到了很大程度的改善。

常用的螺旋传动有普通螺旋传动、差动螺旋传动和滚珠螺旋传动等。

螺旋按其用途，还可分为传动螺旋、传导螺旋和调整螺旋三种类型。

1. 传动螺旋

它以传递动力为主，要求用较小的转矩产生较大的轴向推力。一般为间歇工作，工作速度不高，而且通常要求自锁，如千斤顶（见图 14-14），搬动手柄对螺杆加一个转矩，则螺杆旋转并产生很大轴向力推力以举起重物。左右螺旋提升机构也是一个主要的应用。

图 14-14　千斤顶

2. 传导螺旋

它以传递运动为主，常要求具有高的运动精度。一般在较长时间内连续工作，工作速度也较高。例如，用于机床进给机构的传导螺旋（见图14-15），螺杆旋转，推动螺母连同滑板和刀架作直线运动。

3. 调整螺旋

它用以调整并固定零件或部件之间的相对位置。一般不在工作载荷作用下转动，要求能自锁，有时也要求有很高的精度。例如，用于带传动张紧的调整螺旋（见图 14-16）。在调整带的张紧力时，先松开螺栓，旋转调整螺旋，把滑轨上的电动机推到所需的位置，然后再将螺栓拧紧。

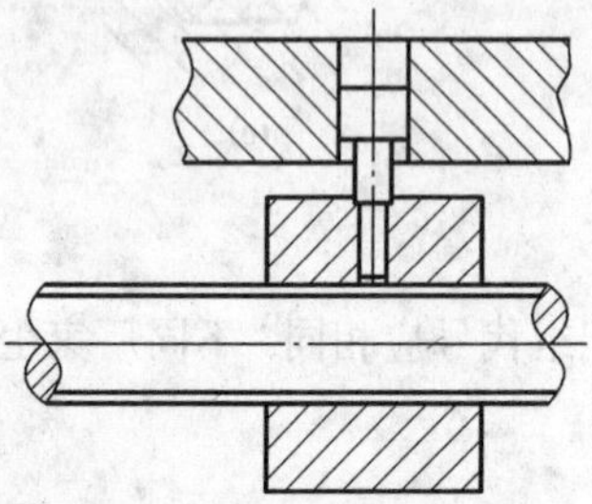

图 14-15　传导螺旋

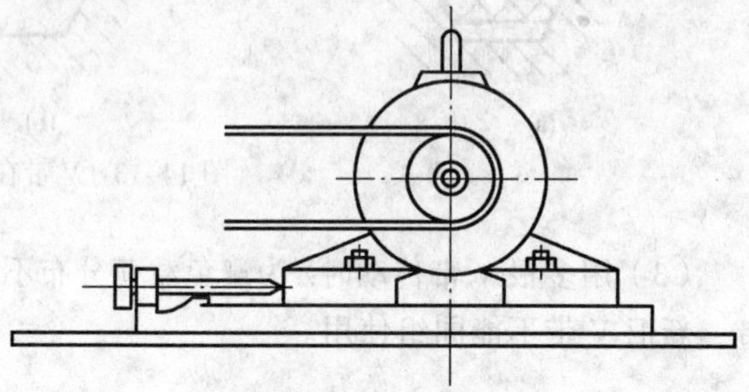

图 14-16　调整螺旋

二、普通螺旋传动

由构件螺杆和螺母组成的简单螺旋副实现的传动是普通螺旋传动。

1. 普通螺旋传动的应用形式

（1）螺母固定不动螺杆回转并作直线运动。图 14-17 所示为螺杆回转并作直线运动的台虎钳。与活动钳口 2 组成转动副的螺杆 1 以右旋单线螺纹与螺母 4 啮合组成螺旋副。螺母 4 与固定钳口 3 连接。当螺杆按图示方向相对螺母 4 作回转运动时，螺杆连同活动钳口向右作直线运动（简称右移），与固定钳口实现对工件的夹紧；当螺杆反向回转时，活动钳口随螺杆左移，松开工件。通过螺旋传动，完成夹紧与松开工件的要求。

该形式通常应用于螺旋压力机、千分尺等。

（2）螺杆固定不动螺母回转并作直线运动。图 14-18 所示为螺旋千斤顶中的一种结构形式，螺杆 4 连接于底座固定不动，转动手柄 3 使螺母 2 回转并作上升或下降的直线运动，从而举起或放下托盘 1。

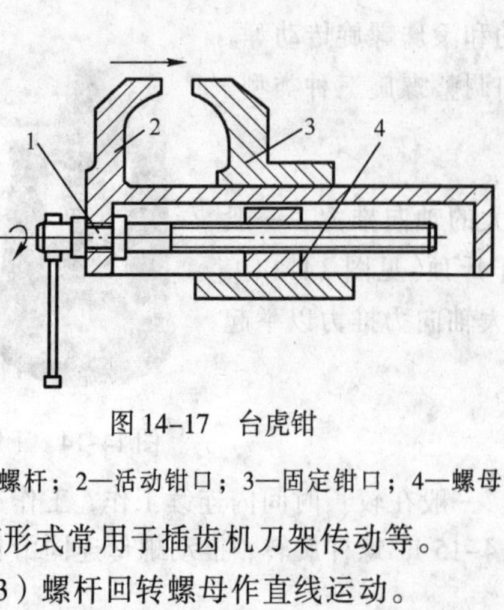

图 14-17　台虎钳

1—螺杆；2—活动钳口；3—固定钳口；4—螺母

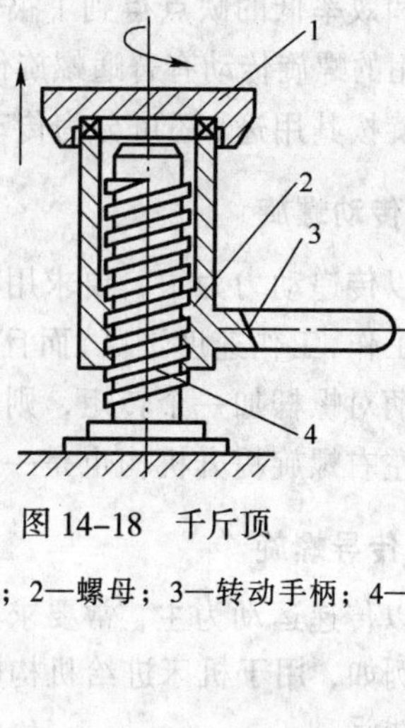

图 14-18　千斤顶

1—托盘；2—螺母；3—转动手柄；4—螺杆

该形式常用于插齿机刀架传动等。

（3）螺杆回转螺母作直线运动。

图 14-19 所示为螺杆回转、螺母作直线运动的传动结构图。螺杆 1 与机架 3 组成转动副，螺母 2 与螺杆以左旋螺纹啮合并与工作台 4 连接。当转动手轮使螺杆按图示方向回转时，螺母带动工作台沿机架的导轨向右作直线运动。

该形式应用较广，如机床的滑板移动机构等。

（4）螺母回转螺杆作直线运动。

图 14-20 所示为应力试验机上的观察镜螺旋调整装置。螺杆 2、螺母 3 为左旋螺旋副。当螺母按图示方向回转时，螺杆带动观察镜 1 向上移动；螺母反向回转时，螺杆连同观察镜向下移动。

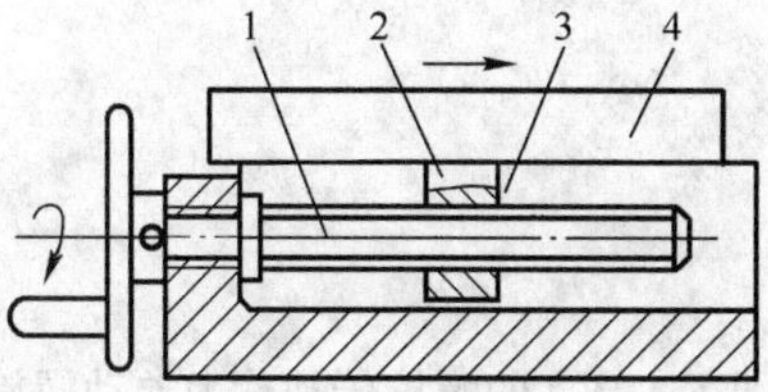

图 14-19　机床工作台移动机构

1—螺杆；2—螺母；3—杆架；4—工作台

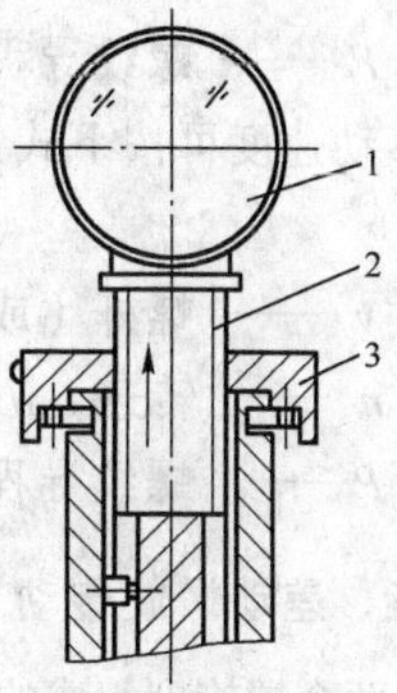

图 14-20　观察镜螺旋调整装置

1—观察镜；2—螺杆；3—螺母

2．直线运动方向的判定

普通螺旋传动时，从动件作直线运动的方向（移动方向）不仅与螺纹的回转方向有关，还与螺纹的旋向有关。正确判定螺杆或螺母的移动方向十分重要。判定方法如下：

（1）右旋螺纹用右手，左旋螺纹用左手。手握空拳，四指指向与螺杆（或螺母）回转方向相同，大拇指竖直。

（2）若螺杆（或螺母）回转并移动，螺母（或螺杆）不动，则大拇指指向即为螺杆（或螺母）的移动方向（见图 14-21）。

（3）若螺杆（或螺母）回转，螺母（或螺杆）移动，则大拇指指向的相反方向即为螺母（或螺杆）的移动方向（见图 14-21）。

图 14-22 所示为卧式车床的床鞍的丝杠螺母传动机构。丝杠为右旋螺杆，当丝杠如图 14-22 所示方向回转时，开合螺母带动床鞍向左移动。

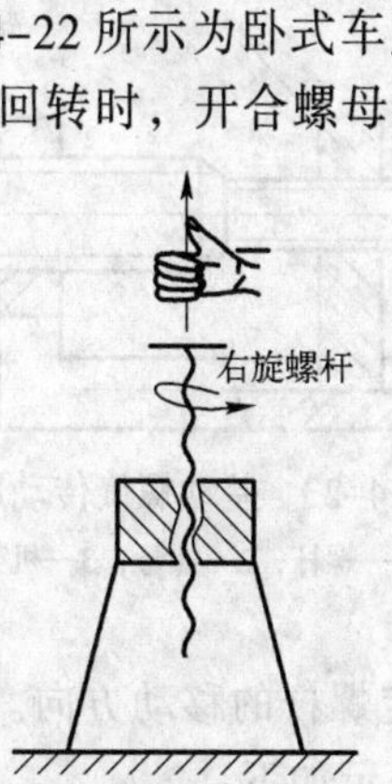

图 14-21　螺杆或螺母的移动方向判定

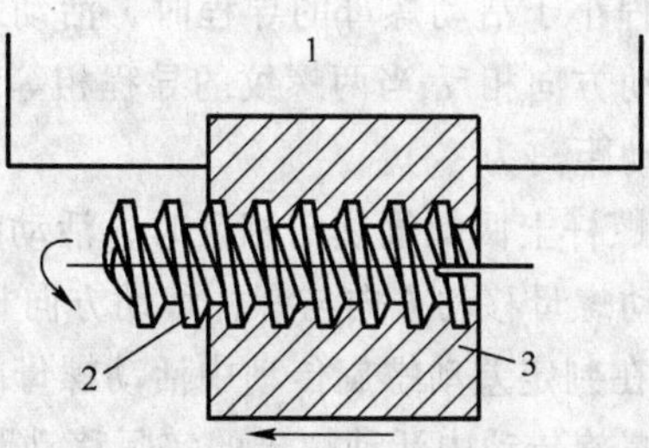

图 14-22　卧式车床的床鞍的丝杠螺母传动机构

3. 直线运动的距离

在普通螺旋传动中，螺杆（或螺母）的移动距离与螺纹的导程有关。螺杆相对螺母每回转一圈，螺杆（或螺母）移动一个等于导程的距离。

因此，移动距离等于回转圈数与导程的乘积，即

$$L=NP_h$$

式中 L —— 螺杆（或螺母）的移动距离，mm；

N —— 回转圈数；

P_h —— 螺纹导程，mm。

移动速度可按下式计算：

$$v = nP_h$$

式中 v —— 螺杆（或螺母）的移动速度，mm/min；

n —— 转速，r/min；

P —— 螺纹导程，mm。

三、差动螺旋传动

由两个螺旋副组成的使活动的螺母与螺杆产生差动（即不一致）的螺旋传动称为差动螺旋传动。

1. 差动螺旋传动原理

图 14–23 所示为一差动螺旋机构。螺杆 1 分别与活动螺母 2 和机架 3 组成两个螺旋副，机架上为固定螺母（不能移动），活动螺母不能回转而只能沿机架的导向槽移动。设机架和活动螺母的旋向同为右旋，当如图示方向回转螺杆时，螺杆相对机架向左移动，而活动螺母相对螺杆向右移动，这样活动螺母相对机架实现差动移动，

螺杆每转一转，活动螺母实际移动距离为两段螺纹导程之差。如果机架上螺母螺纹旋向仍为右旋，活动螺母的螺纹旋向为左旋，则如图示回转螺杆时，螺杆相对机架左移，活动螺母相对螺杆也左移，螺杆每转一转，活动螺母实际移动距离为两段螺纹的导程之和。

2. 差动螺旋传动的移动距离和方向的确定

由上面分析可知，在图 14–23 所示差动螺旋机构中：

（1）螺杆上两螺纹旋向相同时，活动螺母移动距离减小。当机架上固定螺母的导程大于活动螺母的导程时，活动螺母移动方向与螺杆移动方向相同；当机架上固定螺母的导程小于活动螺母的导程时，活动螺母移动方向与螺杆移动方向相反;当两螺纹的导程相等时，活动螺母不动（移动距离为零）。

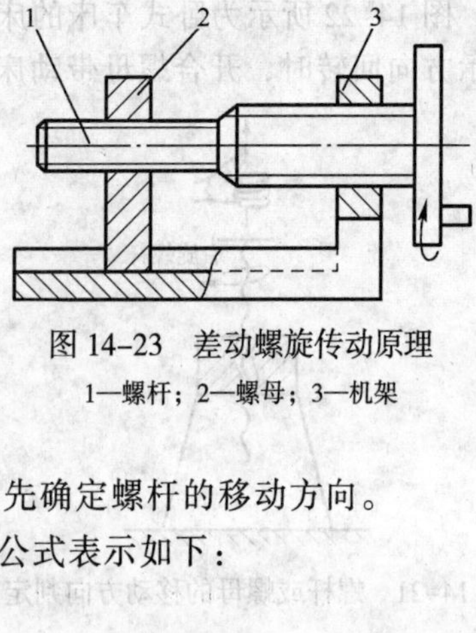

图 14–23　差动螺旋传动原理

1—螺杆；2—螺母；3—机架

（2）螺杆上两螺纹旋向相反时，活动螺母移动距离增大。活动螺母移动方向与螺杆移动方向相同。

（3）在判定差动螺旋传动中活动螺母的移动方向时，应先确定螺杆的移动方向。

差动螺旋传动中活动螺母的实际移动距离和方向，可用公式表示如下：

$$L = N(P_{h1} \pm P_{h2})$$

式中 L —— 活动螺母的实际移动距离，mm;

N —— 螺杆的回转圈数;

P_{h1} —— 机架上固定螺母的导程，mm;

P_{h2} —— 活动螺母的导程，mm。

当两螺纹旋向相反时，公式中用 + 号，当两螺纹旋向相同时，公式中用 − 号。

计算结果为正值时，活动螺母实际移动方向与螺杆移动方向相同，计算结果为负值时，活动螺母实际移动方向与螺杆移动方向相反。

【例 14-2】 在图 14-23 中，固定螺母的导程 P_{h1}=1.5mm，活动螺母的导程 P_{h2}=2mm，螺纹均为左旋。问当螺杆回转 0.5 转时，活动螺母的移动距离是多少?移动方向如何?

解：

（1）螺纹为左旋，用左手判定螺杆向右移动。

（2）因为两螺纹旋向相同，活动螺母移动距离：

$$L=N(P_{h1}-P_{h2})=0.5\times(1.5-2)=-0.25\text{mm}$$

（3）计算结果为负值，活动螺母移动方向与螺杆移动方向相反，即向左移动了 0.25mm。

差动螺旋传动机构可以产生极小的位移，而其螺纹的导程并不需要很小，加工较容易。所以差动螺旋传动机构常用于测微器、计算机、分度机及诸多精密切削机床、仪器和工具中。

四、滚珠螺旋传动

在普通的螺旋传动中，由于螺杆与螺母的牙侧表面之间的相对运动摩擦是滑动摩擦，因此，传动阻力大，摩擦损失严重，效率低。为了改善螺旋传动的功能，经常用滚珠螺旋传动新技术（见图 14-24），用滚动摩擦来替代滑动摩擦。

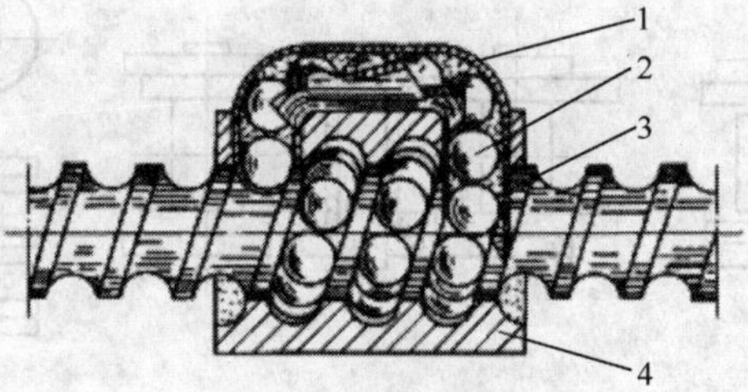

图 14-24　滚珠螺旋传动

1—滚珠循环装置；2—滚珠；3—螺杆；4—螺母

滚珠螺旋传动主要由滚珠 2、螺杆 3、螺母 4 及滚珠循环装置 1 组成。

其工作原理:

在螺杆和螺母的螺纹滚道中，装有一定数量的滚珠（钢球），当螺杆与螺母作相对螺旋运动时，滚珠在螺纹滚道内滚动，并通过滚珠循环装置的通道构成封闭循环，从而实现螺杆与螺母间的滚动摩擦。

滚珠螺旋传动具有滚动摩擦阻力很小、摩擦损失小、传动效率高、传动时运动稳定、动作灵敏等优点。但其结构复杂，外形尺寸较大，制造技术要求高，因此成本也较高。目前主要应用于精密传动的数控机床（滚珠丝杠传动），以及自动控制装置、升降机构和精密测量仪器等。

任务3 链 传 动

一、链传动的特点和应用

对于链传动，同学们可能更加熟悉，例如自行车上的链条传动。十分明显，它是由主、从动链轮和链条组成，通过链条的链节与轮齿的啮合来传递运动和动力，如图 14–25 所示。由于链传动能够在较大的轴距间进行传动，结构简单、耐用、易维护等优点，在工程中得到广泛的应用。

与带传动相比：它没有弹性滑动和打滑现象，能保证准确传动比；张力小；结构紧凑。

与齿轮传动相比则效率低。

缺点：只能用于平行轴之间同向回转的传动；由于链节是刚性的，所以其瞬时传动比不恒定，工作时噪声大，不宜用于载荷变化大或急速反转的场合。

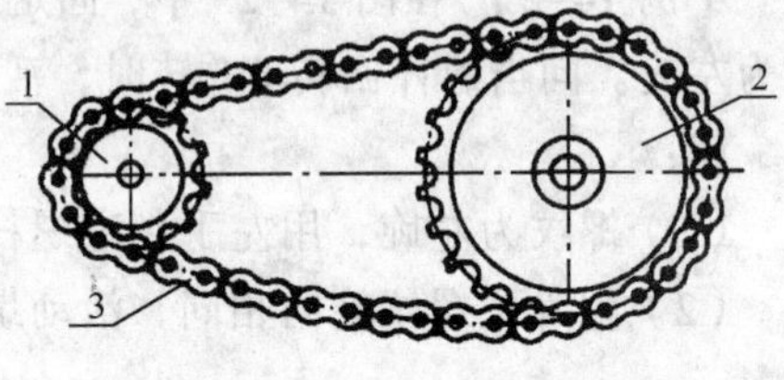

图 14–25 链传动

1—主动链轮；2—从动链轮；3—链条

对于链传动，一般要求工作在：

机械效率 $P \leqslant 100$kw，链速 $v \leqslant 15$m/s，传动比 $i \leqslant 8$，中心距 $a \leqslant 5 \sim 6$m。

主要用于要求平均传动比准确，两轴间距离相距较远、工作条件恶劣，不宜用皮带传动和齿轮传动的场合。

二、传动链的类型

链传动的种类有多种，按照链条可以分为滚子链、套筒链、板式链以及齿形链传动等，如图 14–26 所示。

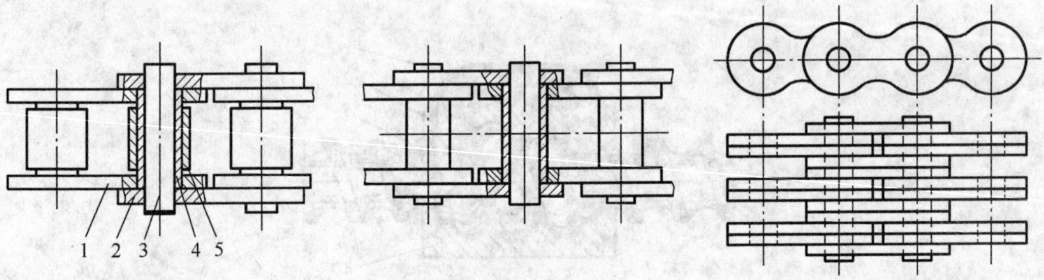

(a) 滚子链　(b) 套筒链　(c) 板式链

图 14–26 链传动的类型

一般机械传动常用的传动链主要为 GB 1234.1—1983 规定的“传动用短节距精密滚子链”（简称滚子链）和 GB/T 10855—2003 规定的“传动用齿形链及链轮”。

齿形链（见图 14–27）又称无声链，运转平稳、振动和噪声小、工作速度高，抗冲击性能好。但结构复杂，价格高。下面主要介绍滚子链。

三、滚子链的结构和规格

滚子链是一种标准件，其各尺寸、结构如图 14–28 所示。由滚子 1、套筒 2、销轴 3、内链板 4 和外链板 5 组成。2、4 为过盈配合；3、5 两端铆接；1、2 和 2、3 之间为间隙配合。链与链轮啮合时，滚子链和链轮之间为滚动摩擦。

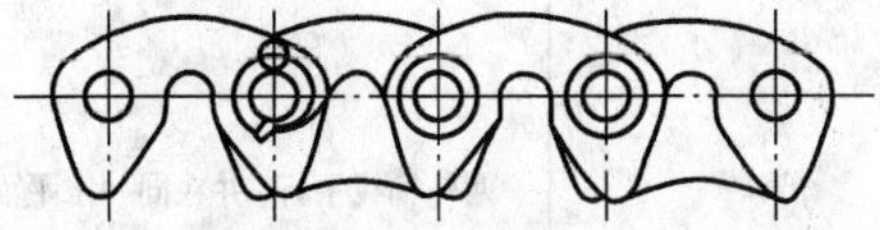

图 14-27 齿形链

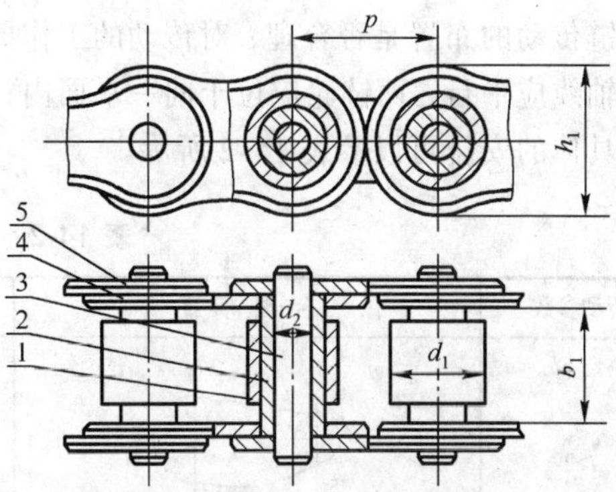

图 14-28 滚子链的结构

各元件材料均由碳钢或合金钢制成,并经适当的热处理以提高强度和耐磨性。

滚子链有单排链、双排链和多排链。由于精度的原因，链排数不宜过多。多排链的承载能力与排数大致成正比；传动功率较大时，使用多排链。

4、5 件制成“8”字形，目的为：

（1）使各横截面抗拉强度接近。

（2）减小质量。

把一根以上的单列链并列、用长销轴连接起来的链称为多排链，图 14-29 所示为双排链。链的排数愈多，承载能力愈高，但链的制造与安装精度要求也愈高，且愈难使各排链受力均匀，将大大降低多排链的使用寿命，故排数不宜超过四排。当传动功率较大时，可采用两根或两根以上的双排链或三排链。

为了形成链节首尾相接的环形链条，要用接头加以连接。链的接头形式如图14-30所示。当链节数为偶数时采用连接链节（见图14-30（a）、（b）），其形状与链节相同，接头处用钢丝锁销或弹簧卡片等止锁件将销轴与连接链板固定；当链节数为奇数时，则必须加一个过渡链节（见图14-30（c））。过渡链节的链板在工作时受有附加弯矩，故应尽量避免采用奇数链节。

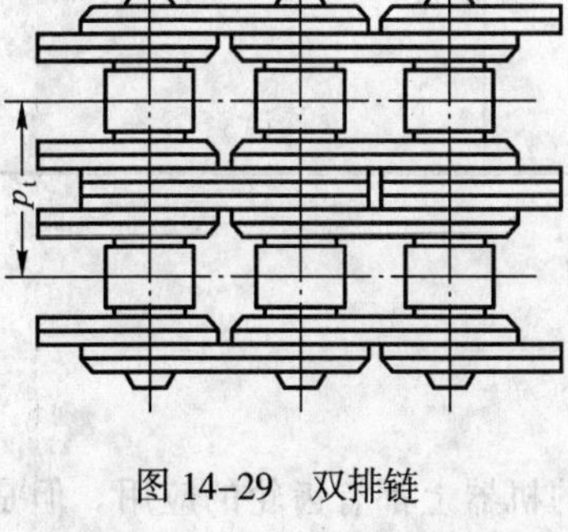

图 14-29 双排链

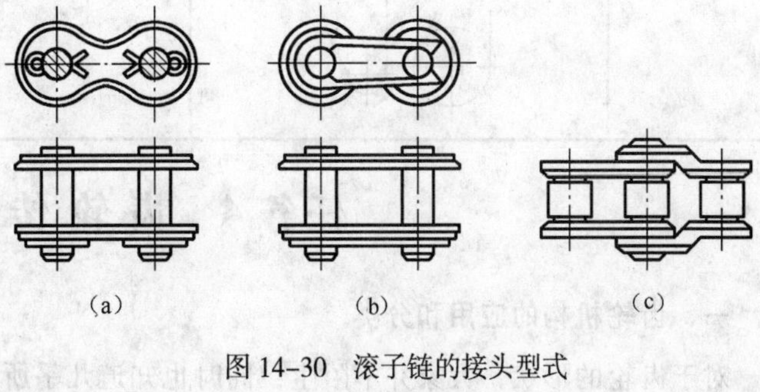

图 14-30 滚子链的接头型式

链条相邻两销轴中心的距离称为链节距，用 p 表示，它是链传动的主要参数。

滚子链已标准化，分为 A、B 两种系列。A 系列用于重载、高速或重要传动；B 系列用于一般传动。

四、链传动的布置

链传动的布置是否合理，对传动的工作能力及使用寿命都有较大的影响。布置时，链传动的两轴线应平行，两链轮应位于同一平面内；一般宜采用水平或接近水平的布置，并使松边在下。具体的安排可以参表 14–2 所示。

表 14-2　链传动的布置

传动参数	合理布置	不合理布置	说　明
$i>2$ $a=(30\sim50)p$	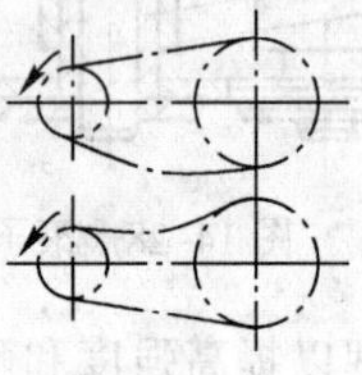		两轮轴线平行，并在同一水平面内，紧边在上、在下均不影响工作
$i>2$ $a<30p$	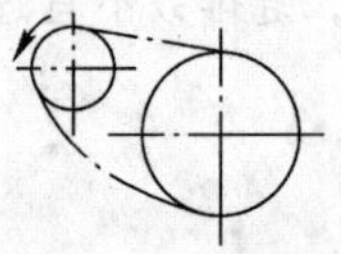	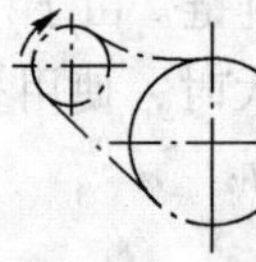	两轮轴线平行而不在同一水平面，松边应在下面，否则松边下垂量增大后，链条易与链轮卡死
$i<1.5$ $a>60p$	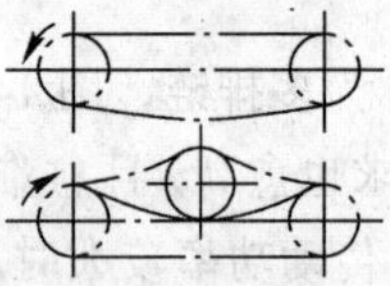	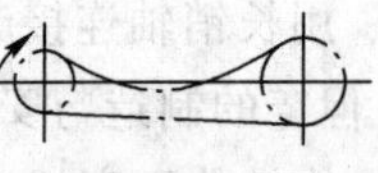	两轮轴线平行，并在同一水平面内，松边应在下面，否则下垂量增大后，松边会与紧边相碰，需经常调整中心距
i、a 为任意值	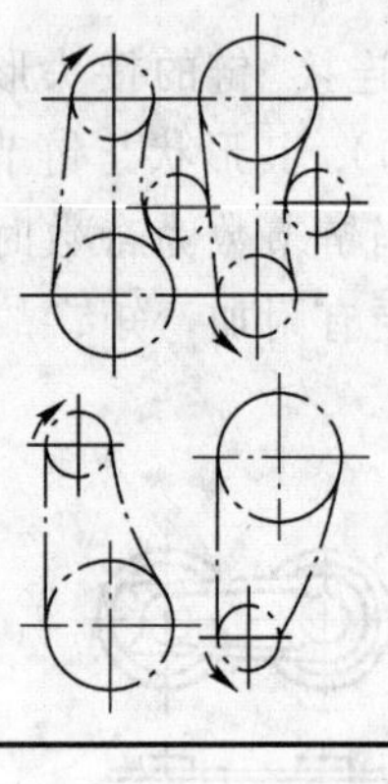	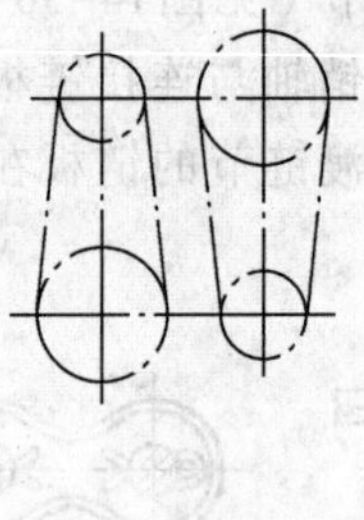	两轮轴线平行，并在同一铅垂面内，下垂量增大时会减少下链轮有效啮合齿数并降低传动能力，为此应采用：①中心距可调；②张紧装置；③上、下两轮偏置，使其轴线不在同一铅垂面内

任务 4　齿 轮 传 动

一、齿轮机构的应用和分类

对于齿轮的形状，大家并不陌生，同时也知道几乎所有的机器上都有齿轮的应用。但是，对于各种各样的齿轮各有什么特点，为什么应用这么广泛，如何才能对其进行科学的分类等，我们也许不太清楚，或者说不能用科学的语言对其进行描述。那么这一节中我们就要来了解这些内容，这些内容也是我们对齿轮进行进一步讨论所必须的。

齿轮机构是历史上应用最早的传动机构之一，被广泛地应用于传递空间任意两轴间的运动和动力。它与其他机械传动相比，具有传递功率大、效率高、传动比准确、使用寿命长、工作安全可靠等特点。但是要求有较高的制造和安装精度，成本较高；不宜在两轴中心距很大的场合使用。

在所有众多的齿轮机构中，直齿圆柱齿轮机构是最基本、也是最常用的一种，所以本任务中我们以直齿圆柱齿轮作为研究的重点。

齿轮传动类型很多，有不同的分类方法。

按照齿轮副中两轴的相对位置、齿轮传动可以分为平行轴齿轮传动、相交轴齿轮传动和交错轴齿轮传动三类（按照传递运动和力的方向可以分为平面齿轮机构和空间齿轮机构，也就是按照主、从动轮轴线是否平行的划分方法）。

在定传动比传动的齿轮机构中，齿轮都是圆柱形或圆锥形的，所以我们把这类齿轮机构又称为圆形齿轮机构，如图 14-31 所示。

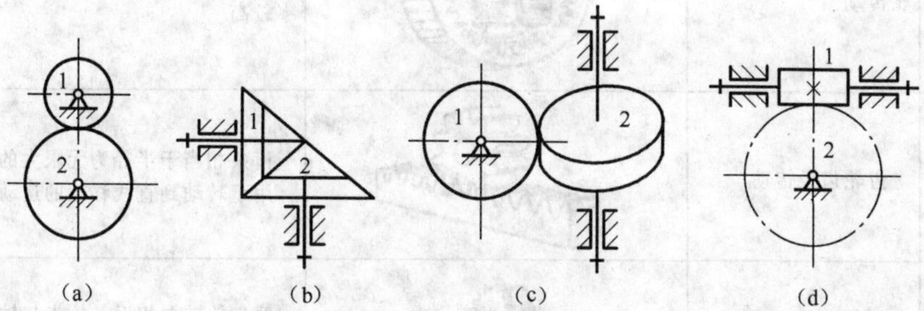

图 14-31　圆形齿轮机构

在定传动比齿轮机构中，根据啮合方式的不同有多种类型的齿轮机构，如外啮合直齿、斜齿，内啮合直齿、斜齿，曲齿啮合，齿条等，如图 14-32 所示。

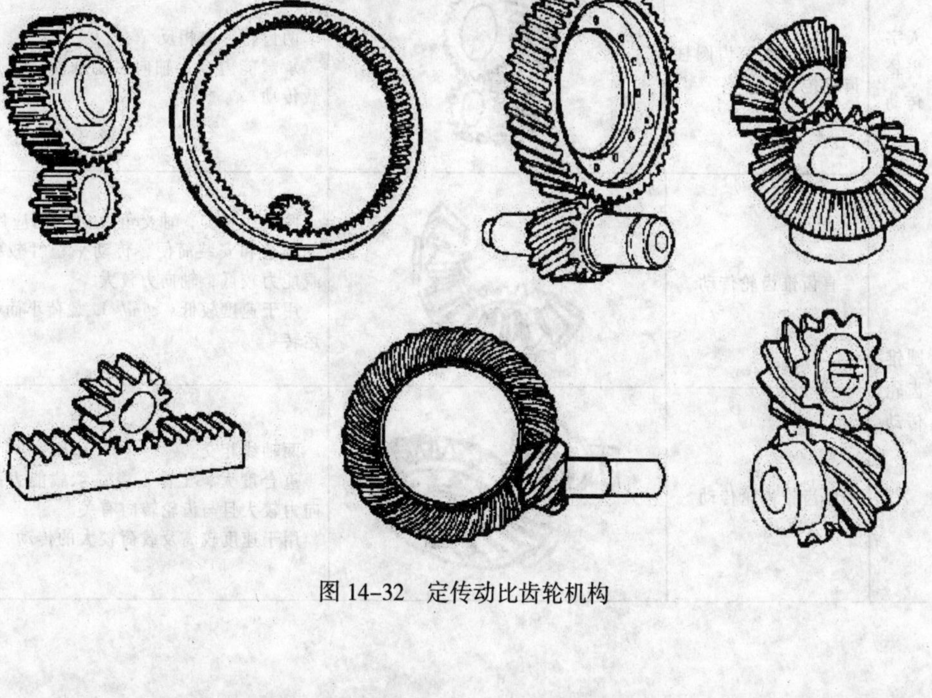

图 14-32　定传动比齿轮机构

齿轮传动的主要类型、特点和应用如表 14-3 所示。

表 14-3 齿轮传动的类型、特点和应用

分类		名称	示意图	特点和应用
平行轴齿轮传动	直齿圆柱齿轮传动	外啮合直齿圆柱齿轮传动	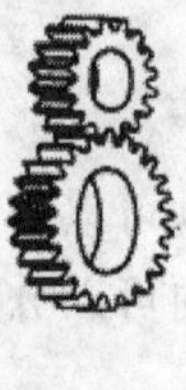	两齿轮转向相反，轮齿与轴线平行，工作时无轴向力 重合度较小，传动平稳性较差，承载能力较低 多用于速度较低的传动，尤其适用于变速箱的换挡齿轮
		内啮合直齿圆柱齿轮传动	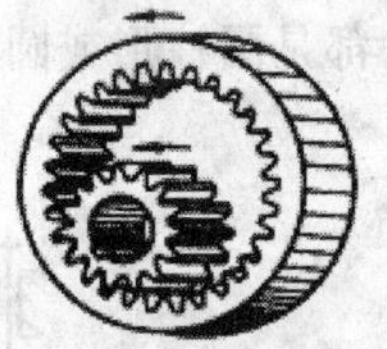	两齿轮转向相同 重合度大，轴向距离小，结构紧凑，效率较高
		齿轮齿条传动		齿条相当于半径为无限大的齿轮 用于转动到直线移动的运动变换
	斜齿轮传动	外啮合斜齿圆柱齿轮传动	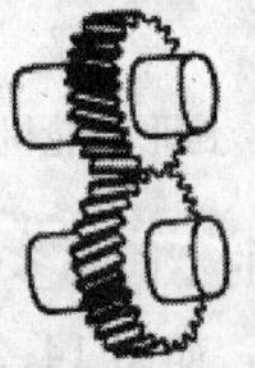	两齿轮转向相反，轮齿与轴线成一夹角，工作时存在轴向力，所需支承较复杂 重合度较大，传动较平稳，承载能力较高 适用于速度较高，载荷较大或要求结构紧凑的场合
	人字齿轮传动	外啮合人字齿圆柱齿轮传动	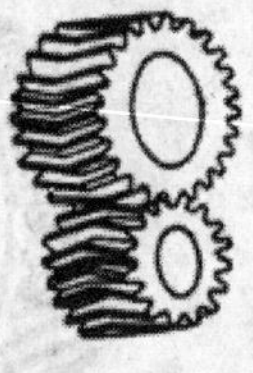	两齿轮转向相反 承载能力高，轴向力能抵消，多用于重载传动
相交轴齿轮传动	圆锥齿轮传动	直齿锥齿轮传动	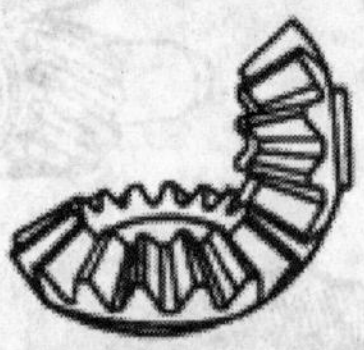	两轴线相交，轴交角为 90° 的应用较广 制造和安装简便，传动平稳性较差，承载能力较低，轴向力较大 用于速度较低（<5m/s），载荷小而稳定的运转
		曲齿锥齿轮传动		两轴线相交 重合度大，工作平稳，承载能力高，轴向力较大且与齿轮转向有关 用于速度较高及载荷较大的传动

续表

分　类	名　称	示　意　图	特点和应用
交错轴齿轮传动	螺旋齿轮传动	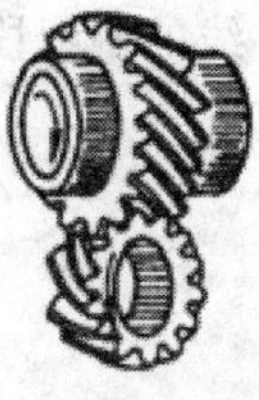	两轴线交错 两齿轮点接触，传动效率低 适用于载荷小，速度较低的传动
	蜗杆传动	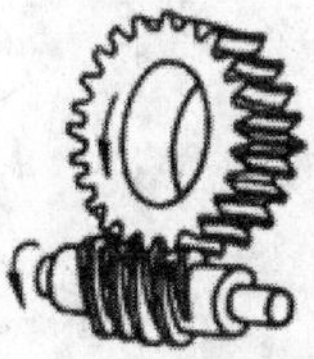	两轴线交错，一般成 90° 传动比较大，一般 i=10～80 结构紧凑，传动平稳，噪声和振动小，传动效率低，易发热

由于渐开线圆柱齿轮传动的应用十分广泛，同时又是讨论其他类型齿轮传动的基础，所以我们在本任务主要讨论这类齿轮传动。

齿轮传动是靠主、从动轮的轮齿依次啮合来传递连续回转运动和动力的。因此，为了使传递的回转运动每一瞬时都保持稳定不变的速比，避免产生震动和冲击；并能够传递一定的动力（功率），使轮齿承受一定大小的力，特对齿轮传动提出了以下的要求：

（1）传动平稳、可靠，能保证实现瞬时角速比（传动比）恒定；即对不同用途的齿轮，要求不同程度的工作平稳性指标，使齿轮传动中产生的振动、噪声在允许的范围内，保证机器的正常工作。

（2）有足够的承载能力。即要求齿轮尺寸小、重量轻，能传递较大的力，有较长的使用寿命。也就是在工作过程中不折齿、齿面不点蚀，不产生严重磨损而失效。

二、直齿圆柱齿轮传动原理

1. 渐开线的形成

如图 14–33 所示，当直线 BC 沿一圆周作纯滚动时，直线上任意点 I 的轨迹 AI，称为该圆的渐开线。这个圆称为渐开线的基圆，其半径用 r_b 表示。直线 NI 称为渐开线的发生线。角 θ_i 称为渐开线 NI 段的展角。

2. 齿廓啮合

一个齿轮的最关键部位是其轮廓的齿廓曲线，这是因为一对齿轮之间是依靠主动轮轮齿的齿廓推动从动轮轮齿的齿廓来实现的。这样一对互相啮合的、能实现预定传动比的齿廓就称为共轭齿廓。因此，实际应用中的任何一对齿轮机构中，互相啮合的齿廓都是共轭齿廓。那么，齿轮的齿廓曲线究竟与一对齿轮的传动比有什么关系呢？

如图 14–34 所示为一对互相啮合的齿轮，主动轮 1 以角速度 ω_1 转动并推动从动轮 2 以角速度 ω_2 反向回转，O_1、O_2 分别为两轮的回转中心。故两齿轮的传动比为：

$$i_{12}=\frac{\omega_1}{\omega_2}=\frac{O_1P}{O_2P}$$

由此，我们可以得到齿廓啮合基本定理：任意一瞬时相互啮合传动的一对齿轮，其传动比与两啮合齿轮齿廓接触点公法线分两轮连心线的两线段长成正比，过 K 点的公法线必同时与两基圆相切。

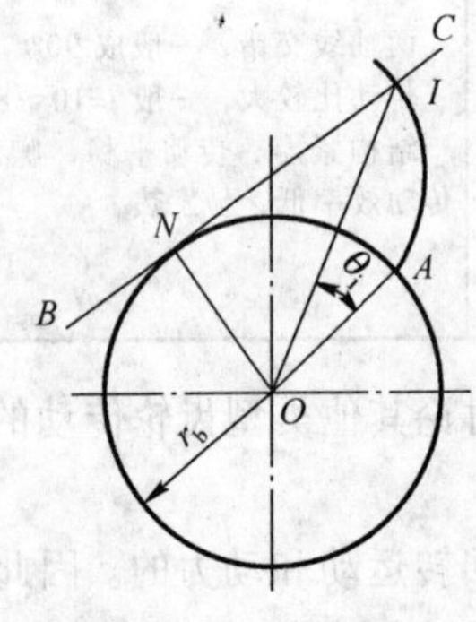

图 14-33 渐开线的形成

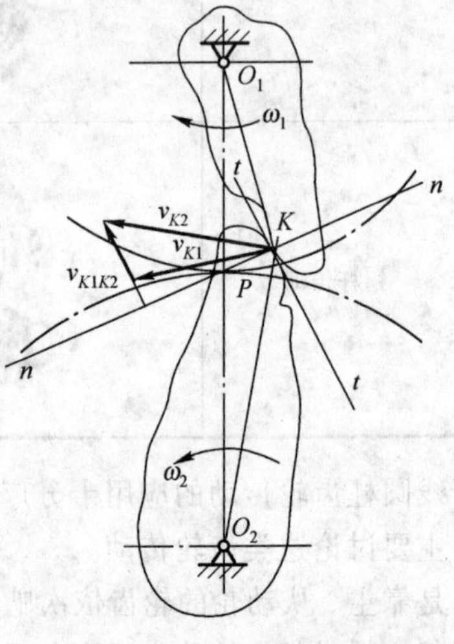

图 14-34 齿廓啮合基本定理

由于用渐开线作为齿廓曲线，不但传动性良好、容易制造，而且便于设计、制造、测量和安装，具有良好的互换性。所以，目前绝大多数齿轮都采用渐开线作齿廓曲线。

三、标准直齿圆柱齿轮的基本参数和几何尺寸

1．标准直齿圆柱齿轮的各部分名称

图 14-35 所示为一直齿圆柱齿轮的局部图，各部分的名称如下：

（1）齿顶圆：过齿轮齿顶所作的圆称为齿顶圆，其直径用 d_a 表示（半径用 r_a 表示）。

（2）齿根圆：过齿轮齿根所作的圆称为齿根圆，其直径用 d_f 表示（半径用 r_f 表示）。

（3）基圆：发生渐开线齿廓的圆称为基圆，直径用 d_b 表示（半径用 r_b 表示）。

（4）分度圆：对标准齿轮来说，齿厚与齿槽宽相等的圆称为分度圆，其直径用 d 表示（半径用 r 表示）。分度圆上的齿厚和齿槽宽分别用 s 和 e 表示，所以 $s=e$。分度圆是设计和制造齿轮的基准圆。

（5）齿厚：在任意圆周上轮齿两侧间的弧长称为齿厚，用 s 表示。

（6）齿槽宽：在任意圆周上相邻两齿反向齿廓之间的弧长称为齿槽宽，用 e 表示。

（7）齿距：相邻两齿在任意圆周上同侧齿廓对应点间的弧长称为齿距，用 p 表示。

（8）齿顶高：从分度圆到齿顶圆的径向距离称为齿顶高，用 h_a 表示。

（9）齿根高：从分度圆到齿根圆的径向距离称为齿根高，用 h_f 表示。

（10）全齿高：从齿顶圆到齿根圆的径向距离称为全齿高，用 h 表示，$h=h_a+h_f$

（11）齿宽：沿齿轮轴线量得齿轮的宽度称为齿宽，用 B 表示。

（12）齿顶隙：当齿轮啮合时，一个齿轮的齿顶圆与配对齿轮的齿根圆之间的径向距离称为齿顶间隙，用 c 表示。它可避免一个齿轮的齿顶与另一齿轮的齿根相碰并能储存润滑油，有利于齿轮传动装配和润滑。

2．标准直齿圆柱齿轮的基本参数

决定齿轮尺寸和齿形的基本参数有五个，即齿轮的模数 m，压力角 a，齿数 z，齿顶高系数 h^*_a 及顶隙系数 c^*，除齿数 z 外均已标准化。

⑴ 模数 m 分度圆直径 d 与齿数 z 及齿距 p 有如下关系：

$$\pi d = zp\text{，即 } d = \frac{p}{\pi}z$$

式中包含无理数，使计算分度圆直径很不方便，因而规定比值 $\frac{p}{\pi}$ 为标准值（见表 14-4），称为模数，用 m 表示，即

$$d = \frac{p}{\pi}z = mz$$

模数是齿轮几何尺寸计算的重要参数。由上式可知，当齿数相同时，模数愈大，齿轮直径愈大，因而承载能力愈高。模数和轮齿形状的关系如图 14-36 所示。

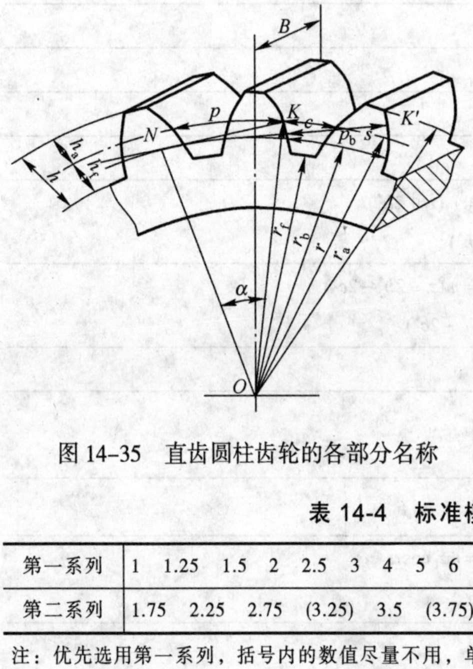

图 14-35　直齿圆柱齿轮的各部分名称

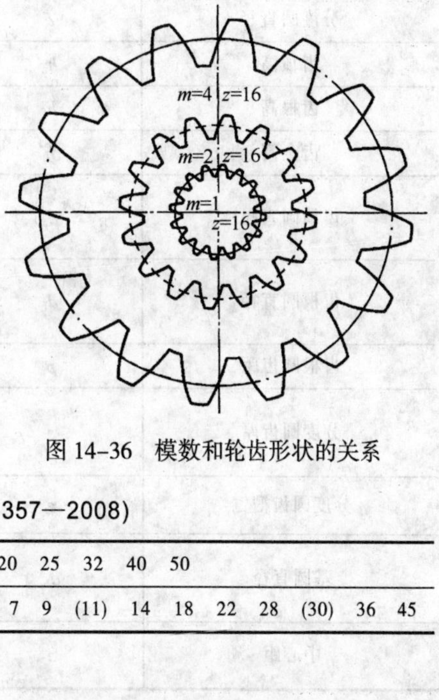

图 14-36　模数和轮齿形状的关系

表 14-4　标准模数系列(GB/T 1357—2008)

第一系列	1　1.25　1.5　2　2.5　3　4　5　6　8　10　12　16　20　25　32　40　50
第二系列	1.75　2.25　2.75　(3.25)　3.5　(3.75)　4.5　5.5　(6.5)　7　9　(11)　14　18　22　28　(30)　36　45

注：优先选用第一系列，括号内的数值尽量不用，单位是 mm。

（2）压力角 α

通常将分度圆上的压力角简称为压力角，用 α 表示，如图 14-37 所示。国家标准中规定分度圆上的压力角为标准值 $\alpha=20°$ 。

（3）齿顶高系数 h_a^* 和顶隙系数 c^* 齿轮各部分尺寸均以模数作为计算基础，因此，标准齿轮的齿顶高和齿根高可表示为：

$h_a = h_a^* m$ 和 $h_f = (h_a^* + C^*)m$

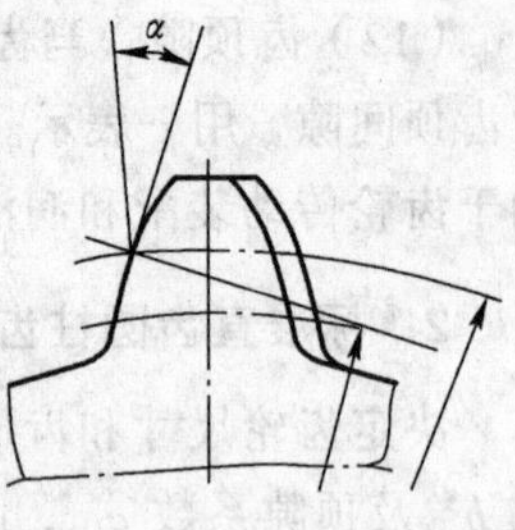

图 14-37 压力角

对于圆柱齿轮，我国标准规定

正常齿时

$$h_a^* = 1,\ c^* = 0.25$$

短齿时

$$h_a^* = 0.8,\ c^* = 0.3$$

知道了以上这些参数，齿轮的各部分尺寸就可以计算了。

3．标准直齿圆柱齿轮的几何尺寸计算

所谓的标准齿轮是指分度圆上的齿厚 s 等于齿槽宽 e，并且 m、α、h^*_a、c^* 为标准值的齿轮。为了便于设计计算，现将标准直齿圆柱齿轮的几何尺寸计算公式列如表 14-5 所示。

表 14-5 标准直齿圆柱齿轮的几何尺寸

名 称	符 号	公式与说明
齿数	z	根据工作要求确定
模数	m	由齿轮的承载能力确定
压力角	a	$\alpha = 20°$
分度圆直径	d	$d_1 = mz_1$；$d_2 = mz_2$
齿顶高	h_a	$h_a = h_a^* m$
齿根高	h_f	$h_f = (h_a^* + c^*)m$
齿全高	h	$h = h_a + h_f$
齿顶圆直径	d_a	$d_{a1} = d_1 + 2h_a = m(z_1 + 2h_a^*)$ $d_{a2} = m(z_2 + 2h_a^*)$
齿根圆直径	d_f	$d_{f1} = d_1 - 2h_f = m(z_1 - 2h_a^* - 2c^*)$ $d_{f2} = m(z_2 - 2h_a^* - 2c^*)$
齿根圆齿距	p	$p = \pi m$
分度圆齿厚	s	$s = \frac{1}{2}\pi m$
分度圆齿槽宽	e	$e = \frac{1}{2}\pi m$
基圆直径	d_b	$d_{b1} = d_1 \cos\alpha = mz_1 \cos\alpha$ $d_{b2} = mz_2 \cos\alpha$
中心距	a	$a = \frac{m(z_1 + z_2)}{2}$

【例 14-3】 一正常齿制标准直齿圆柱齿轮，因轮齿损坏需要更换，现测得齿顶圆直径为 71.95mm，齿数为 22，试求该齿轮的分度圆直径 d。

解：

查表 14-5 有 $da = (z + 2ha^*)m$

对于正常齿，$ha^* = 1.0$，$C^* = 0.25$

则 $m=d_a/(z+2h_a^*)=71.95/(22+2)\approx2.998$mm

由表 14-4 查得标准模数，该齿轮的模数应为 m=3mm

查表 14-5 有 $d=mz=3\times22=66$mm

四、标准直齿圆柱齿轮正确啮合条件

一对齿轮能连续顺利地传动，需要各对轮齿依次正确啮合互不干涉。为保证传动时不出现因两齿廓局部重叠或侧隙过大而引起的卡死或冲击现象，必须使两轮的基圆齿距相等，由此可得标准直齿圆柱齿轮正确啮合条件如下：

（1）两齿轮的模数必须相等，即 $m_1=m_2$。

（2）两齿轮分度圆上的压力角必须相等，即 $\alpha_1=\alpha_2$。

五、齿轮轮齿的失效形式

齿轮在传动过程中会发生轮齿折断、齿面损坏等现象，从而失去其正常工作的能力，这种现象称为齿轮轮齿的失效。它与齿轮传动类型、工作状态、材料性质、加工精度等有关。齿轮轮齿常见的失效形式如表 14-6 所示。

表 14-6　齿轮轮齿常见的失效形式

失效形式	后　果	工作环境	产生失效的原因	防止失效的措施
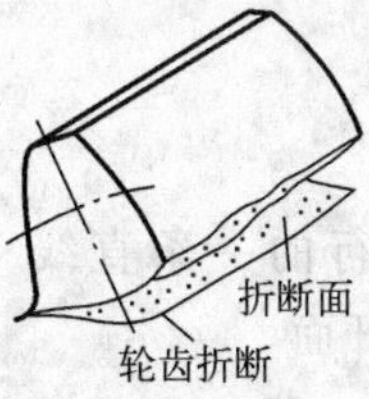	轮齿折断后无法工作	开式、闭式传动中均可能发生	在载荷反复作用下，齿根弯曲应力超过允许限度时发生疲劳折断；用脆性材料制成的齿轮，因短时过载、冲击发生突然折断	限制齿根危险截面上的弯曲应力；选用合适的齿轮参数和几何尺寸；降低齿根处的应力集中；强化处理和良好的热处理工艺
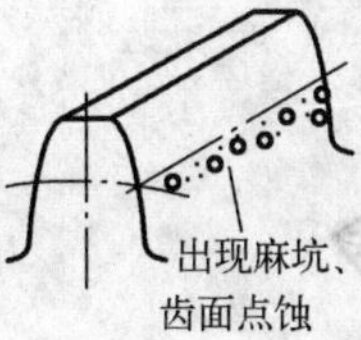	齿廓失去准确形状，传动不平稳，噪声、冲击增大或无法工作	闭式传动	在载荷反复作用下，轮齿表面接触应用超过允许限度时，发生疲劳点蚀	限制齿面的接触应力；提高齿面硬度、降低齿面的表面粗糙度值；采用黏度高的润滑油及适宜的添加剂
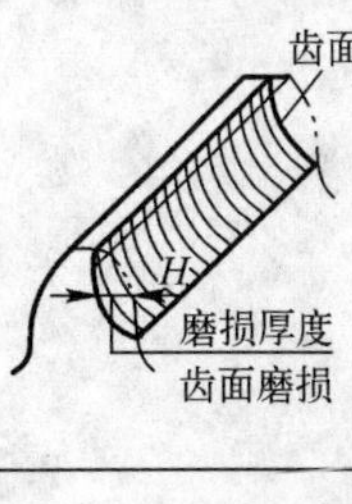		主要发生在开式传动中，润滑油不洁的闭式传动中也可能发生	灰尘、金属屑等杂物进入啮合区	注意润滑油的清洁；提高润滑油黏度，加入适宜的添加剂；选用合适的齿轮参数及几何尺寸、材质、精度和表面粗糙度；开式传动选用适当防护装置
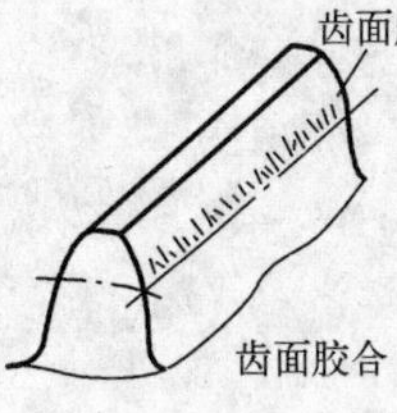	齿面强烈磨损和发热，很快导致齿轮失效	高速、重载传动或润滑不良的低速、重载传动中	齿面局部温升过高，润滑失效；润滑不良	进行抗胶合能力计算，限制齿面温度；保证良好润滑，用适宜的添加剂；降低齿面表面粗糙度值

续表

失效形式	后　果	工作环境	产生失效的原因	防止失效的措施
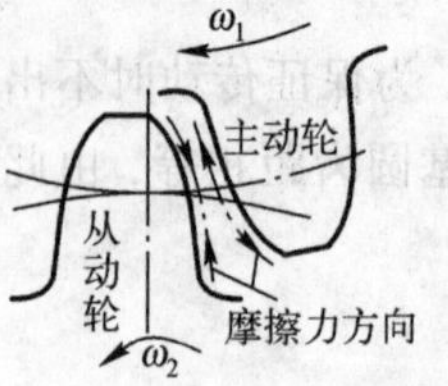 塑性变形	严重塑性变形，在齿顶边缘会出现飞边或齿形歪斜，丧失工作能力	开式、闭式传动中均可能发生	齿面较软的齿轮在频繁起动和严重过载时，在齿面很大压力和磨擦力的作用下，使齿面金属产生局部整性变形	提高齿面硬度，选用黏度较高的润滑油，避免频繁起动和过载

由轮齿的失效分析可知，对齿轮材料的基本要求为：(1) 齿面应有足够的硬度，以抵抗齿面磨损、点蚀、胶合以及塑性变形等；(2) 齿芯应有足够的强度和较好的韧性，以抵抗齿根折断和冲击载荷：(3) 应有良好的加工工艺性能及热处理性能，使之便于加工且便于提高其力学性能。最常用的齿轮材料是钢，此外，还有铸铁及一些非金属材料等。

六、其他齿轮传动简介

1. 斜齿圆柱齿轮

(1) 应用及特点。

当发生面绕基圆柱作纯滚动时，发生面上与基圆柱的轴线相平行的一条直线 KK（见图 14-38）在空间的运动轨迹就形成了直齿轮的渐开线齿面，简称渐开面。

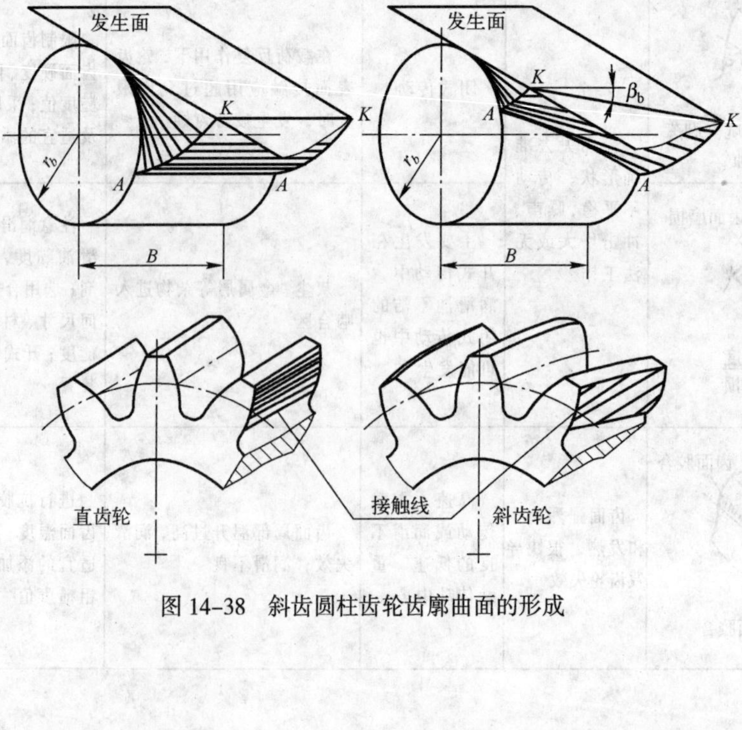

图 14-38　斜齿圆柱齿轮齿廓曲面的形成

斜齿轮齿面形成的原理和直齿轮一样，也是发生面绕基圆柱作纯滚动，所不同的是形成渐开面的直线 *KK* 不再与轴线平行，而是与轴线方向偏斜了一个角度 β_b，所以形成的曲面称为渐开螺旋面。

直齿圆柱齿轮传动时，齿面上的接触线是一条与轴线平行的直线。

这就使轮齿的啮合沿整个齿宽同时接触或同时分离，比较容易引起冲击、振动和噪声。斜齿轮传动齿面上的接触线先由短变长，再由长变短，轮齿是逐渐进入和脱离啮合的。这种接触方式使斜齿轮传动比较平稳，冲击和噪声小。

由于斜齿轮的轮齿是螺旋形的，所以在啮合区内，齿面上接触线的总长度比同样参数直齿轮的齿面接触线长，故斜齿轮的承载能力也较大。

斜齿轮的齿廓曲面与分度圆柱相交所得螺旋线的螺旋角称为分度圆柱上的螺旋角，简称螺旋角，用 β 表示。该螺旋线在分度圆柱面展开后为一斜直线，它与轴线的夹角 β 即为螺旋角。表示斜齿轮轮齿的倾斜程度。

（2）基本参数。

轮齿旋向分左旋和右旋，右旋 β 为正，左旋 β 为负。其旋向可用图 14-39 所示的右手法则来判定。伸出右手，掌心对准自己，四指顺着齿轮的轴线，若齿向与拇指指向一致，则该齿轮为右旋齿轮，反之为左旋齿轮。

由于螺旋角的存在，传动时会产生轴向推力，且随螺旋角的增大而增大。为了不使轴向推力过大，一般采用 $\beta=8° \sim 20°$。

斜齿轮齿面为螺旋面，因其端面齿形和法面齿形不同，所以参数分为：端面参数（下标为 t）和法面参数（下标为 *n*）。由于斜齿轮多采用仿形法加工，加工斜齿轮的刀具的形状与法面齿形相同，故法面参数为标准值；在计算几何尺寸时按端面的参数进行计算，如图 14-40 所示。

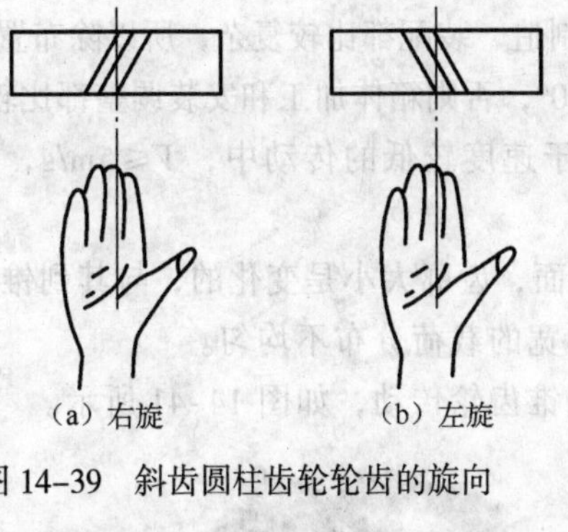

图 14-39 斜齿圆柱齿轮轮齿的旋向

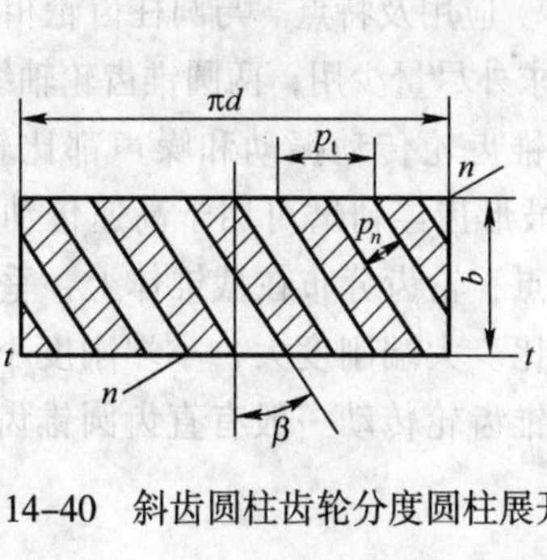

图 14-40 斜齿圆柱齿轮分度圆柱展开图

（3）正确啮合条件。

① 外啮合旋向相反：$\beta_1=-\beta_2$；内啮合旋向相同：$\beta_1=\beta_2$。

② 法向模数和法向压力角相等：$m_{n1}=m_{n2}$；$\alpha_{n1}=\alpha_{n2}$。

（4）斜齿轮传动有如下特点：

① 斜齿轮传动由于传动平稳、承载能力大等优点，多用于高速重载的传动中。

② 使用寿命长。

③ 工作时产生轴向分力。

（5）斜齿圆柱齿轮的几何尺寸计算（见表 14-7）。

表 14-7　标准斜齿圆柱齿轮的几何尺寸计算公式

名　称	代　号	计 算 公 式
法面模数	m_n	与直齿圆柱齿轮 m 相同，由强度计算决定
螺旋角	β	$\beta_1=-\beta_2$，一般 $\beta=8°\sim20°$
端面模数	m_t	$m_t=\dfrac{m_n}{\cos\beta}$
端面压力角	a_t	$\tan a_t=\dfrac{\tan\alpha_n}{\cos\beta}$
分度圆直径	d	$d=\dfrac{m_n}{\cos\beta}z$
法面齿距	p_n	$p_n=\pi m_n$
齿顶高	h_a	$h_a=m_n$
齿根高	h_f	$h_f=1.25m_n$
全齿高	h	$h=h_a+h_f$
齿顶圆直径	d_a	$d_a=d+2ha=m_n\left(\dfrac{z}{\cos\beta}+2\right)$
齿根圆直径	d_f	$d_f=d-2h_f=m_n\left(\dfrac{z}{\cos\beta}-2.5\right)$
中心距	a	$a=\dfrac{1}{2}(d_1+d_2)=\dfrac{m_n}{2\cos\beta}(z_1+z_2)$

2. 圆锥齿轮

（1）应用及特点。与圆柱齿轮相比，圆锥齿轮其制造、装配都比较复杂，所以除布置和其他特殊要求外尽量少用，两圆锥齿轮轴线间夹角一般为 90°，否则箱体加工和安装调整都比较困难。

圆锥齿轮传动振动和噪声都比较大，所以应用于速度较低的传动中，$V\leqslant5$m/s，传动比 $i<3$，鼓形齿经研磨可用于高速传动。

特点：轮齿分布在截锥体上，垂直于轮齿的各剖面，齿廓大小是变化的，与其到锥顶的距离成正比。大端刚度大，小端刚度小，圆锥齿轮沿齿宽的载荷分布不均匀。

圆锥齿轮传动一般有直齿圆锥齿轮传动和曲齿圆锥齿轮传动，如图 14-41 所示。

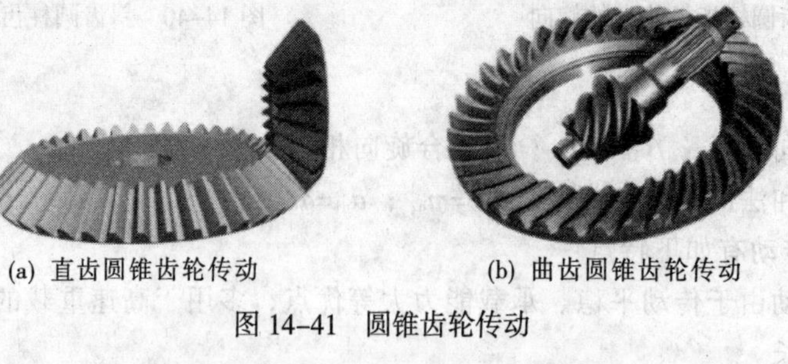

(a) 直齿圆锥齿轮传动　　(b) 曲齿圆锥齿轮传动

图 14-41　圆锥齿轮传动

圆锥齿轮的齿形由大端向小端逐渐收缩。为计算和测量方便，规定大端参数为标准值。

模数 m 见标准 GB/T 12368—1990；压力角 $\alpha=20°$；齿顶高系数 $h_a^*=1$，顶隙系数 $c^*=0.2$。

一对直齿圆锥齿轮传动的正确啮合条件是：两齿轮大端的模数和压力角对应相等。

（2）圆锥齿轮的几何尺寸计算，其几何尺寸如图 14-42 所示，几何尺寸计算如表 14-8 所示。

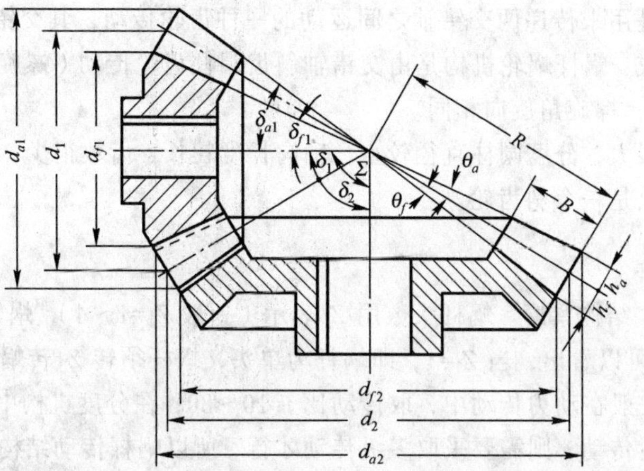

图 14-42　圆锥齿轮的几何尺寸

表 14-8　圆锥齿轮的几何尺寸计算

名　称	代　号	计　算　公　式
模数	m	大端模数 m 为标准模数
平均模数	m_m	$m_m=(1-0.5b/R)m$，由强度计算而定
分度圆锥角	δ	$\tan\delta_1=\dfrac{z_1}{z_2};\tan\delta_2=\dfrac{z_2}{z_1}$
齿顶高	h_a	$h_a=m$
齿根高	h_f	$h_f=1.2m$
齿高	h	$h=h_a+h_f$
分度圆直径	d	$d_1=mz_1;d_2=mz_2$
齿顶圆直径	d_a	$d_{a1}=m(z_1+2\cos\delta_1);d_{a2}=m(z_2+2\cos\delta_2)$
齿根圆直径	d_f	$d_{f1}=m(z_1-2.4\cos\delta_1);d_{f2}=m(z_2-2.4\cos\delta_2)$
锥距	R	$R=\dfrac{d_1}{2\sin\delta_1}=\dfrac{d_2}{2\sin\delta_2}=\dfrac{m}{2}\sqrt{z_1^2+z_2^2}$
齿宽	b	$b=\varphi_R\quad R,b\leqslant\dfrac{R}{3},b\leqslant 10m$
齿顶角	θ_a	$\tan\theta_a=\dfrac{h_a}{R}$
齿根角	θ_f	$\tan\theta_f=\dfrac{h_f}{R}$
齿顶圆锥角	δ_a	$\delta_{a1}=\delta_1+\theta_a;\delta_{a2}=\delta_2+\theta_a$
齿根圆锥角	δ_f	$\delta_{f1}=\delta_1-\theta_f;\delta_{f2}=\delta_2-\theta_f$

任务5　蜗杆机构

蜗杆蜗轮传动是用来传递两交错轴之间运动的一种齿轮传动，其交错角Σ=90°。

蜗杆蜗轮的形成：蜗杆蜗轮机构是由交错轴斜齿圆柱齿轮传动（螺旋齿轮传动）演变而来的，交错角Σ=90°，螺旋角旋向相同。

小齿轮螺旋角很大，分度圆柱直径较小、轴向长度较长、齿数很少，外形像一根螺杆，称为蜗杆。蜗轮实际上是一个斜齿轮。

1.蜗杆传动特点

（1）传动比大，结构紧凑。蜗杆头数用 Z_1 表示（一般 $Z_1=1\sim4$），蜗轮齿数用 Z_2 表示。从传动比公式 $I=Z_2/Z_1$ 可以看出，当 $Z_1=1$，即蜗杆为单头，蜗杆须转 Z_2 转蜗轮才转一转，因而可得到很大传动比，一般在动力传动中，取传动比 $i=10\sim80$；在分度机构中，i 可达1000。这样大的传动比如用齿轮传动，则需要采取多级传动才行，所以蜗杆传动结构紧凑，体积小、重量轻。

（2）传动平稳，无噪音。因为蜗杆齿是连续不间断的螺旋齿，它与蜗轮齿啮合时是连续不断的，蜗杆齿没有进入和退出啮合的过程，因此工作平稳，冲击、震动、噪声小。

（3）具有自锁性。蜗杆的螺旋升角很小时，蜗杆只能带动蜗轮传动，而蜗轮不能带动蜗杆转动。

（4）蜗杆传动效率低，一般认为蜗杆传动效率比齿轮传动低。尤其是具有自锁性的蜗杆传动，其效率在0.5以下，一般效率只有0.7～0.9。

（5）发热量大，齿面容易磨损，成本高。

2. 蜗杆传动的类型

按蜗杆分度曲面的形状不同，蜗杆传动可以分为：圆柱蜗杆传动、环面蜗杆传动、锥蜗杆传动，如图14–43所示。

(a) 圆柱蜗杆传动　(b) 环面蜗杆传动　(c) 锥蜗杆传动

图14–43　蜗杆机构的分类

3. 普通圆柱蜗杆传动的主要参数和几何尺寸

蜗杆传动是在齿轮传动的基础上发展起来的，它具有齿轮传动的某些特点，即在中间平面（通过蜗杆轴线并垂直于涡轮轴线的平面）内的啮合情况与齿轮齿条的啮合相类似，如图14–44所示。

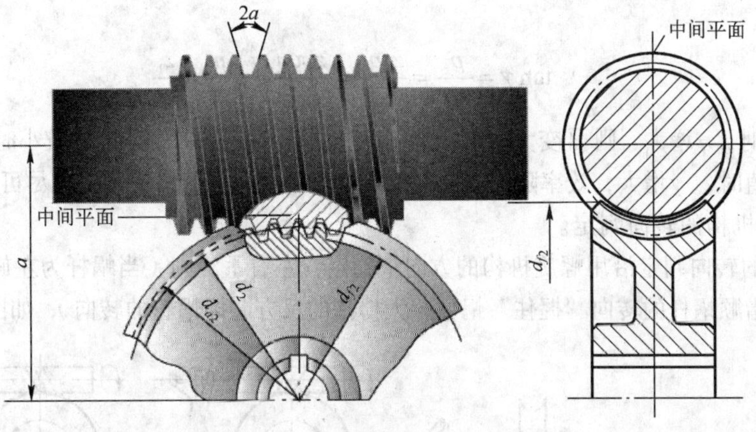

图 14-44　蜗杆机构的中间平面

（1）模数 m 和压力角 α

蜗杆传动的尺寸计算与齿轮传动一样，也是以模数 m 作为计算的主要参数。在中间平面内蜗杆传动相当于齿轮和齿条传动，蜗杆的轴向模数和轴向压力角分别与涡轮的端面模数和端面压力角相等，为此将此平面内的模数和压力角规定为标准值，标准模数如表 14-4 所示，标准压力角为 $\alpha=20°$ 。

（2）蜗杆头数 z_1、蜗轮齿数 z_2 和传动比 i

蜗杆与蜗轮之间的传动比为:

$$i=\frac{n_1}{n_2}=\frac{z_2}{z_1}$$

从制造方面看，头数越多，蜗杆的制造精度要求越高；从提高效率方面看，头数越多，效率越高；若要求自锁，应选择单头；从提高传动比出发，也应该选择较少的头数。换言之，如果要求传动比一定，z_1 较少，则 z_2 也较少，这样蜗杆传动结构就紧凑。因此，在选择 z_1 和 z_2 时要全面分析上述因素。

一般来说，在动力传动中，在考虑结构紧凑的前提下，应很好地考虑提高效率。所以，当传动比较小时，宜采用多头蜗杆，而在传递运动要求自锁时，常选用单头蜗杆。通常推荐采用值：当 $i=8\sim14$ 时，选 $z_1=4$；$i=16\sim28$ 时，选 $z_1=2$；$i=30\sim80$ 时，选 $z_1=1$。

（3）蜗杆直径系数 q 和导程角 γ。

蜗杆的直径系数 q（$=d_1/m$）和蜗杆头数 z_1 选定之后，蜗杆分度圆柱上的导程角 γ 也就确定了，如图 14-45 所示。

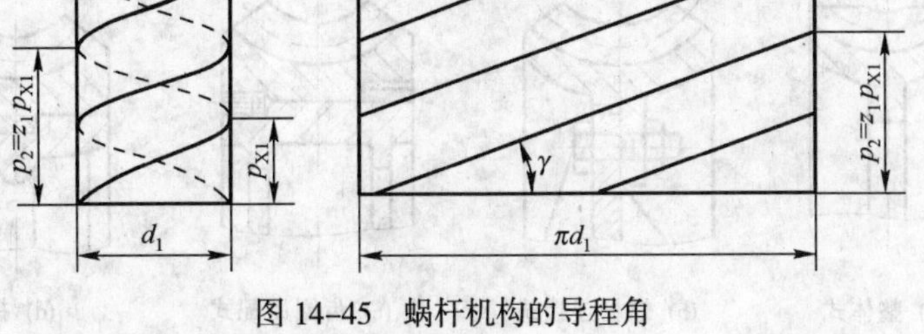

图 14-45　蜗杆机构的导程角

显然有：

$$\tan\gamma=\frac{p_z}{\pi d_1}=\frac{z_1 p_a}{\pi d_1}=\frac{z_1\pi m}{\pi d_1}=\frac{z_1 m}{d_1}=\frac{z_1}{q}$$

当 m 一定时，q 增大，则 d_1 变大，蜗杆的刚度和强度相应提高，因此 m 较小时，q 选较大值；又因为 q 取小值时，γ 增大，效率随之提高，故在蜗杆刚度允许的情况下，应尽可能选小的 q 值。

（4）蜗杆机构的转向判定。

蜗杆机构的转向判定沿用螺旋机构的方向来判定：左右手法则（当蜗杆为左旋时用左手，右旋用右手；四指顺蜗杆的转向“握住”蜗杆；大拇指的反方向即蜗轮的转向），如图 14-46 所示。

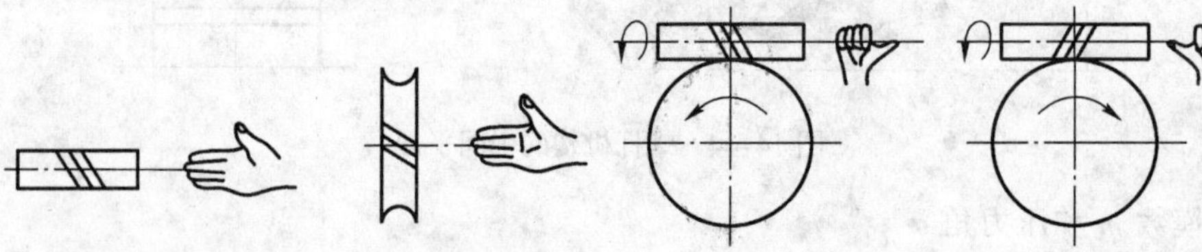

（a）右施蜗杆　（b）右施蜗轮　（c）右旋蜗杆传动　（d）左旋蜗杆传动

图 14-46　左右手法则

4. 蜗杆传动的主要失效形式、常用材料及结构

（1）蜗杆传动的主要失效形式。

蜗杆传动的主要失效形式与齿轮传动相似，有轮齿折断、疲劳点蚀、磨损和胶合等，由于齿面间相对滑动摩擦严重，所以磨损和胶合失效更为普遍。

（2）蜗杆、蜗轮的材料选择。

选择蜗杆和蜗轮材料组合时，不但要求有足够的强度，而且要有良好的减磨、耐磨和抗胶合的能力。一般较理想的材料是青铜蜗轮齿圈匹配淬硬磨削的钢制蜗杆。

（3）蜗轮的结构如图 14-47 所示，一般将蜗杆和轴做成一体，称为蜗杆轴。蜗轮一般采用组合式结构，齿圈用青铜，轮芯用铸铁或钢。

图 14-47（a）所示为整体式：主要用于铸铁蜗轮或尺寸很小的青铜蜗轮。

图14-47（b）所示为组合式螺栓连接式：这种结构装拆方便，多用于尺寸较大或易磨损的场合。

图14-47（c）所示为齿圈压配式：这种结构常用青铜齿圈与铸铁轮芯组成，多用于尺寸不大或工作温度变化较小的地方。

图14-47（d）所示为拼铸式：将青铜齿圈浇铸在铸铁轮芯上，常用于成批生产的蜗轮。

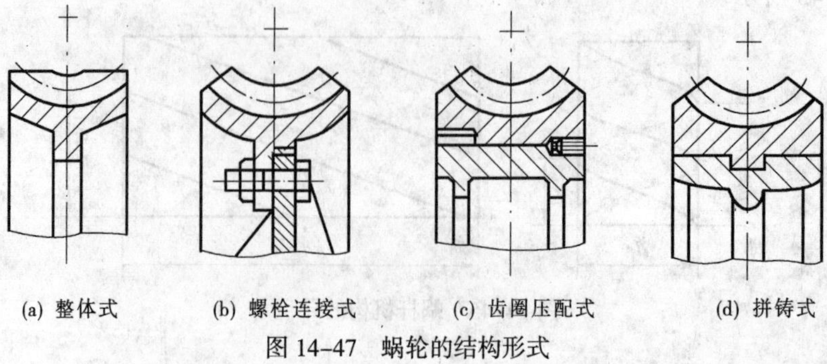

(a) 整体式　(b) 螺栓连接式　(c) 齿圈压配式　(d) 拼铸式

图 14-47　蜗轮的结构形式

任务6　轮　　系

在机器中，常将一系列相互啮合的齿轮组成传动系统，以实现变速、分路传动、运动分解与合成等功用。这种由一系列齿轮组成的传动系统称为轮系。

一、轮系的类型

根据轮系在运转时各齿轮轴线的相对位置是否固定，可以分为以下两种类型。

1. 定轴轮系

所有齿轮几何轴线的位置都是固定的轮系，称为定轴轮系，如图 14-48 所示。

按轴线位置又可分为平面定轴轮系和空间定轴轮系。

2. 周转轮系

若轮系中至少有一个齿轮的几何轴线不固定，而绕其他齿轮的固定几何轴线回转，则称为周转轮系。

如图 14-49 所示的轮系中，齿轮 2 除绕自身轴线回转外，还随同构件 H 一起绕齿轮 1 的固定几何轴线回转，该轮系即为周转轮系。

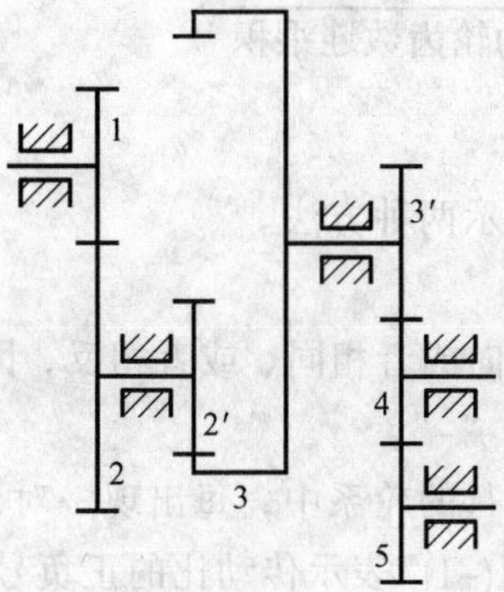

图 14-48　定轴轮系

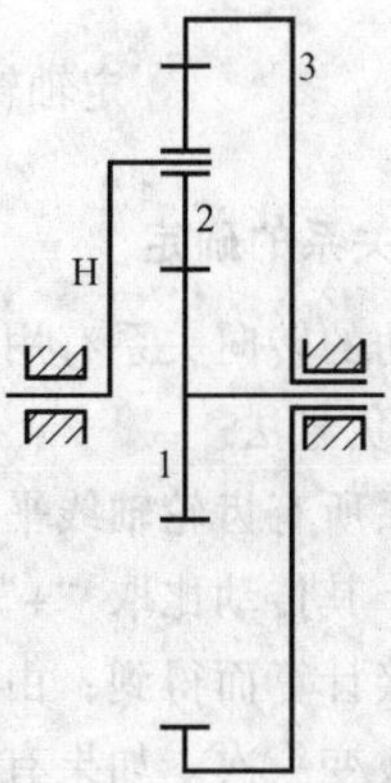

图 14-49　周转轮系

二、轮系的传动比

所谓轮系的传动比，是指该轮系中首轮的角速度（或转速）与末轮的角速度（或转速）之比，用 i 表示。

设轮 a 为轮系的首轮，轮 b 为末轮，则该轮系的传动比为：

$$i_{ab}=\frac{n_a}{n_b}$$

轮系的传动比计算，包括计算其传动比的大小和确定输出轴的转向两个内容。

1. 传动比大小的计算

下面以图示的定轴轮系为例介绍传动比的计算。

如图 14-50 所示，设齿轮 1 为主动轮（首轮），齿轮 5 为从动轮（末轮），轮系的传动顺序为：

1−2=2'−3=3'−4−5

式中，“−”表示两轮啮合，“=”表示两轮同轴。

根据上一章所介绍的内容，可以求得图中各对啮合齿轮的传动比大小：

$$i_{12}=\frac{n_1}{n_2}=-\frac{z_2}{z_1}$$

$$i_{2'3}=\frac{n_{2'}}{n_3}=\frac{z_3}{z_{2'}}$$

$$i_{3'4}=\frac{n_{3'}}{n_4}=-\frac{z_4}{z_{3'}}$$

$$i_{45}=\frac{n_4}{n_5}=-\frac{z_5}{z_4}$$

显然 $i_{15}=i_{12}i_{2'3}i_{3'4}i_{45}=(-1)^3\frac{z_2z_3z_4z_5}{z_1z_{2'}z_{3'}z_4}$

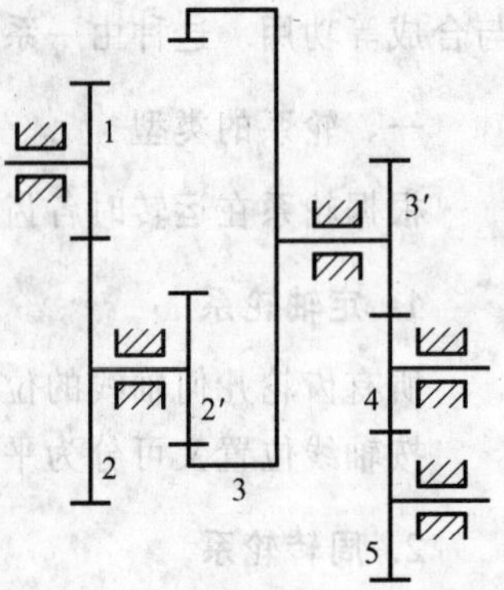

图 14-50 轮系的传动比大小计算

上式说明，定轴轮系的传动比等于组成该轮系的各对啮合齿轮传动比的连乘积。其大小等于各对啮合齿轮所有从动轮齿数的连乘积与所有主动轮齿数连乘积之比。即通式为：

$$定轴轮系传动比大小=\frac{所有从动轮齿数连乘积}{所有主动轮齿数连乘积}$$

2. 转向关系的确定

齿轮传动的转向关系有用正负号表示或用画箭头表示两种方法。

（1） 正负号法。

对于轮系所有齿轮轴线平行的轮系，由于两轮的转向或者相同、或者相反，因此规定：两轮转向相同，其传动比取“+”；转向相反，其传动比取“−”。

可以直接计算而得到：由于在一个所有齿轮轴线平行的轮系中，每出现一对外啮合齿轮，齿轮的转向改变一次。如果有 m 对外啮合齿轮，可以用$(-1)^m$表示传动比的正负号。

（2）箭头法。

在图 14-51 所示的轮系中，设首轮（主动轮）的转向已知，并用箭头方向代表齿轮可见一侧的圆周速度方向，则首末轮及其他轮的转向关系可用箭头表示。因为任何一对啮合齿轮，其节点外圆周速度相同，则表示两轮转向的箭头应同时指向或背离节点。

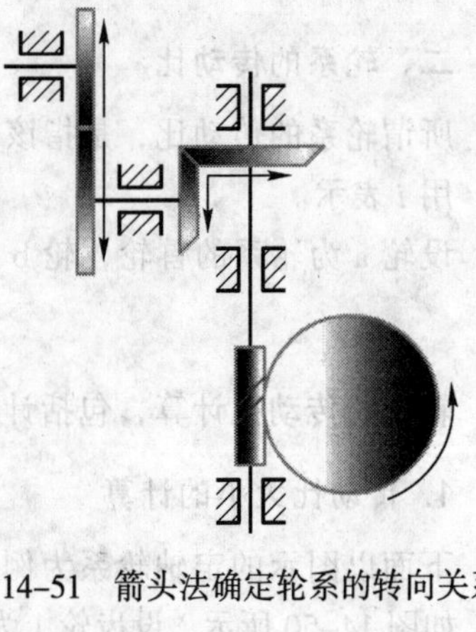
图 14-51 箭头法确定轮系的转向关系

各种齿轮机构转向判定：

圆柱齿轮机构：外啮合转向相反，内啮合转向相同。

圆锥齿轮机构：相对或相离。

蜗杆机构：左右手定则。（当蜗杆为左旋时用左手，右旋用右手；四指顺蜗杆的转向“握住”蜗杆；大拇指的反方向即蜗轮的转向）

【例 14-4】 图 14-52 所示的轮系中，已知各齿轮的齿数 Z_1=20，Z_2=40，Z'_2=15，Z_3=60，Z'_3=18，Z_4=18，Z_7=20，齿轮 7 的模数 m=3mm，蜗杆头数为 Z_5=1，蜗轮齿数 Z6=40。齿轮 1 为主动轮，转向如图 14-53 所示，转速 n_1=100r/min，试求齿条 8 的速度和移动方向。

解：

① 分析传动顺序

$$1-2=2'-3=3'-4=5-6$$

② 计算传动比大小

$$i_{16}=\frac{n_1}{n_6}=\frac{z_2z_3z_4z_6}{z_1z_{2'}z_{3'}z_5}=\frac{40\times60\times18\times40}{20\times15\times18\times1}=320$$

$$n_6=\frac{n_1}{320}=\frac{100}{320}=0.3125\text{r/min}$$

$$v_8=\frac{\pi d_7n_7}{60}=\frac{\pi mz_7n_7}{60}=\frac{3.14\times3\times20\times0.3125}{60}=0.98\text{mm/s}$$

齿条移动方向如图 14-53 所示。

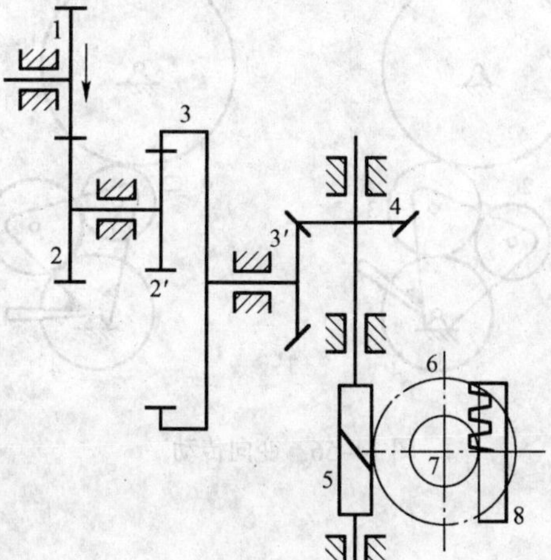

图 14-52　箭头法

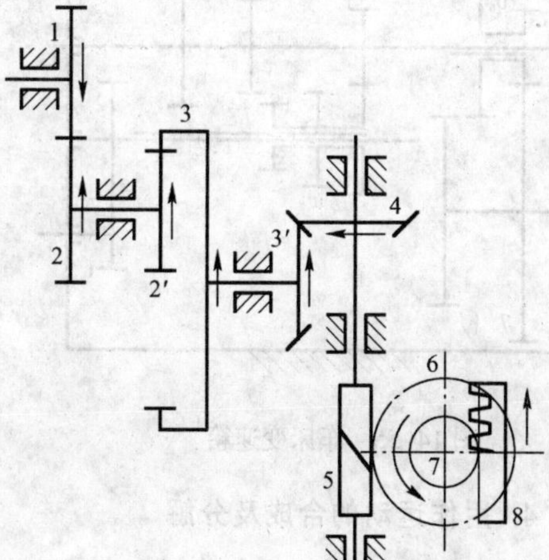

图 14-53　齿条移动方向

三、轮系的功用

1. 传递相距较远的两轴间的运动和动力

当两轴间的中心距较大时，如果仅用一对齿轮传动，两个齿轮的尺寸必然很大，将占用较大的结构空间，使机器过于庞大、浪费材料。改用轮系便可以克服这个缺点。

2. 获得大的传动比

通常一对齿轮的传动比不大于 5～7，当两轴之间需要较大传动比时，仅用一对齿轮传动，必然会使两轮的尺寸相差过大，这时小齿轮就易于损坏。利用轮系就可以避免这个缺陷。

利用周转轮系可以由很少几个齿轮获得较大的传动比，而且机构十分紧凑。如图 14-54 所示的行星轮系，只用了四个齿轮，其传动比可达 10 000。

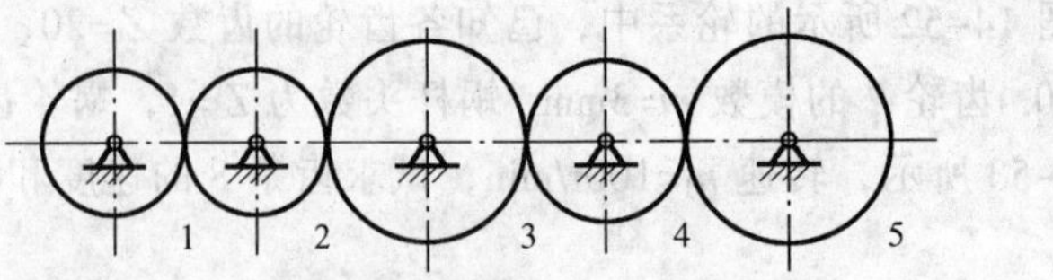

图 14-54　传递相距较远的两轴间的运动和动力

3. 实现变速、变向传动

（1）变速传动。（即多传动比传动）

例如，在车床等类似的机械中，在主轴转速不变的条件下，利用轮系可以使从动轴获得若干个不同的转速，如图 14-55 所示。

（2）变向传动。

在下面的轮系中，轮 2 和轮 3 的齿数不会改变传动比大小，但可以改变其输出的转向，称为惰轮，可以利用改变轮系中惰轮个数达到变向的目的，如图 14-56 所示。

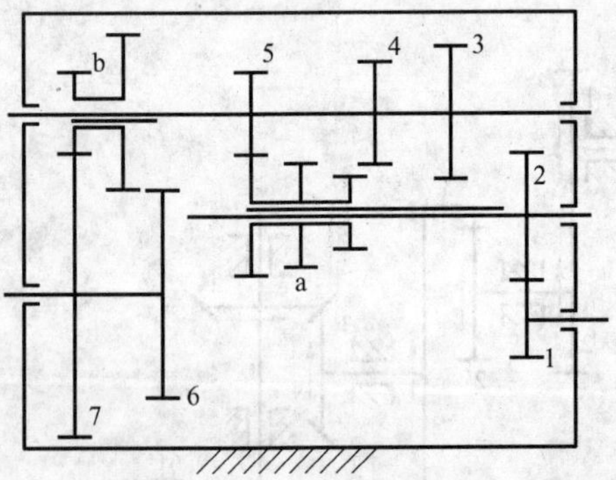

图 14-55　车床变速箱

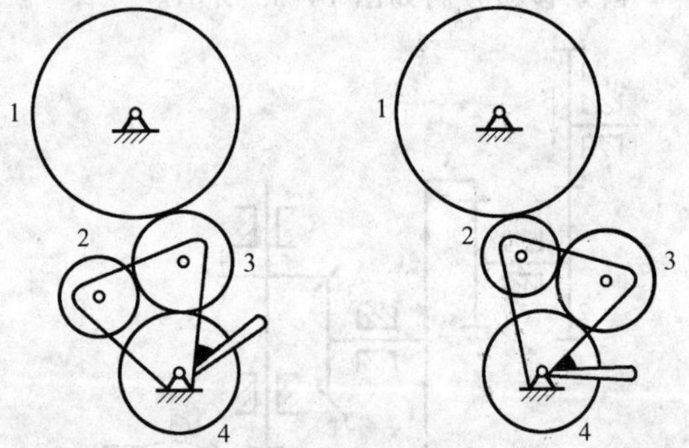

图 14-56　变向传动

4. 用作运动的合成及分解

对于差动轮系来说，它的三个基本构件都是运动的，必须给定其中任意两个基本构件的运动，第三个构件才有确定的运动。这就是说，第三个构件的运动是另两个构件运动的合成。

差动轮系不但可以将两个独立的运动合成一个运动，而且还可以将一个主动的基本构件的转动按所需的比例分解为另两个基本构件的转动，例如汽车、拖拉机等车辆上常用的差速装置。

模块四　轴系零件

课题十五　轴与轴承

知识点：

- ◆ 轴的分类与特点。
- ◆ 轴的结构，轴上零件的固定方法。
- ◆ 轴承的类型和性能特点。
- ◆ 滚动轴承的代号。

技能点：

- ◆ 掌握轴上零件的固定方法。
- ◆ 能识读滚动轴承的基本代号。

任务 1　轴

轴是组成机器的主要零件之一，它主要用来支承作回转运动的零件（如齿轮、带轮、链轮等），并传递运动和动力。

一、轴的分类

1．按轴所承受的载荷情况分类

按轴所承受的载荷情况不同可分为心轴、传动轴和转轴三类，如图 15–1 所示。

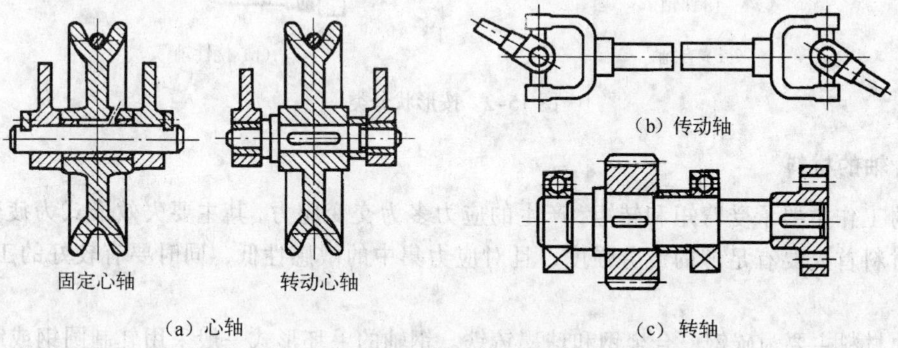

图 15–1　按承载情况分类

（1）心轴。只承受弯矩而不传递转矩的轴称为心轴。如图 15-1（a）所示。按其是否与轴上零件一起转动，又可以分为转动心轴（如列车车轮轴）和固定心轴（如自行车前轮轴）两种。在静载荷作用下，固定心轴产生静应力，转动心轴产生对称循环应力。

（2）传动轴。只传递转矩而不承受弯矩或承受弯矩很小的轴称为传动轴，如图 15-1（b）所示为汽车发动机至后桥的轴。

（3）转轴。既承受弯矩又传递转矩的轴称为转轴，如图 15-1（c）所示为减速器中的轴。它是机械中最常见的轴。

2．按轴的轴线形状分类

按轴的轴线形状不同可分为直轴、曲轴和挠性轴三类。

（1）直轴。直轴用于一般机械传动中，按其轴径是否变化可分为光轴和阶梯轴，如图 15-2（a）所示，阶梯轴便于轴上零件的安装与固定，应用最广。按心部结构不同，直轴又可分为实心轴和空心轴。

（2）曲轴。曲轴为专用零件，如图 15-2（b）所示。曲轴常用于往复式机械中，如内燃机和空气压缩机等。

（3）挠性轴。挠性轴是由几层紧贴在一起的钢丝卷绕而成，如图 15-2（c）所示。它可以将转矩和回转运动灵活地传递到空间任意位置，常用于可移式机械化工具。

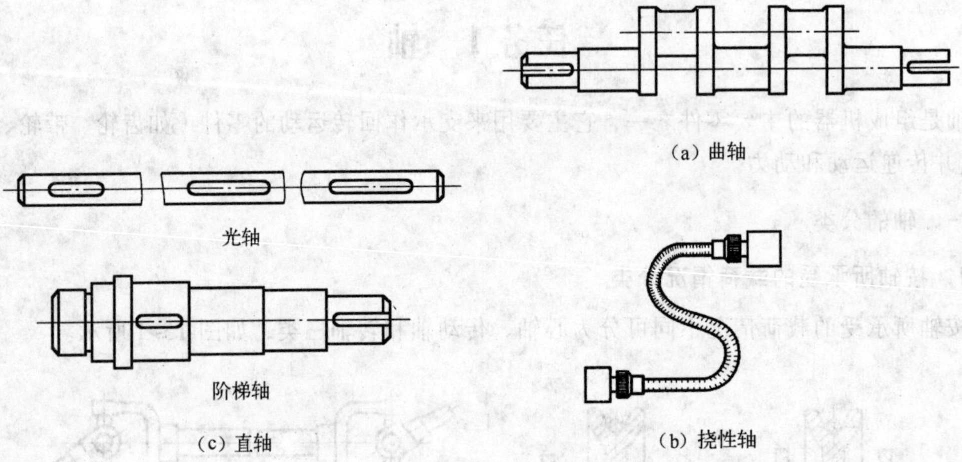

图 15-2　按形状分类

二、轴的材料

轴的工作主要承受弯矩和转矩，产生的应力多为交变应力，其主要失效形式为疲劳破坏。故轴的材料首先要有足够的疲劳强度，且对应力集中的敏感性低，同时要有较好的工艺性和经济性。

轴的材料主要为碳钢、合金钢和球墨铸铁。钢轴的毛坯形式一般采用轧制圆钢或锻钢件。

碳钢比合金钢价廉，对应力集中的敏感性较低，应用广泛。常用的碳钢有 35、45 等优质中碳钢，进行正火或调质处理。对轻载或不重要的轴，也可用 Q235、Q255 等。

合金钢比碳钢有更好的力学性能和淬火性能。通常用于重载、高速的重要轴或有特殊要求的轴，如耐高温、低温，耐腐蚀、磨损，要求尺寸小、强度高等情况。常用的材料有：40Cr、20Cr、20CrMnTi 等，需经调质、表面淬火、渗碳淬火等热处理。由于合金钢和碳素钢的弹性模量相差很小，故合金钢在提高轴刚度方面并没有优势。

对于形状复杂、尺寸大的轴，球墨铸铁有成形容易且价格低、吸振、耐磨、对应力敏感性小等优点，但可靠性差些。

表 15-1　轴的常用材料及其主要机械性能

材料牌号	热处理	毛坯直径 /mm	硬度 /HBS	抗拉强度 σ_b/MPa	屈服极限 σ_s/MPa	许用弯曲极限 $[\sigma]$/MPa	应用说明
碳素结构钢 Q235 Q275				 440 580	 240 280	 43 53	不重要或载荷不大的轴
优质碳素结构钢 45	正火 正火回火 正火回火 调质	25 ≤100 >100～300 ≤200	≤240 170～217 162～217 271～255	600 600 580 650	360 300 290 360	55 55 53 61	应用最为广泛，强度和韧性较好
合金钢 40Cr	调质	25 ≤100 >100～300	241～266 241～266	1000 750 700	800 550 550	90 72 70	用于载荷较大而无大冲击的重要轴
合金钢 20Cr	渗碳淬火 回火	15 30 ≤60	表面 50～60HRC	850 650 650	550 400 400	76 — —	用于强度韧性和耐磨性均较高的轴
合金钢 20CrMnTi	渗碳淬火 回火	15 15	表面 56～62HRC	1100	850	100	性能略优于 20Cr
球墨铸铁 QT400-15 QT600-3			 156～197 197～269	 400 600	 300 420	 30 42	曲轴、凸轮轴、水泵轴

三、轴的结构设计

1. 轴的设计内容及应考虑的主要问题

与其他零件一样，轴的设计包括两个方面的内容：

轴的结构设计：即根据轴上零件的安装、定位及轴的制造工艺等方面的要求，合理确定轴的结构形状和尺寸。

轴的工作能力设计：即从强度、刚度和振动稳定性等方面来保证轴具有足够的工作能力和可靠性。对于不同机械的轴的工作能力的要求是不同的，必须针对不同的要求进行。但是强度要求是任何轴都必须满足的基本要求。

2. 轴的结构设计

轴的结构设计包括定出轴的合理外形和全部结构尺寸，主要要求有：

轴和装在轴上的零件要有准确的工作位置；轴上零件应便于拆卸和调整；轴应具有良好的加工工艺性；尽量减小应力集中；受力合理，有利于节约材料，减轻轴的重量。

（1）轴上主要零件的布置。在进行结构设计时，首先应按传动简图上所给出的各主要零件的相互位置关系拟订轴上零件的装配方案。

轴上零件的装配方案不同，轴的结构形状也不同。在实际设计过程中，往往拟订几种不同的装配方案进行比较，从中选出一种最佳方案。

如图 15-3 所示为一单级圆柱齿轮减速器简图。其输出轴上装有齿轮、联轴器和滚动轴承。可以采用如下的装配方案：将齿轮、左端轴承和联轴器从轴的左端装配，右端轴承从轴的右端装配。

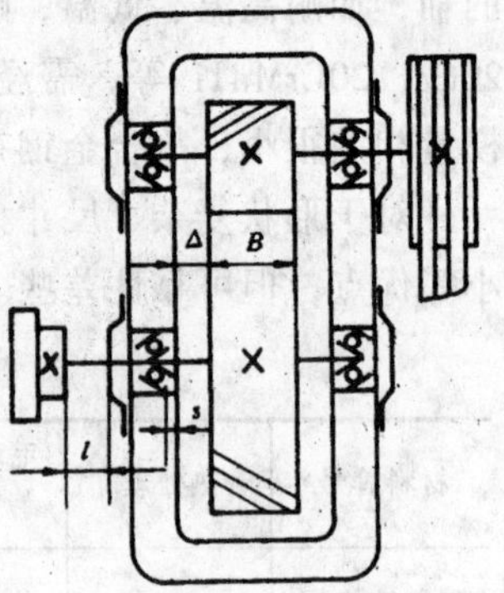

图 15-3 减速器简图

在考虑了轴的加工及轴和轴上零件的定位、装配与调整要求后，确定轴的结构形式如图 15-4 所示。

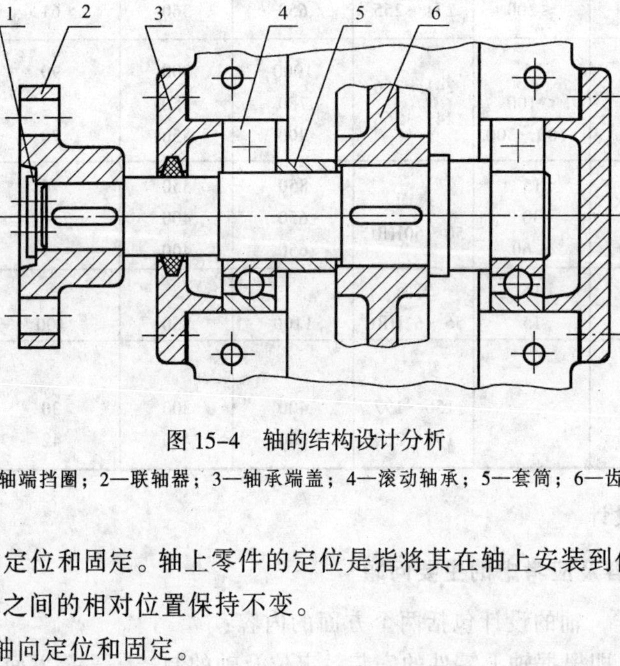

图 15-4 轴的结构设计分析

1—轴端挡圈；2—联轴器；3—轴承端盖；4—滚动轴承；5—套筒；6—齿轮

（2）轴上零件的定位和固定。轴上零件的定位是指将其在轴上安装到位；轴上零件的固定是指工作时它们与轴之间的相对位置保持不变。

① 轴上零件的轴向定位和固定。

零件安装在轴上，要有准确的定位。各轴段长度的确定，应尽可能使结构紧凑。对于不允许轴向滑动的零件，零件受力后不要改变其准确的位置，即定位要准确，固定要可靠。与轮毂相配装的轴段长度，一般应略小于轮毂宽 2～3 mm。对轴向滑动的零件，轴上应留出相应的滑移距离。

轴上零件的轴向定位是以轴肩与轴环、套筒、圆螺母、轴端挡圈等来保证，如表 15-2 所示。

表 15-2　轴上零件的轴向定位

固定方法	简　图	特　点
轴肩与轴环	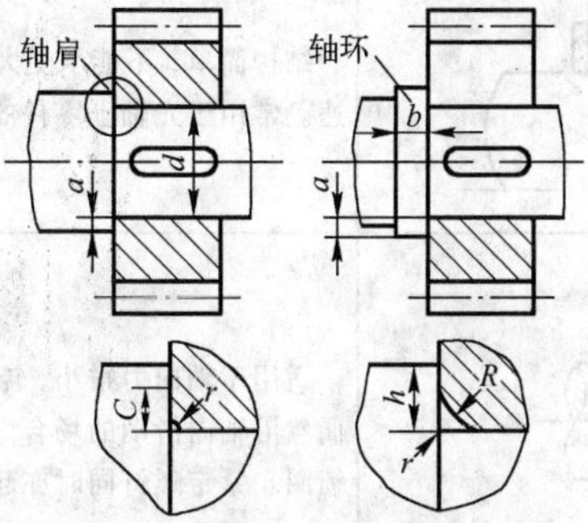	轴肩定位多用于轴向力较大的场合。 定位轴肩的高度 h 一般取为 $h=(0.07\sim0.1)d$，d 为与零件相配处的轴径尺寸。 为了使零件能靠紧轴肩而得到准确可靠的定位，轴肩处的过渡圆角半径 r 必须小于与之相配的零件毂孔端部的圆角半径 R 或倒角尺寸 C。 注：滚动轴承的定位轴肩高度必须低于轴承内圈端面的高度，以便拆卸轴承，其轴肩的高度可查手册中轴承的安装尺寸
套筒	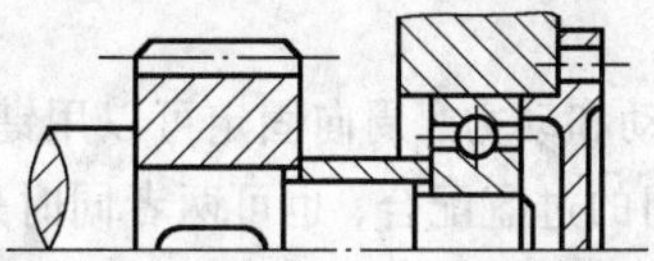	结构简单，定位可靠，轴上不需开槽、钻孔和切制螺纹，因而不影响轴的疲劳强度。一般用于零件间距较小场合，以免增加结构重量。轴的转速很高时不宜采用
圆锥面	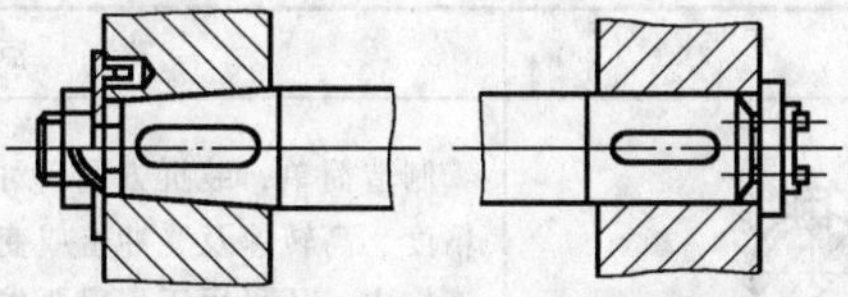	能消除轴和轮毂间的径向间隙，装拆较方便，可兼作周向固定，能承受冲击载荷。多用于轴端零件固定，常与轴端压板或螺母联合使用，使零件获得双向轴向固定
圆螺母	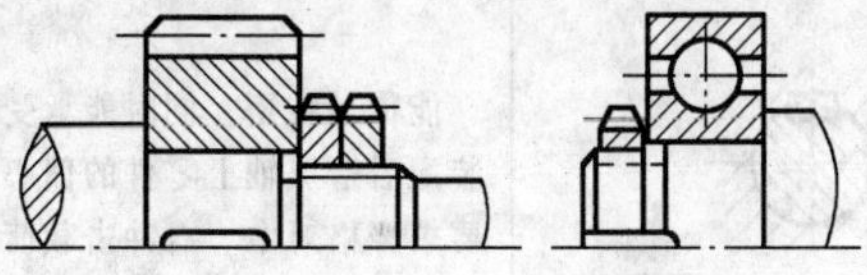	固定可靠，装拆方便，可承受较大的轴向力。由于轴上切制螺纹，使轴的疲劳强度降低。常用双圆螺母或圆螺母与止动垫圈固定轴端零件，当零件间距较大时，亦可用圆螺母代替套筒以减小结构重量
轴端挡圈	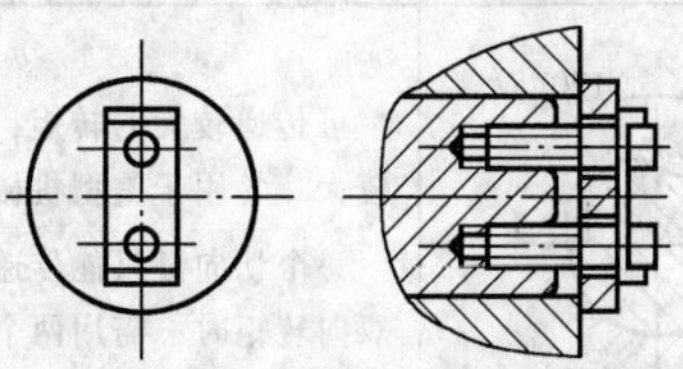	适用于固定轴端零件，可承受剧烈振动和冲击载荷
弹性挡圈	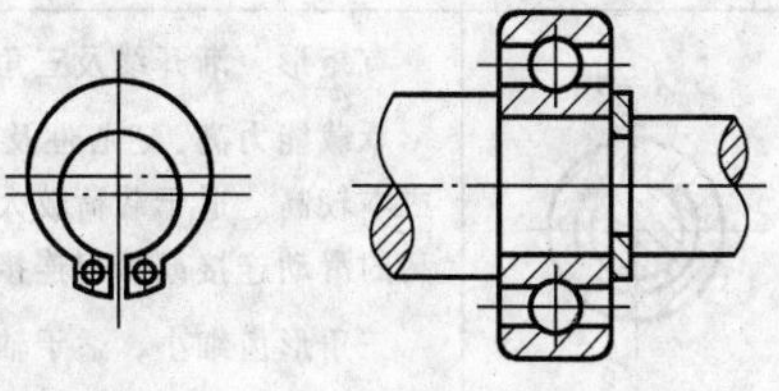	结构简单紧凑，只能承受很小的轴向力，常用于固定滚动轴承

续表

固定方法	简　图	特　点
锁紧挡圈	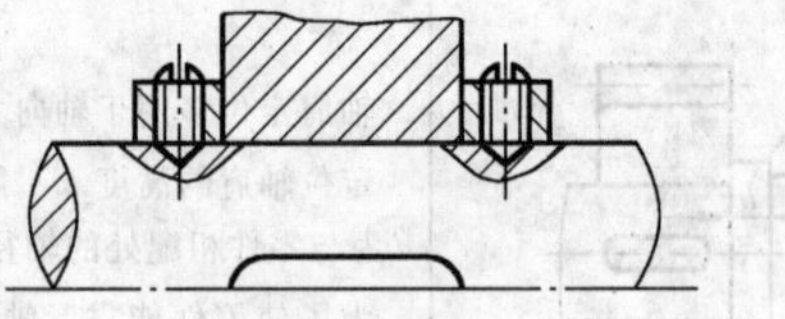	结构简单，不能承受大的轴向力，不宜用于高速。常用于光轴上零件的固定
紧定螺钉	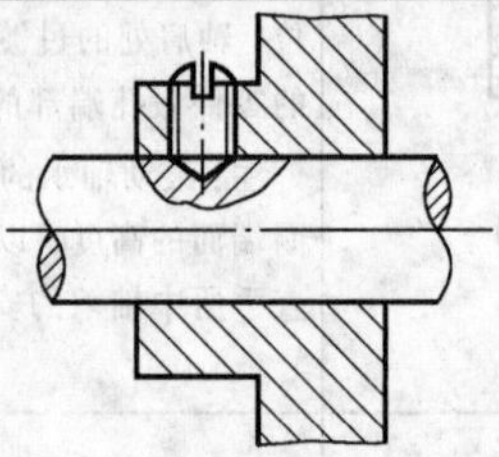	适用于轴向力很小，转速很低或仅为防止零件偶然沿轴向滑动的场合。为防止螺钉松动，可加锁圈。紧定螺钉同时亦起周向固定作用

② 轴上零件的周向定位和固定。

为使零件和轴一起转动并可靠地传递运动和动力，周向固定可以用键或花键连接。当要求对中性好，在振动条件下工作时，可用轴孔间的过盈配合；也可两者同时采用。在载荷很小时，也可以采用紧定螺钉或销钉，如表 15-3 所示。

表 15-3　轴上零件的周向定位

固定方法	简　图	特　点
平　键	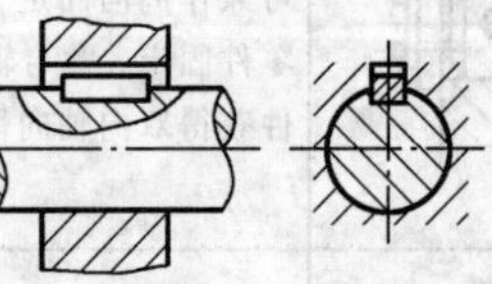	制造简单，装拆方便，对中性好。用于较高精度、高转速及受冲击或变载荷作用下的固定连接中，还可用于一般要求的导向连接中。齿轮、蜗轮、带轮与轴的连接常用此形式
楔　键	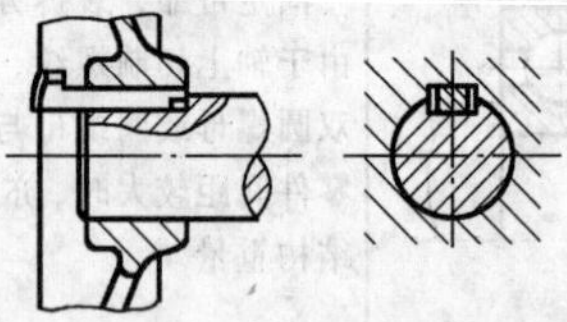	能传递转矩，同时能承受单向轴向力。由于装配后造成轴上零件的偏心或偏斜，故不适于要求严格对中、有冲击载荷及高速传动连接
切向键	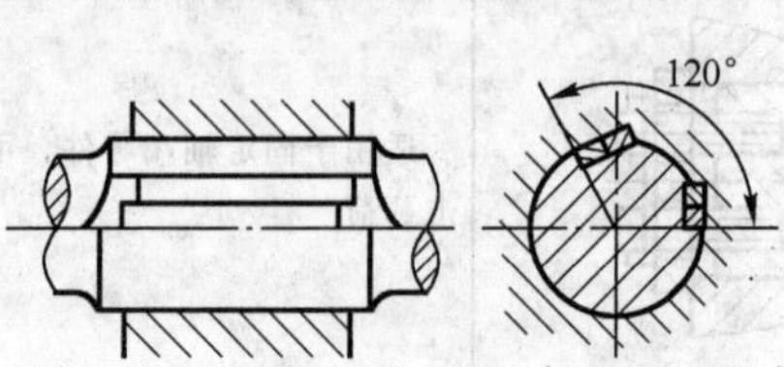	可传递较大的转矩，对中性差，对轴的削弱较大，常用于重型机械中。 一个切向键只能传递一个方向的转矩，传递双向转矩时，需用两个且互成 120°
花　键	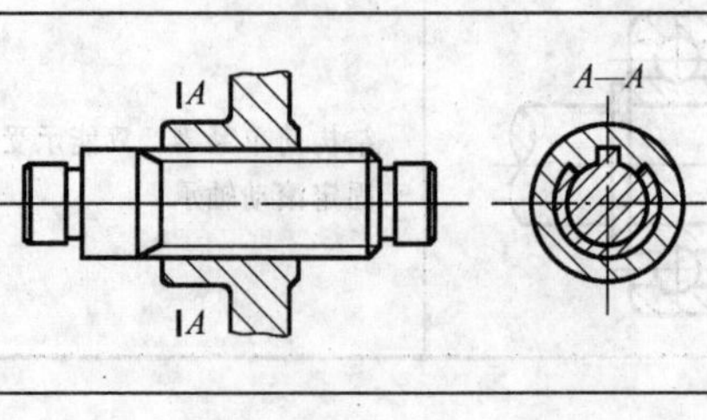	有矩形、渐开线及三角形花键之分。 承载能力高、定心性及导向性好，制造困难，成本较高。适于载荷较大，对定心精度要求较高的滑动连接或固定连接。 三角形齿细小，适于轴径小，轻载或薄壁套筒的连接

续表

固定方法	简　图	特　点
滑　键	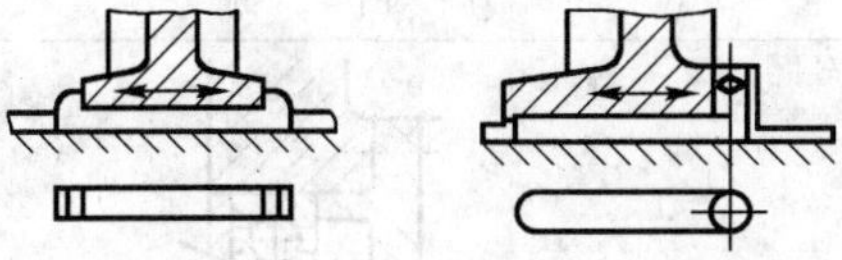	键固定在轮毂上，键随轮毂一同沿轴上键槽作轴向移动。 常用于轴向移动距离较大的场合
半圆键	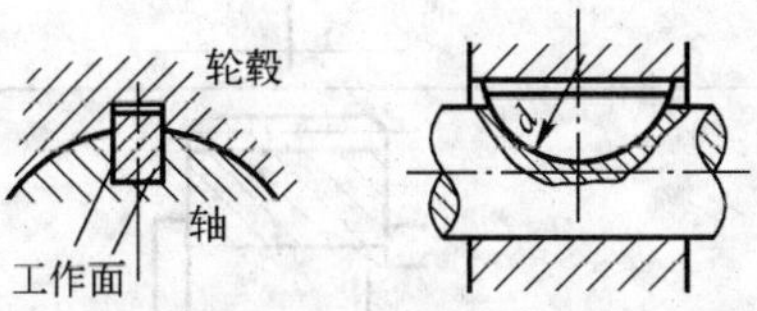	键在轴上键槽中能绕其几何中心摆动，故便于轮毂往轴上装配，但轴上键槽很深，削弱了轴的强度。 用于载荷较小的连接或作为辅助性连接，也用于锥形轴及轮毂连接
圆柱销	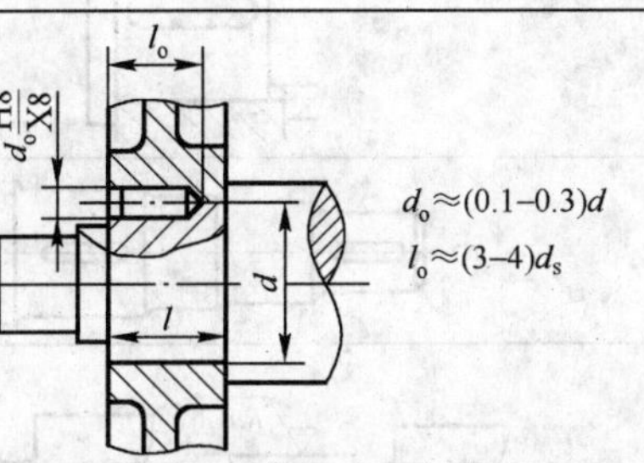	适用于轮毂宽度较小（如 $l/d<0.6$）,用键连接难以保证轮毂和轴可靠固定的场合。这种连接一般采用过盈配合，并可同时采用几只圆柱销。为避免钻孔时钻头偏斜，要求轴和轮毂的硬度差不能太大
圆锥销	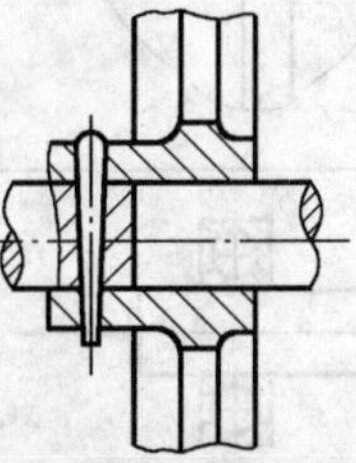	用于固定不太重要，受力不大但同时需要轴向固定的零件，或作安全装置用。由于在轴上钻孔，对强度削弱较大，故对重载的轴不宜采用。有冲击或振动时可采用开尾圆锥销
过盈配合	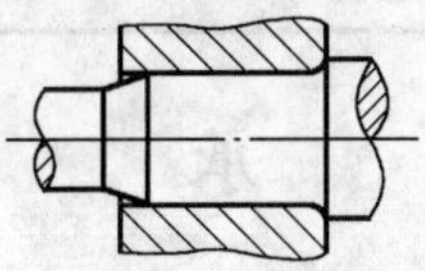	结构简单对中性好，承载能力高，可同时起周向和轴向固定作用，但不宜于常拆卸的场合。对于过盈量在中等以下的配合，常与平键连接同时采用，以承受较大的交变、振动和冲击载荷

（3）轴的结构工艺性。轴的结构应便于加工与装配。形状力求简单，阶梯轴的级数尽可能少，而且各段直径不易相差太大，轴的结构工艺性如表 15-4 所示。

表 15-4　轴的结构工艺性

注意要点	图　例
为便于零件的装拆，轴端应有 45° 的倒角； · 过盈配合零件的装入端应加工出导向锥面以便零件能顺利地压入	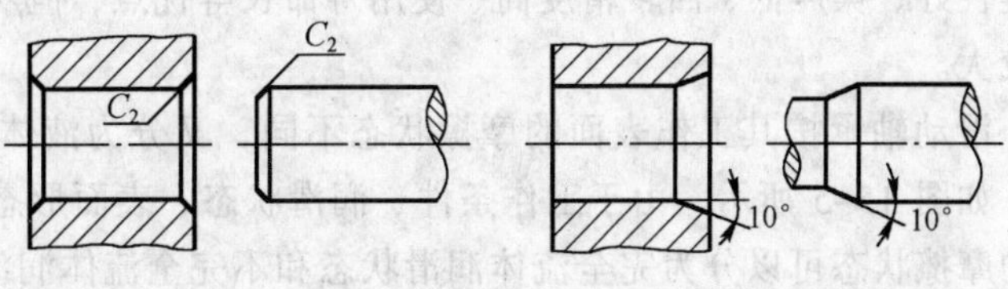(a) 倒角　　(b) 锥面

续表

注意要点	图　　例
轴肩或轴环定位时，其高度必须小于轴承内圈端部的厚度，以便于轴承的拆卸	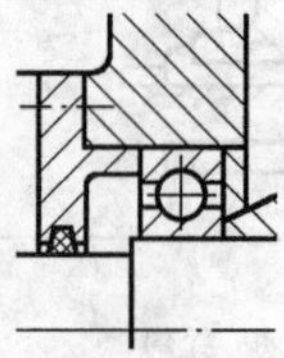
用套筒、圆螺母、轴端挡圈作轴向定位时，一般装配零件的轴头长度应比零件的轮毂长度短 2 ~ 3mm，以确保套筒、螺母或轴端挡圈能靠紧零件端面	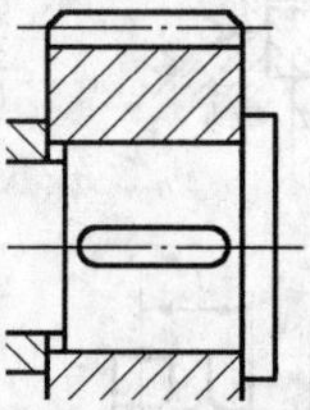
轴上有两个以上键槽时，应尽可能布置在同一条母线上，以利于加工	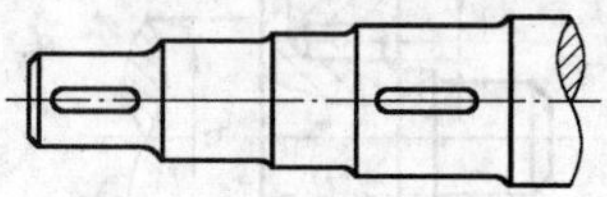
轴上磨削的轴段和车制螺纹的轴段，应分别留有砂轮越程槽和螺纹退刀槽，且后轴段的直径小于轴颈处的直径，以减少应力集中，提高疲劳强度	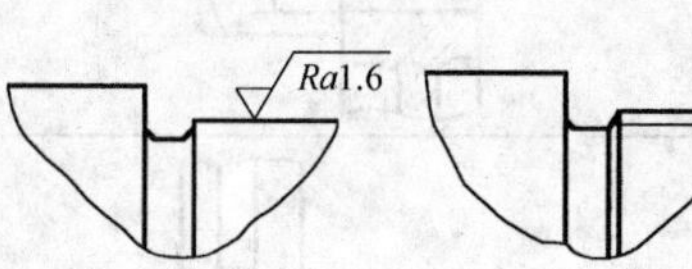
装配段不宜太长	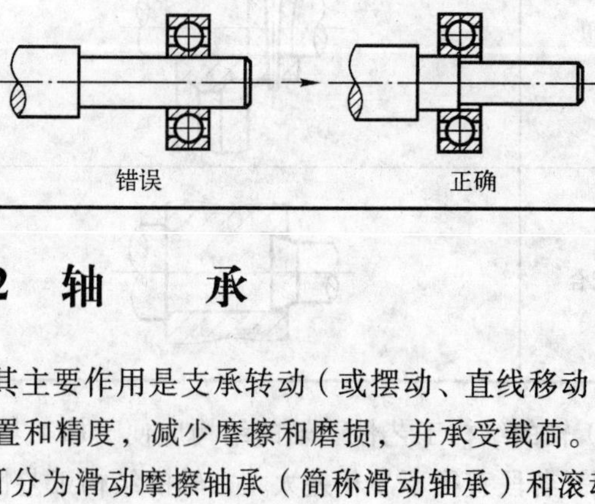

任务2　轴　　承

轴承是机械工业中的重要支承部件。其主要作用是支承转动（或摆动、直线移动）的轴类运动部件，保证轴和轴上传动件的工作位置和精度，减少摩擦和磨损，并承受载荷。

根据工作时的摩擦性质不同，轴承可分为滑动摩擦轴承（简称滑动轴承）和滚动摩擦轴承（简称滚动轴承）两大类。

在滑动摩擦下运转的轴承称为滑动轴承，滑动轴承具有结构简单、承载能力强、工作平稳、抗震性好、噪声低、回转精度高、使用寿命长等优点，但对润滑要求较高、维修复杂且轴向尺寸较大。

滑动轴承按其工作表面的摩擦状态不同，又分为液体滑动摩擦轴承和非液体滑动摩擦轴承。如图 15-5 所示，由于工作条件、润滑状态、表面形态的不同，滑动轴承中两摩擦表面之间的摩擦状态可以分为完全流体润滑状态和不完全流体润滑状态两类。滑动表面处于完全流体润滑状态时，两运动件表面不接触，摩擦系数很小，使用寿命长，是理想的摩擦状态。但要具备一定的条件才能形成，比如在一定条件下建立动压，或是供以外压，使得在轴颈和轴瓦表面之间有充足的润滑流体和足够厚的润滑油膜。当滑动轴承不具备形成完全流体摩擦的条件时，轴承轴颈和轴瓦表面之间虽然有润滑流体存在，但不能将两个表面完全隔开，有部分凸起的相对滑动表面仍然直接接触。这种状态下的滑动轴承摩擦和磨损较大，效率较低，但是结构简单，制造成本低，安装和维护方便。

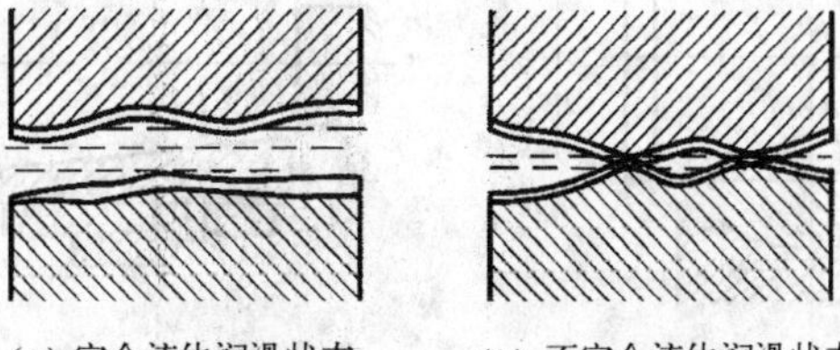

（a）完全流体润滑状态　（b）不完全流体润滑状态

图 15-5　滑动表面间的润滑状态

滚动摩擦下运转的轴承称为滚动轴承，滚动轴承的摩擦阻力较小，机械效率较高，润滑和维护方便，并且已经标准化，在机械中应用广泛。但它的径向尺寸、振动和噪声较大，影响了它在某些特殊场合的应用。

一、滑动轴承

1. 滑动轴承的结构

典型的滑动轴承结构如图 15-6 所示，其最主要的零件是轴瓦（套）和支承轴瓦的轴承座。按照其承受载荷的方向分为径向滑动轴承和推力（也称止推）滑动轴承。按其是否可以剖分又分有整体式和剖分式。

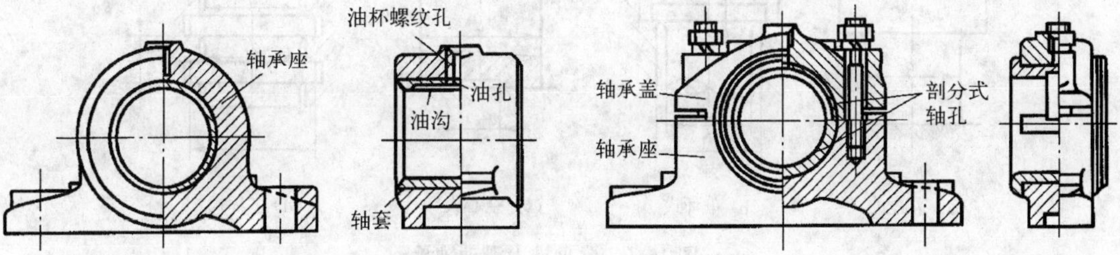

（a）整体式　（b）剖分式

图 15-6　滑动轴承的结构

整体式滑动轴承构造简单，成本低廉，但在摩擦表面磨损后，轴颈与轴套之间的间隙无法调整，且轴承只能从轴的端部装入，使装拆不便，所以常用于低速、载荷较小的间歇工作机器上。剖分式滑动轴承的轴瓦和轴承座一般沿直径方向对开，轴瓦磨损后可以通过适当地调整垫片，或对其分合面进行刮削、研磨来调整轴与孔的间隙，应用较广。

（1）径向滑动轴承。图 15-6 所示的整体式滑动轴承和剖分式滑动轴承都属于这一类型，我国已制定了生产使用标准，可按工作情况选用。安装时轴瓦与轴承座采用紧配合，而轴瓦与轴采用松配合，工作中应加入润滑油以降低运动件之间的磨损。对于剖分式滑动轴承安装时须用螺纹连接件将轴承盖和轴承座紧密连接到位。

另外还有一些特殊用途的径向滑动轴承，如图 15-7(a)所示的自动调心轴承，图 15-7 (b) 所示的锥形内表面可调间隙轴承等。

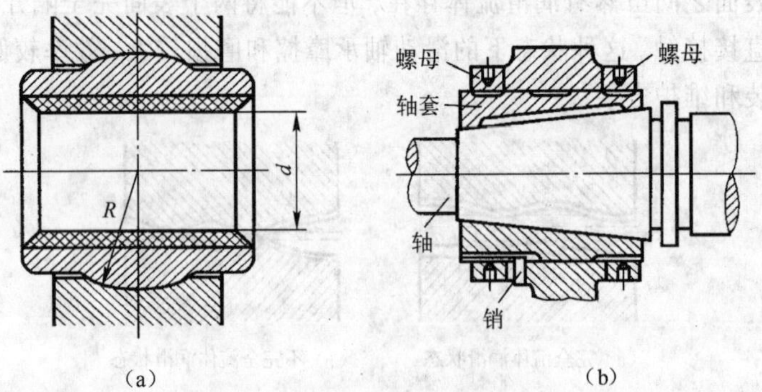

图 15-7 特殊径向滑动轴承

（2）推力滑动轴承。推力滑动轴承用来承受轴向载荷，一般仅能承受单向轴向载荷，常见的结构如图 15-8 所示其中，实心式的轴颈端面与止推轴瓦组成摩擦副。由于摩擦端面上各点的线速度与半径成正比，故离中心愈远处磨损愈严重，这样使摩擦端面上压力分布不匀，靠近中心处压力升高较大。为了改善因结构而带来的缺陷，可采用中空或环形端面；轴向载荷过大时，可采用多环轴颈。

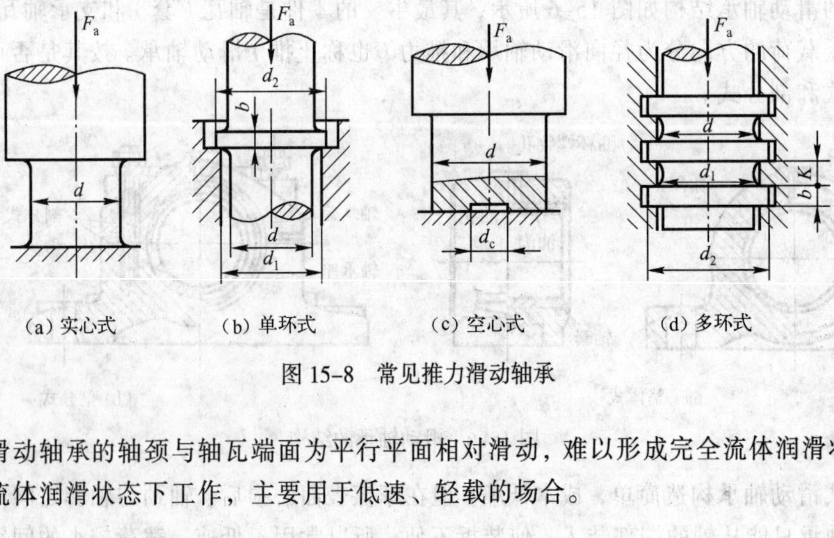

图 15-8 常见推力滑动轴承

推力滑动轴承的轴颈与轴瓦端面为平行平面相对滑动，难以形成完全流体润滑状态，只能在不完全流体润滑状态下工作，主要用于低速、轻载的场合。

2. 轴瓦的结构和材料

（1）轴瓦的结构。轴瓦（轴套）是滑动轴承中直接与轴颈相接触的重要零件，其结构形式和性能将直接影响轴承的承载能力、效率和使用寿命。对应于轴承、轴瓦的形式也做成整体式和剖分式两种结构，如图 15-9 所示。

为了有较高的承载性和节省贵重材料，常在轴瓦的工作表面增加一层耐磨性好的材料，称为轴承衬，形成双材料轴瓦。此外，为了将润滑油引入轴承，并分布到轴承的整个工作表面，还需在轴瓦上开油槽和油孔，以便在轴颈和轴瓦表面之间导油。一般油槽和油孔开在非承载区，以免破坏承载区润滑油膜的连续性，降低轴承的承载能力。

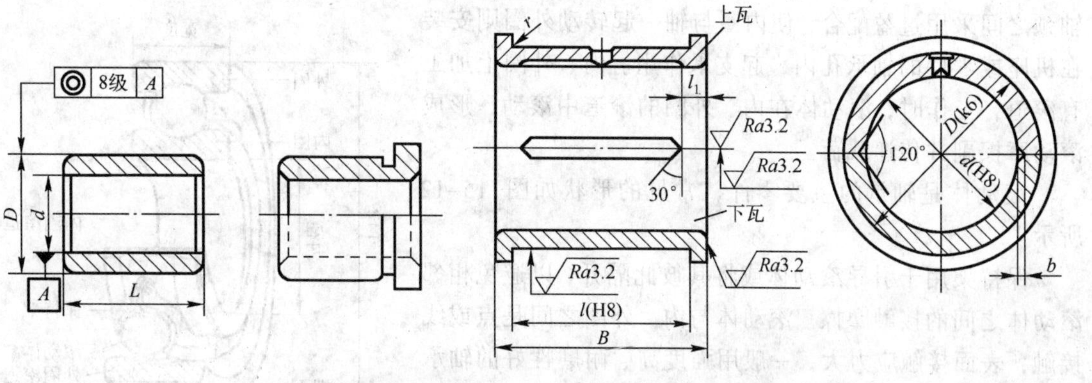

（a）整体式轴套　　（b）带挡边轴套　　（c）剖分式轴套

图 15-9　轴瓦的结构

关于轴瓦的结构尺寸和制造标准，可以参阅《机械设计手册》等有关标准资料。

为了使滑动轴承获得良好的润滑，轴瓦或轴颈上需开设油孔及油沟，油孔用于供应润滑油，油沟用于输送和分布润滑油。其位置和形状对轴承的承载能力和寿命影响很大。通常，油孔应设置在油膜压力最小的地方；油沟应开在轴承不受力或油膜压力较小的区域，要求既便于供油又不降低轴承的承载能力。

图 15-10 所示几种常见的油沟，油孔和油沟均位于轴承的非承载区，油沟的长度均较轴承宽度短。

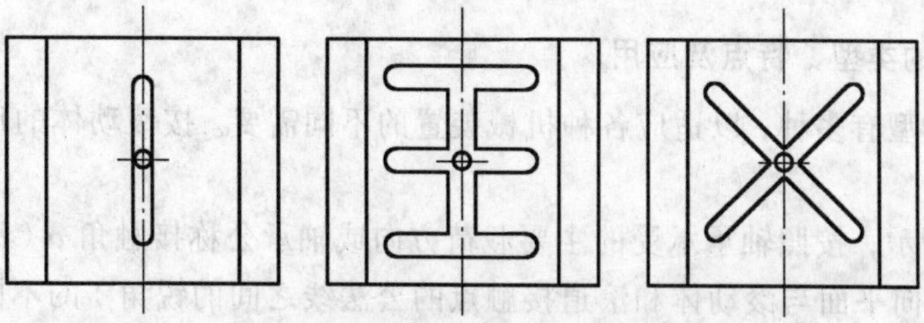

图 15-10　常见的油沟形式

（2）轴瓦的材料。滑动轴承的失效形式主要是轴瓦表面的磨粒磨损、刮伤、胶合（咬粘）、疲劳脱落和腐蚀。轴瓦直接参与摩擦，其材料性能应具有：①良好的减磨和耐磨性；②足够的承载性能和抗疲劳性能；③良好的顺应性，以避免表面间的卡死和划伤；④良好的导热性、耐腐蚀性、加工工艺性和低的热膨胀系数。另外在可能产生胶合的场合，选用具有抗胶合性的材料。

轴瓦的常用材料主要有金属材料（轴承合金、青铜和铸铁）、粉末冶金材料和非金属材料三大类。

二、滚动轴承

滚动轴承在工业化中的应用已标准化、系列化、通用化，并由专门化的工厂大批量生产。使用时主要根据工作条件选择适当的类型，确定所需尺寸的大小并合理设计相应的装配结构。

1. 滚动轴承的结构

如图 15-11 所示，滚动轴承一般由外圈、内圈、滚动体和保持架四部分组成。通常内圈与轴颈之间采用过盈配合，使内圈与轴一起转动外圈则安装在机座或零件的轴承孔内，起支承作用。内、外圈上加工有滚道，工作时，滚动体在内、外圈的滚道中滚动，形成滚动摩擦副并传递载荷。

滚动体是轴承的主要零件，常见的形状如图 15-12 所示。

保持架用于引导滚动体或将其彼此隔开，以避免相邻滚动体之间的接触摩擦。滚动体与内、外圈之间是点或线接触，表面接触应力大，一般用强度高、耐磨性好的轴承钢如 GCr15、GCr15SiMn 等制成，热处理后硬度应在 60HRC 以上。保持架多用低碳钢冲压而成，也有用黄铜、塑料等制成的。

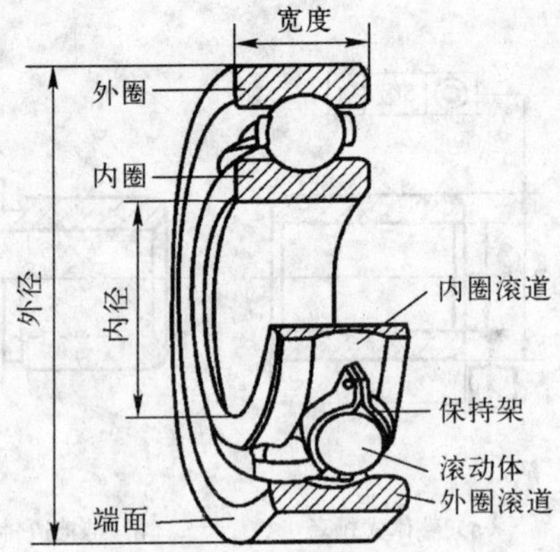

图 15-11　滚动轴承的结构

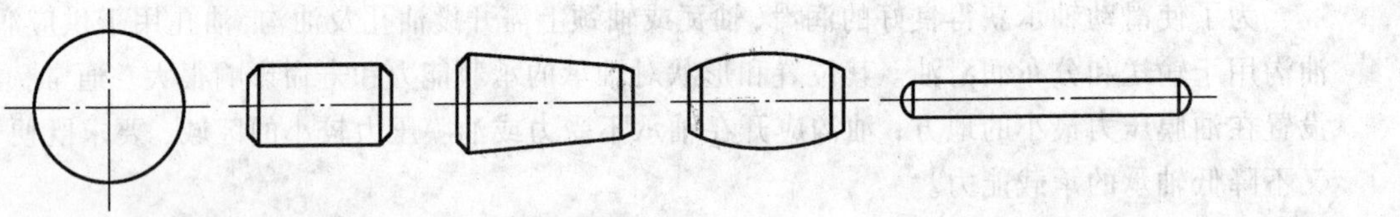

（a）球形　（b）圆柱　（c）圆锥　（d）鼓锥　（e）滚针形

图 15-12　常用的滚动体形状

2．滚动轴承的类型、特点及应用

滚动轴承的类型有多种，以适应各种机械装置的不同需要。按滚动体的形状可分为球轴承和滚子轴承两类。

如图 15-13 所示，按照轴承承受的主要载荷方向或轴承公称接触角 *a*（滚动轴承公称接触角。是指轴承的径向平面与滚动体和滚道接触点的公法线之间的锐角）的不同，滚动轴承可分为向心轴承和推力轴承。*a* 越大，滚动轴承承受轴向载荷的能力也越大。

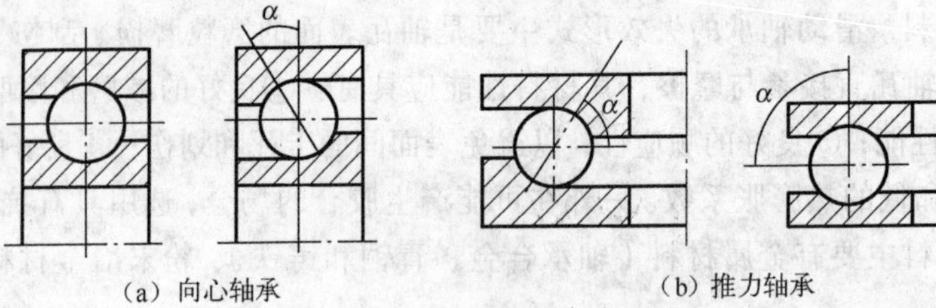

（a）向心轴承　（b）推力轴承

图 15-13　滚动轴承的公称接触角

向心轴承主要用于承受径向载荷，公称接触角的范围为 0° ≤a≤45° 。

推力轴承主要用于承受轴向载荷，公称接触角的范围为 45° <a≤90° 。

滚动轴承作为标准件，一般按其所能承受的载荷方向或公称接触角、滚动体种类进行综合分类，参见 GB / T 271—2008。

各类轴承的结构形式不同，分别适用于不同的载荷、转速和工作条件。表 15-5 中列出了常用的滚动轴承类型与性能特点。

表 15-5　常用滚动轴承类型与性能特点

轴承类型名称及国标代号	类型代号	结构示意图及结构简图	承载方向	性能特点及应用
调心球轴承 GB/T281—1994	1	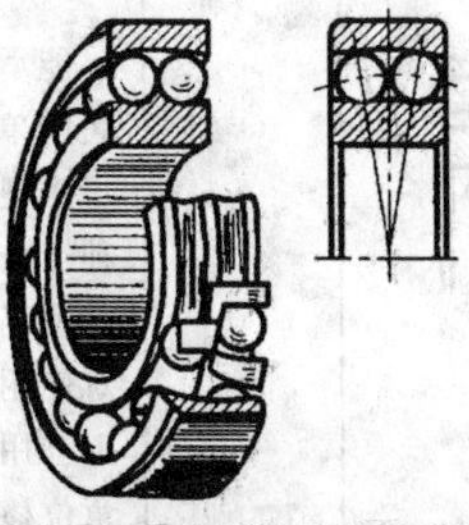	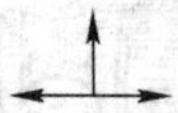	滚动体为双列球，外圈滚道是以轴承中心为中心的球面，实现自动调心。适用于多承支点、弯曲刚度不足以及难以对中的角度轴。主要承受径向载荷及少量的轴向载荷。允许角位移 2°～3°
调心滚子轴承 GB/T288—1994	2	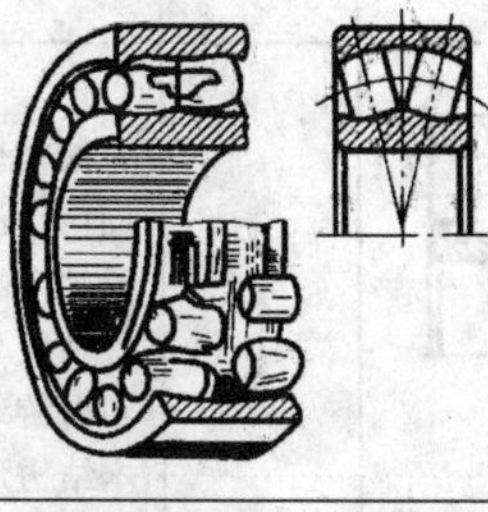	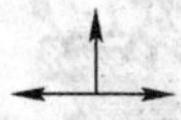	滚动体为双列球面滚子，外圈滚道是以轴承中心为中心的球面，实现自动调心。能承受较大的径向载荷和少量的轴向载荷，抗震动、冲击。但加工要求高，用于其他轴承不能胜任的重载且需调心的场合。允许角位移 1.5°～2.5°
圆锥滚子轴承 GB/T297—1994	3	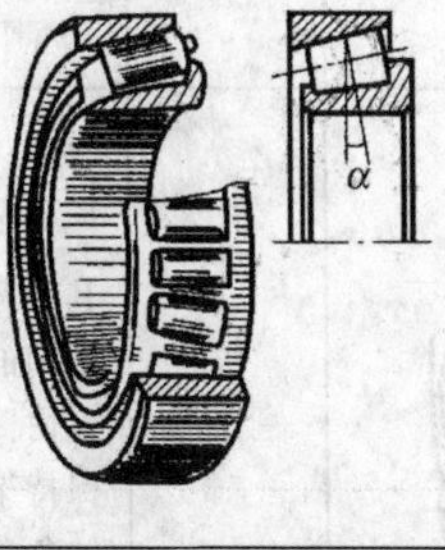		能同时承受较大的径向载荷和轴向载荷。内外圈可分离，游隙可调，装拆方便，适用于要求刚性较大的轴，一般成对使用。在同一支点使用两个相反方向安装的圆锥滚子轴承时，可以通过预紧提高轴承刚度。价格相对较高。允许角位移 2'
推力球轴承 GB/T301—1995	5	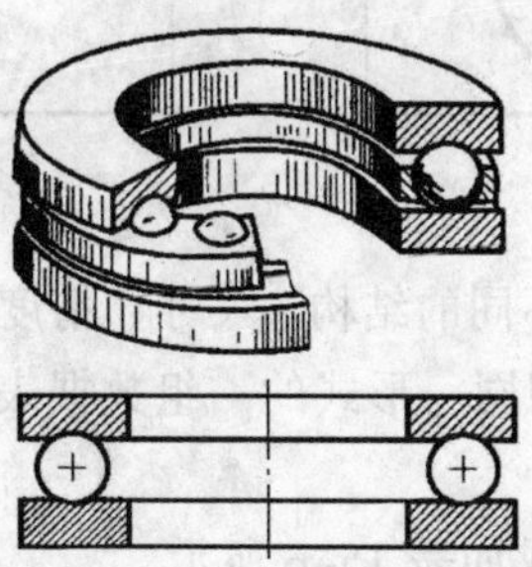		仅承受轴向载荷，载荷作用线必须与轴线重合。推力轴承的套圈不分内、外圈，而分轴圈与座圈，或统称“垫圈”。轴圈与轴过盈配合并一起旋转，座圈的内径与轴保持一定间隙，置于机座中。轴圈、座圈、滚动体是分离的。用于有轴向载荷大和转速不高的场合。不允许有角位移
深沟球轴承 GB/T276—1994	6	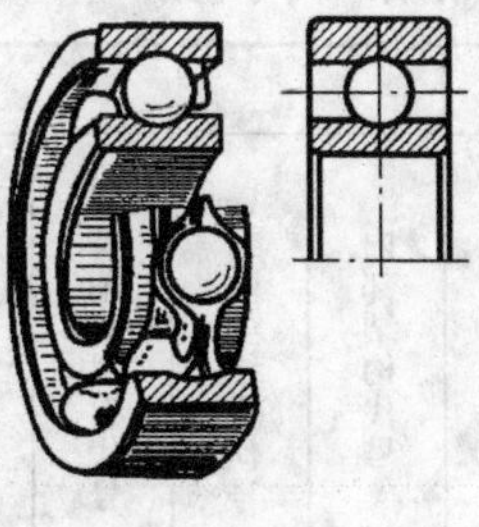	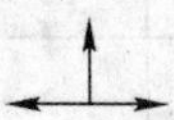	主要承受径向载荷及小量双向轴向载荷，动摩擦系数最小，极限转速高。适用于刚性较大和转速较高的轴，在转速较高、轴向载荷不大，不能用推力轴承时，用其代替承受纯轴向载荷。结构紧凑，重量轻，批量生产，应用最广，价格低。允许角位移 8'～16'

续表

<table>
<tr><th>轴承类型名称及国标代号</th><th>类型代号</th><th>结构示意图及结构简图</th><th>承载方向</th><th>性能特点及应用</th></tr>
<tr><td>角接触球轴承
GB/T292—1994</td><td>7</td><td>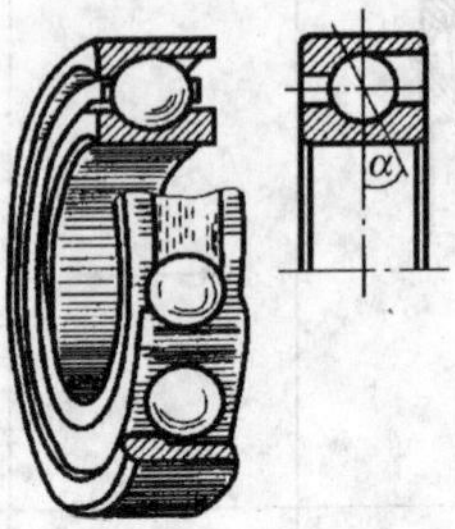</td><td></td><td>能承受径向载荷和轴向载荷，或承受较大的单向轴向载荷。公称接触角 α 有：15°（C 型）、25°（AC 型）和 40°（B 型）三种。α 越大，轴向承载能力也越大。极限转速高，通过预紧提高轴承刚度。通常成对使用，可分别装在两个支点或同一支点上。用于刚性较大而跨距不大的轴。允许角位移 2'～10'</td></tr>
<tr><td>圆柱滚子轴承
GB/T283—1994</td><td>N</td><td>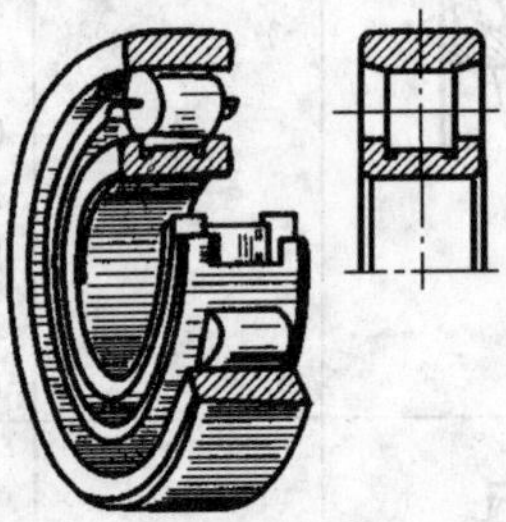</td><td></td><td>滚动体是圆柱滚子，径向承载能力是相同内径深沟球轴承的 1.5～1.3 倍，不能承受轴向载荷。耐冲击，内外圈可分离，但各轴线允许的偏转角很小，当要求轴能作轴向游动时这是一种理想的支承结构。基本结构形式为 N 型，另有内圈无挡边的 NU 型和内圈单挡边的 NJ 型</td></tr>
<tr><td>滚针轴承
GB/T5801—1994</td><td>NA</td><td>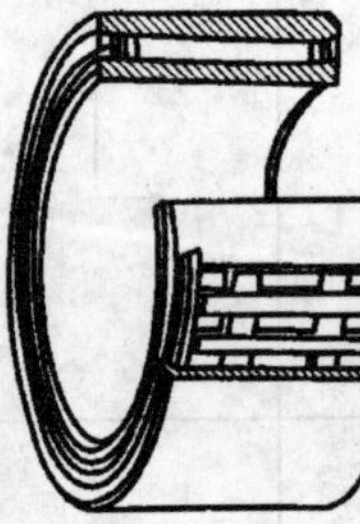</td><td></td><td>在内径相同的情况下，与其他轴承相比，其外径最小，因而特别适用于径向尺寸受限制的场合，其基本型号为 NA 型，还有无内圈的（HK、BK 型）和无内、外圈有保持架的 K 型。这类轴承不允许有轴线偏转角，极限转速低</td></tr>
</table>

3．滚动轴承的代号标准

滚动轴承的类型多，同一系列中又有不同的结构、尺寸、精度及技术要求，为便于组织生产和选用，国家标准规定每一种滚动轴承用同一形式的一组数据表示，这一组数据称为滚动轴承代号，并打印在滚动轴承端面上。

GB/T 272—1993 规定滚动轴承代号组成如表 15-6 所示。

表 15-6 滚动轴承代号构成

<table>
<tr><td>前置代号</td><td colspan="5">基本代号</td><td colspan="8">后置代号</td></tr>
<tr><td rowspan="3">成套轴承分部件代号</td><td>五</td><td>四</td><td>三</td><td>二</td><td>一</td><td rowspan="3">内部结构代号</td><td rowspan="3">密封防尘结构代号</td><td rowspan="3">保持架及材料代号</td><td rowspan="3">特殊轴承材料代号</td><td rowspan="3">公差等级代号</td><td rowspan="3">游隙代号</td><td rowspan="3">多轴承配置代号</td><td rowspan="3">其他代号</td></tr>
<tr><td rowspan="2">类型代号</td><td colspan="2">尺寸系列代号</td><td colspan="2" rowspan="2">内径代号</td></tr>
<tr><td>宽度系列代号</td><td>直径系列代号</td></tr>
</table>

（1）基本代号。基本代号用于表明滚动轴承的内径、直径系列、宽度系列和类型，一般最多为 5 位数字或 4 位数字和字母组成。

① 内径代号用基本代号右起第一、二位数字表示。00、0l、02 和 03 分别代表内径尺寸为 l0、12、15、17mm；内径代号从 04～96 时，乘以 5 即为轴承内径尺寸，代表 20～480mm 的内径；内径小于 10mm、大于等于 500mm 和等于 22mm、28mm、32mm 的轴承，其内径表示法可查阅 GB/T 272—1993。

② 直径系列代号基本代号右起第三位数字表示。它反映了具有相同内径的轴承在外径方面的变化。为适应不同的载荷，需要在相同内径的轴承中使用不同大小的滚动体，这样引起外径尺寸的变化。按 7、8、9、0、1、2、3、4、5 的顺序，外径依次增大，轴承的承载能力也相应增大。

③ 宽（高）度系列代号用基本代号右起第四位数字表示。它反映了具有相同内径和外径尺寸的轴承，其宽（高）度尺寸的不同变化。向心轴承按 8、0、l、2、3、4、5、6 的顺序，宽度依次增大，正常宽度的轴承此代号为“0”。多数轴承在代号中不标出宽度系列代号，但对调心滚子轴承和圆锥滚子轴承宽度系列代号 0 要标出。推力轴承按 7、9、1、2 的顺序，高度依次增大。

直径系列代号和宽（高）度系列代号统称为滚动轴承尺寸系列代号。组合排列时，宽（高）度系列在前，直径系列在后。

④ 类型代号用基本代号右起第五位数字或字母表示，如表 15-6 所示。

（2）后置代号。轴承的后置代号是用字母和数字等表示轴承的内部结构、公差等级、游隙等，处于基本代号之后。这里介绍一下表 15—6 中所列的几个常用代号。

① 内部结构代号　同一类型轴承有不同的内部结构时，用规定的字母表示其差别。如角接触球轴承分别用 C、AC、B 代表三种不同的公称接触角 α= 15°、25°、40°。

② 公差等级代号　表示不同的尺寸精度和旋转精度的特定组合。按 2 级、4 级、5 级、6 级、6x 级、0 级的顺序，依次由高到低，代号为／P2、／P4、／P5、／P6、／P6x、／P0。0 级是普通级，在轴承代号中不标出。6x 级仅用于圆锥滚子轴承。

③ 游隙代号游隙是指轴承在无载荷作用时，一个套圈相对另一个套圈在某一个方向的可移动距离。常用的轴承径向游隙代号系列有：1 组、2 组、0 组、3 组、4 组、5 组的轴承，其游隙代号分别为：／C1、／C2，0 组不标出，／C3、／C4、／C5，径向游隙按上列顺序由小到大。目前工程实际中通常使用的游隙是 3 组(／C3)

后置代号的其他项目用到较少，用时可查 GB/T 272—1993。

（3）前置代号。轴承的前置代号用于表示成套轴承的分部件，用字母表示。当轴承的某些分部件具有其特殊性时，在基本代号前加上相应的字母。如用 L 表示可分离轴承的可分离套圈，K 表示轴承的滚动体与保持架组件等。

【例 15-1】 试说明轴承代号 6206/P6 的含义。

6　2　06　/P6

/P6 —— 公差等级为6

06 —— 轴承内径为30mm

2 —— 宽度系列为0（省略），直径系列为2

6 —— 深沟球轴承

4. 滚动轴承的类型选择

各类滚动轴承具有不同的特性，在选择滚动轴承时，必须根据实际工作情况，按工作载荷的性质、转速高低、装配结构及经济性要求进行选择。

（1）轴承工作载荷的大小、方向和性质。只承受径向载荷时，应选用向心轴承；只承受轴向载荷时，应选用推力轴承；同时承受径向和轴向载荷时，应选用角接触轴承，轴向力越大，要选择接触角大的轴承，轴向载荷很大时，可选用向心轴承与推力轴承的组合，分别承受径向和轴向载荷；但在高速轻载时可考虑用深沟轴承或角接触球轴承代替。

在相同外形尺寸条件下，滚子轴承比球轴承承载能力高、抗冲击能力强，因而载荷大，有冲击时，宜选用滚子轴承；载荷小而平稳时，宜选用球轴承。

（2）轴承工作转速。受离心力影响，滚动轴承选用时应保证工作转速低于极限值。一般只有在转速较高，接触角 α=15°、25°、40°。时，才需考虑轴承类型的选择，通常在尺寸公差等级相同时，球轴承比滚子轴承有较高的极限转速，故高速时应优先选用。

（3）轴承的装卸、调整，支承轴的刚度。受加工、装配误差及受力变形等影响，轴在工作时将产生较大弯曲变形，尤其在支点跨距大、刚性差等场合下变形更大，应选用调心轴承，并应保证所选用轴承的相对角位移小于该类型轴承的允许值，但必须在轴的两端同时使用调心轴承，否则将会失去调心作用；对于不便装卸的结构，应选取内、外圈可分离的轴承；当径向尺寸受到限制时，应选用外径尺寸较小的轴承或滚针轴承。

（4）经济性。球轴承制造容易、价格低廉，在满足基本工作要求条件下，应优先选用；同型号不同公差等级的轴承，价格相差较大，应以够用为原则。若没有特殊要求，通常选用普通级最为经济。

5. 滚动轴承的失效形式

（1）疲劳点蚀。滚动轴承在工作时，作用于轴上的载荷是通过轴承的内圈、滚动体、外圈传到机座上的，使滚动体与内、外圈的接触表面产生接触应力。因为轴承的内、外圈要作相对转动，滚动体沿滚道滚动，所以接触表面的接触应力按脉动循环规律变化。在这种应力长期作用下，使轴承的滚动体和内、外圈滚道的表面金属将发生剥落，从而形成疲劳点蚀。疲劳点蚀是滚动轴承的主要失效形式，它使轴承产生振动和噪声，旋转精度下降，影响机器的正常工作。

（2）塑性变形。当轴承的转速很低时(n<10r/min)或间歇摆动时，一般不会发生疲劳点蚀，此时轴承往往会因受到过大的静载荷或冲击载荷而产生塑性变形，使轴承失效。

此外，由于使用、维护和保养不当，或润滑、密封不良等原因，也能引起轴承的早期磨损、胶合，内、外圈和保持架损坏等不正常失效。

课题十六　联轴器和离合器

知识点：

◆ 联轴器的类型及工作原理。

◆ 离合器的类型及工作原理。

技能点：

◆ 熟知联轴器和离合器的实际应用。

联轴器与离合器的功用是将轴与轴(或轴与旋转零件)联成一体，使其一同运转，并将一轴转矩传递给另一轴。联轴器在运转时，两轴不能分离，必须停车后，经过拆卸才能分离。离合器在运转或停车后，不用拆卸，两轴便能分离。联轴器与离合器都是由若干零件组成的通用部件。

图 16-1 所示的带式输送机中电动机的输出轴与减速器的输入轴、减速器的输出轴与输送带卷筒轴都是用联轴器连接的。

联轴器和离合器的类型很多，其中多数已标准化、系列化，在机械设计中可以选用。选用时先根据工作要求，如载荷大小及特性、工作转速、补偿性能、工作环境等确定合适的类型，然后按照计算转矩的大小和被连接轴的直径从设计手册中查出适当的型号，必要时应对其中某些零件的强度进行验算。

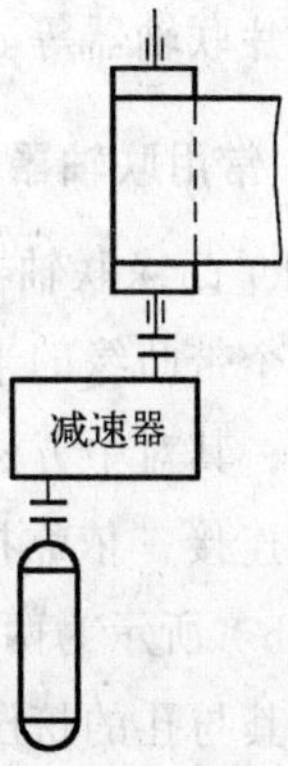

图 16-1　带式输送机传动图

一、联轴器

1. 联轴器的性能要求

联轴器所连接的两轴，由于制造及安装误差、承载后变形、温度变化和轴承磨损等原因，不能保证严格对中，使两轴线之间出现各种相对位移，如图 16-2 所示。如果联轴器对各种位移没有补偿能力，工作中将会产生附加动载荷，使工作情况恶化。因此，要求联轴器具有补偿

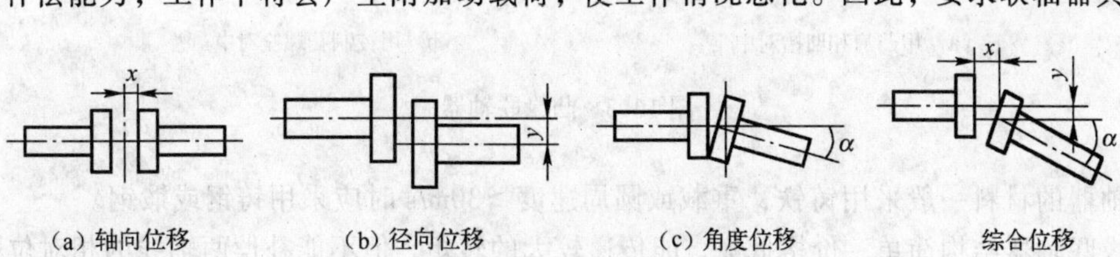

(a) 轴向位移　(b) 径向位移　(c) 角度位移　综合位移

图 16-2　轴线的相对位移

一定范围内两轴线相对位移量的能力。对于经常负载起动或工作载荷变化的场合，可采用具有起缓冲、减振作用的弹性联轴器，以保护原动机和工作机不受或少受损伤。同时，还要求联轴器安全、可靠，有足够的强度和使用寿命。

2. 联轴器的分类

联轴器可分为刚性联轴器和挠性联轴器两大类。

（1）刚性联轴器不具有缓冲性和补偿两轴线相对位移的能力，要求两轴安装严格对中。但由于此类联轴器结构简单，制造成本较低，装拆、维护方便，能保证两轴有较高的对中性，传递转矩较大，所以应用广泛。常用的有凸缘联轴器、套筒联轴器和夹壳联轴器等。

（2）挠性联轴器又可分为无弹性元件挠性联轴器和有弹性元件挠性联轴器，前一类只具有补偿两轴线相对位移的能力，但不能缓冲减振，常见的有滑块联轴器、齿式联轴器、万向联轴器和链条联轴器等；后一类因含有弹性元件，除具有补偿两轴线相对位移的能力外，还具有缓冲和减振作用，但传递的转矩因受到弹性元件强度的限制，一般不及无弹性元件挠性联轴器，常见的有弹性套柱销联轴器、弹性柱销联轴器、梅花形联轴器、轮胎式联轴器、蛇形弹簧联轴器和簧片联轴器等。

3. 常用联轴器的结构和特点

（1）凸缘联轴器。凸缘联轴器是刚性联轴器中应用最广泛的一种，结构如图 16-3 所示，是由两个带凸缘的半联轴器用螺栓连接而成，半联轴器与两轴之间用键连接。常用的结构形式有两种，其对中方法不同，图 16-3（a）所示为两半联轴器的凸肩与凹槽相配合而对中，用普通螺栓连接，依靠接合面间的摩擦力传递转矩，对中精度高，装拆时轴必须作轴向移动。图 16-3（b）所示为两半联轴器用铰制孔螺栓连接，靠螺栓杆与螺栓孔配合对中，依靠螺栓杆的剪切及其与孔的挤压传递转矩，装拆时轴不须作轴向移动。

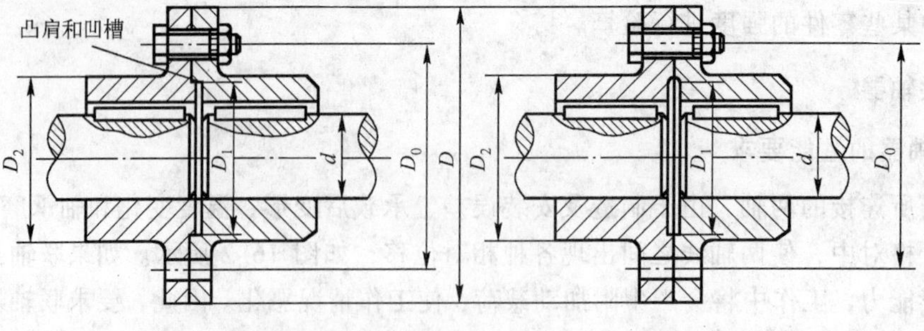

（a）用凸肩和凹槽对中　　（b）用铰制孔螺栓对中

图 16-3　凸缘联轴器

联轴器的材料一般采用铸铁，重载或圆周速度≥30m/s 时应采用铸钢或锻钢。

凸缘联轴器结构简单，价格低廉，能传递较大的转矩，但不能补偿两轴线的相对位移，也不能缓冲减振，故只适用于连接的两轴能严格对中、载荷平稳的场合。

（2）滑块联轴器。滑块联轴器如图 16-4 所示。它利用中间滑块 2 与两个半联轴器 1、3 的端面径向槽配合以实现两轴连接。滑块沿径向滑动补偿径向偏移，并能补偿角偏移，结构简单、制造方便。但由于滑块偏心，工作时会产生较大的离心力，故只用于低速。

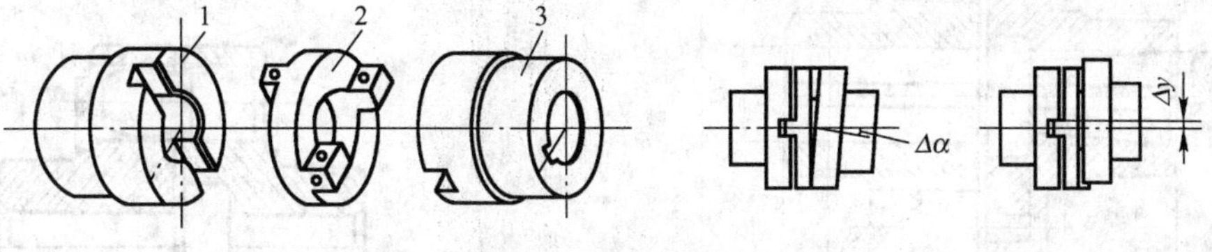

图 16-4　滑块联轴器

联轴器和中间盘的常用材料为 45 钢或铸钢 ZG310——570，工作表面淬火硬度为 48～58HRC。

（3）万向联轴器。万向联轴器中常见的有十字轴式万向联轴器，如图 16-5 所示。它利用中间连接件十字轴 3 连接两边的半联轴器，两轴线间夹角 α 可达到 40°～45°。

单个十字轴式万向联轴器的主动轴作等角速转动时，其从动轴作变角速转动。为避免这种现象，可采用两个万向联轴器，使两次角速度变动的影响相互抵消，从而使主动轴与从动轴同步转动（见图 16-6）但各轴相互位置必须满足：(1)主动轴、从动轴与中间轴之间的夹角相等；(2)中间轴两端叉面必须位于同一平面内。

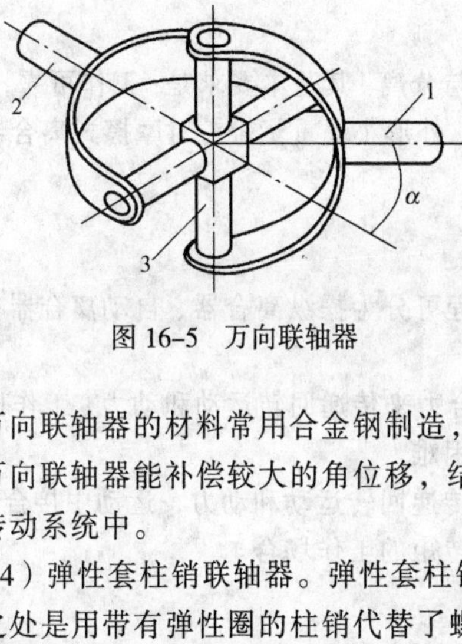

图 16-5　万向联轴器

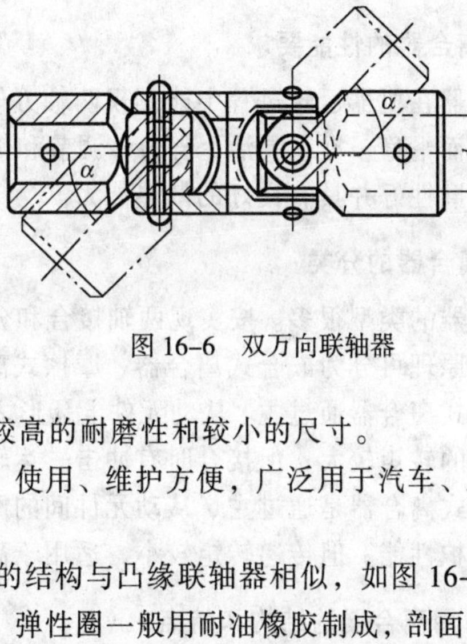

图 16-6　双万向联轴器

万向联轴器的材料常用合金钢制造，以获得较高的耐磨性和较小的尺寸。

万向联轴器能补偿较大的角位移，结构紧凑，使用、维护方便，广泛用于汽车、工程机械等的传动系统中。

（4）弹性套柱销联轴器。弹性套柱销联轴器的结构与凸缘联轴器相似，如图 16-7 所示。不同之处是用带有弹性圈的柱销代替了螺栓连接，弹性圈一般用耐油橡胶制成，剖面为梯形以提高弹性。柱销材料多采用 45 钢。为补偿较大的轴向位移，安装时在两轴间留有一定的轴向间隙；为了便于更换易损件弹性套，设计时应留一定的距离 *A*。

弹性套柱销联轴器制造简单，装拆方便，但寿命较短，适用于连接载荷平稳、需正反转或起动频繁的小转矩传动轴，多用于电动机的输出与工作机械的连接上。

（5）弹性柱销联轴器。弹性柱销联轴器（见图 16-8）与弹性套柱销联轴器结构也相似，只是柱销材料为尼龙，柱销形状一端为柱形，另一端制成腰鼓形，以增大角度位移的补偿能力。为防止柱销脱落，柱销两端装有挡板，用螺钉固定。

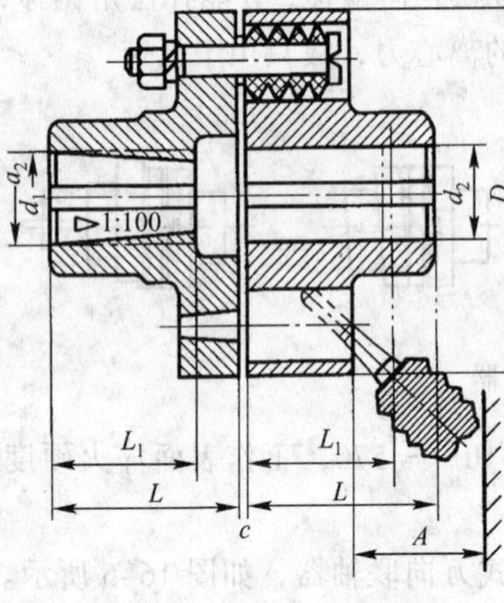

图 16-7　弹性套柱销联轴器

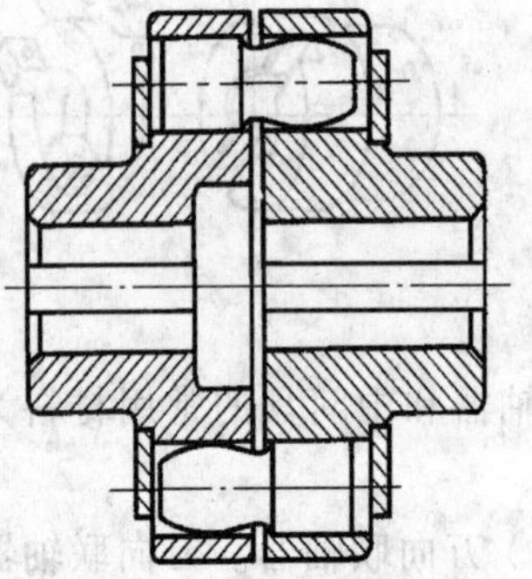

图 16-8　弹性柱销联轴器

弹性柱销联轴器结构简单，能补偿两轴间的相对位移，并具有一定的缓冲、吸振能力，应用广泛，可代替弹性套柱销联轴器。但因尼龙对温度敏感，使用时受温度限制，一般在−20～70℃之间使用。

二、离合器

1. 离合器的性能要求

离合器在机器运转过程中能实现两轴方便地接合与分离。其基本要求是：工作可靠，接合、分离迅速而平稳，操纵灵活、省力，调节和修理方便，外形小、重量轻；对摩擦式离合器，还要求其耐磨性好并具有良好的散热能力。

2. 离合器的分类

离合器的类型很多。按实现两轴接合和分离的过程可分为操纵离合器、自动离合器；按离合的工作原理可分为嵌合式离合器、摩擦式离合器。

嵌合式离合器通过主、从动元件上牙形之间的嵌合力来传递回转运动和动力，工作比较可靠，传递的转矩较大，但接合时有冲击，运转中接合困难。

摩擦式离合器是通过主、从动元件间的摩擦力来传递回转运动和动力，运动中接合方便，有过载保护性能。但传递转矩较小，适用于高速、低转矩的工作场合。

3. 常用离合器的结构和特点

（1）牙嵌式离合器。牙嵌式离合器如图 16-9 所示，是利用两个半离合器 1、2 端面的牙齿与齿槽相互嵌入和分开达到离合的目的。操纵滑环 4，使从动轴上的半离合器 2 沿导向平键 3 左右移动，便可与主动轴上的半离合器 1 结合与分离。为保证两轴对中，半离合器 1 的孔内装有对中环 5，从动轴在对中环内可自由转动，操纵滑环的移动可用杠杆、液压、气动

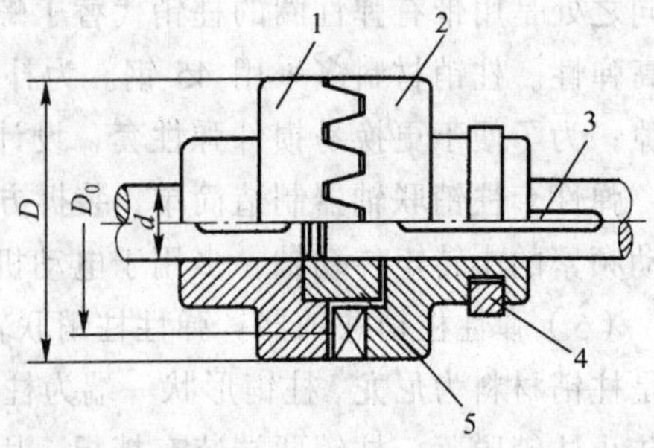

图 16-9　牙嵌式离合器

或电磁吸力等操纵机构控制。

牙嵌离合器的齿形有三角形、矩形、梯形和锯齿形。三角形齿用于传递中、小转矩，牙数一般为 12～60；矩形齿无轴向分力，接合困难，磨损后无法补偿，冲击也较大，故使用较少；梯形齿强度高，传递转矩大，能自动补偿齿面磨损后造成的间隙，接合面间有轴向分力，容易分离，因而应用最为广泛；锯齿形齿只能单向工作，反转时由于有较大的轴向分力，会迫使离合器自行分离。

牙嵌离合器主要失效形式是齿面的磨损和齿根折断，因此要求齿面有较高的硬度，齿根有良好的韧性，常用材料为低碳钢渗碳淬火到 54～60HRC，也可用中碳钢表面淬火。

牙嵌式离合器结构简单、紧凑，接合时两半离合器间没有相对滑动，不会发热，适用于要求主、从动轴严格同步的高精度机床。但只能在低速或停车时接合，以免因冲击打断牙齿。

（2）圆盘摩擦离合器。摩擦离合器依靠两接触面间的摩擦力来传递运动和动力。按结构形式不同，可分为圆盘式、圆锥式、块式和带式等类型，最常用的是圆盘摩擦离合器。圆盘摩擦离合器分为单片式和多片式两种。

单片式摩擦离合器（见图 16-10（a））由摩擦圆盘 1、2 和滑环 4 组成。圆盘 1 与主动轴连接，圆盘 2 通过导向键 3 与从动轴连接并可在轴上移动。操纵滑环 4 可使两圆盘接合或分离。轴向压力 F_Q 使两圆盘接合，并在工作表面产生摩擦力，以传递转矩。单片式摩擦离合器结构简单，但径向尺寸较大，只能传递不大的转矩，常用在轻型机械上。

多片式摩擦离合器（见图 16-10（b））有两组摩擦片，主动轴 1 与外壳 2 相连接，外壳内装有一组外摩擦片 4，其外缘有凸齿插入外壳上的内齿槽内，与外壳一起转动，其内孔不与任何零件接触。从动轴 10 与套筒 9 相连接，套筒上装有一组内摩擦片 5，其外缘不与任何零件接触，随从动轴一起转动。滑环 7 由操纵机构控制，当滑环向左移动时，使杠杆 8 绕支点顺时针转动，通过压板 3 将两组摩擦片压紧，实现接合；滑环 7 向右移动，则实现离合器分离。摩擦片间的压力由螺母 6 调节。内、外摩擦片结构如图 16-11 所示。

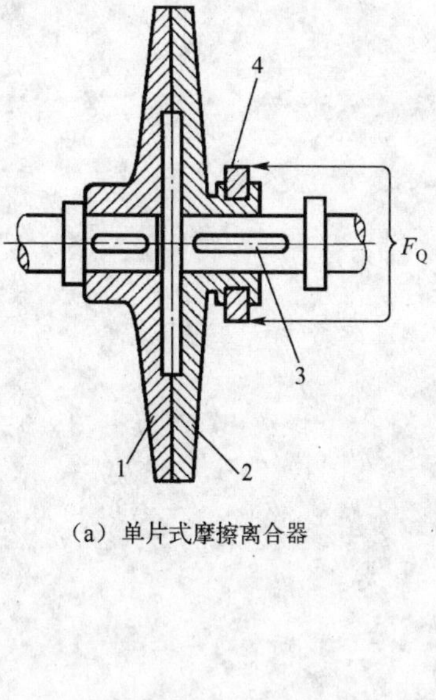

（a）单片式摩擦离合器

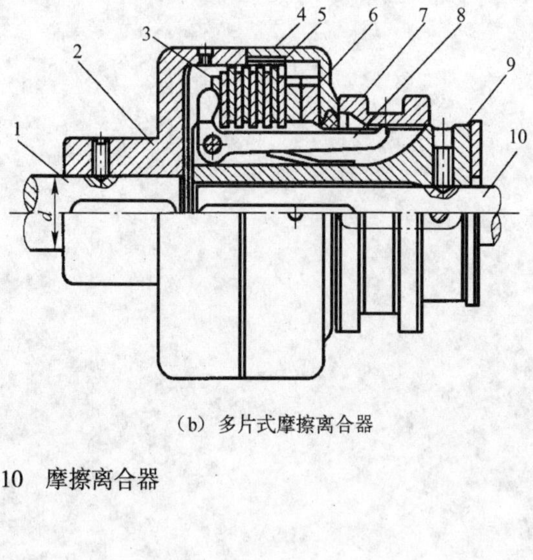

（b）多片式摩擦离合器

图 16-10　摩擦离合器

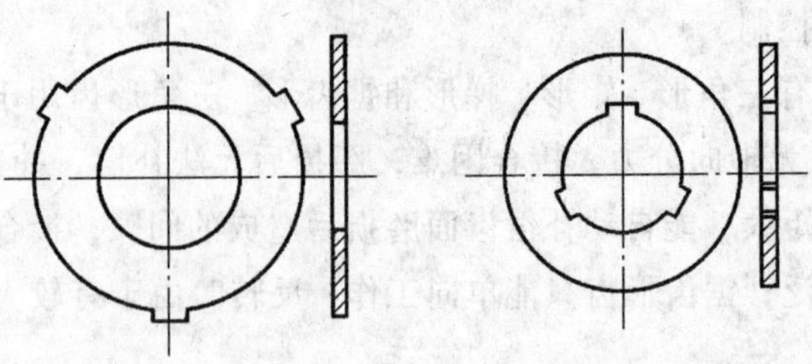

图 16-11 摩擦片

(3）滚柱超越离合器。

超越离合器又称为定向离合器，是一种自动离合器。

目前广泛应用的是滚柱超越离合器，如图 16-12 所示，由星轮 1、外圈 2、滚柱 3 和弹簧顶杆 4 组成。

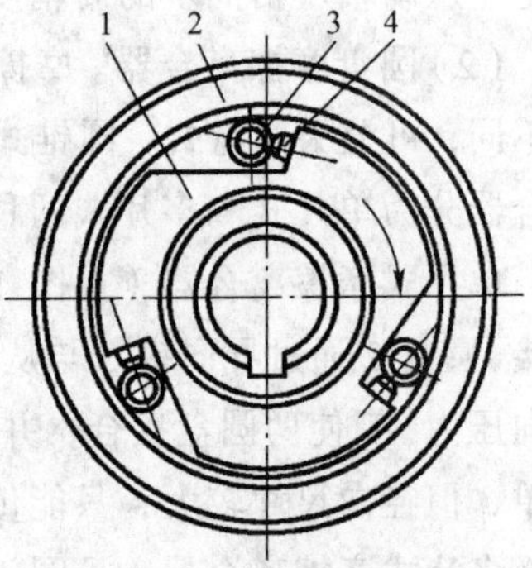

图 16-12 超越离合器

滚柱的数目一般为 3 ~ 8 个，星轮和外圈都可作主动件，当星轮为主动并作顺时针转动时，滚柱受摩擦力作用被楔紧在星轮与外圈之间，从而带动外圈一起回转，离合器为接合状态；当星轮逆时针转动时，滚柱被推到楔形空间的宽敞部分而不再楔紧，离合器为分离状态。超越离合器只能传递单向转矩。若外圈和星轮作顺时针同向回转，则当外圈转速大于星轮转速时，离合器为分离状态；当外圈转速小于星轮转速时，离合器为接合状态。

超越离合器尺寸小，接合和分离平稳，可用于高速传动。

模块五　液压传动基础知识

课题十七　液压传动的基本概念

知识点：

◆ 液压传动基本原理。

◆ 液压传动系统的组成及特点。

技能点：

◆ 能看懂液压基本回路图。

任务 1　了解液压传动

一、液压传动的基本概念

液压传动是指利用高压的液体经由一些零部件控制之后来传递运动和动力。图 17–1 所示为一驱动机床工作台的液压传动系统，它由油箱 19、滤油器 18、液压泵 17、溢流阀 13、换向阀 5、节流阀 7、液压缸 2 以及连接这些元件的油管、管接头等组成。

二、液压传动系统图的图形符号

图 17–1 所示的液压系统是一种半结构式的工作原理图，它有直观性强、容易理解的优点，当液压系统发生故障时，根据原理图检查十分方便，但图形比较复杂，绘制比较麻烦。我国已经制定了一种用规定的图形符号来表示液压原理图中的各元件和连接管路的国家标准，即《流体传动系统及元件图形符号和回路图》（GB/T 786.1—2009）。我国制订的液压系统图图形符号中，对于这些图形符号有以下几条基本规定。

（1）符号只表示元件的职能，连接系统的通路，不表示元件的具体结构和参数，也不表示元件在机器中的实际安装位置。

（2）元件符号内的油液流动方向用箭头表示，线段两端都有箭头的，表示流动方向可逆。

（3）符号均以元件的静止位置或中间零位置表示，当系统的动作另有说明时，可作例外。

图 17–1 所示为机床工作台液压系统工作原理图，其图形符号如图 17–2 所示。使用这些图形符号可使液压系统图简单明了，且便于绘图。

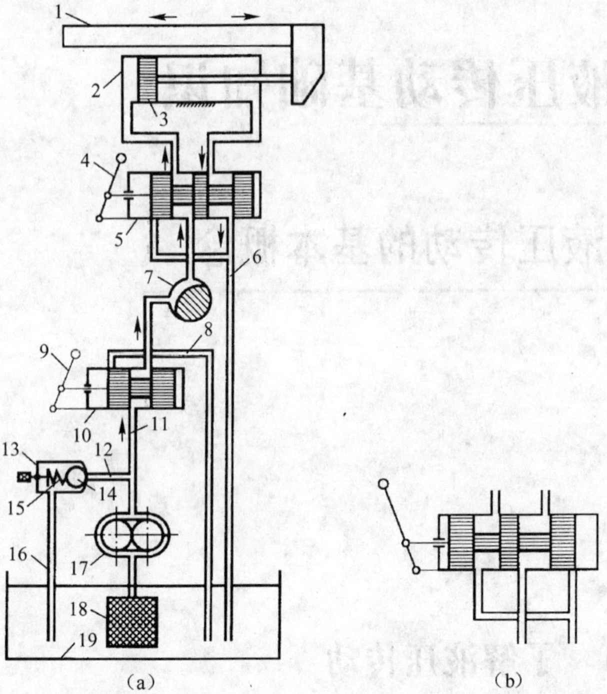

图 17–1　机床工作台液压系统工作原理图

1—工作台；2—液压缸；3—活塞；4—换向手柄；5—换向阀；6，8，16—回油管；7—节流阀；9—开停手柄；10—开停阀；11—压力管；12—压力支管；13—溢流阀；14—钢球；15—弹簧；17—液压泵；18—滤油器；19—油箱

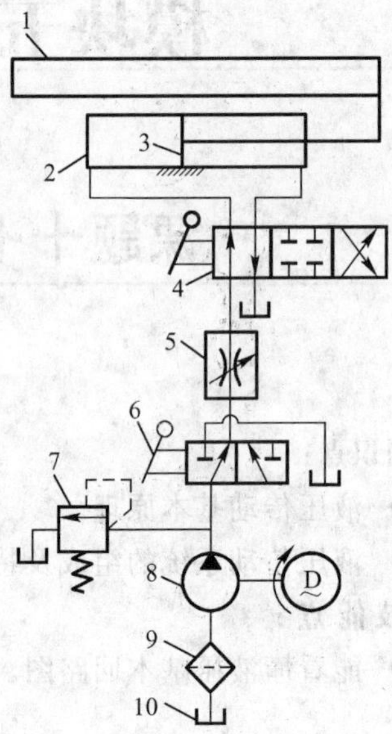

图 17–2　机床工作台液压系统的图形符号图

1—工作台；2—液压缸；3—油塞；4—换向阀；5—节流阀；6—开停阀；7—溢流阀；8—液压泵；9—滤油器；10—油箱

三、液压传动的优缺点

1. 液压传动的优点

（1）承载能力大（P=32MPa 以上），如所拿液压千斤顶，可顶起 1.6t 重物，若每位男同学体重为 128 斤，可举起 25 位男同学。

（2）传动平稳，易于实现快速启动、制动和频繁的换向。

（3）可以在运行过程中实现大范围的无级调速。

（4）易于实现自动工作循环和自动过载保护。

（5）液压元件已实现了标准化、系列化和通用化，便于设计、制造和推广使用。

2. 液压传动的缺点

（1）泄漏严重，污染地面，不宜保证严格的传动比。

（2）传动效率低，不宜远距离传递。

（3）对温度变化敏感，不宜在高温或低温的环境下工作。

（4）难于检查与排除故障。

任务 2　液压传动系统的组成

一个完整的液压传动系统主要由以下几个部分组成：

1. 动力部分

它供给液压系统压力油，将原动机输出的机械能转换为油液的压力能（液压能)。能量转换元件为液压泵，如图 17-1 所示的液压泵 17 就是动力元件。

2. 执行部分

将液压泵输入的油液压力能转换为带动工作机构的机械能，以驱动工作部件运动，执行元件有作直线运动的液压缸，也有作回转运动的液压电动机。如图 17-1 所示中液压缸 2 就是执行元件。

3. 控制部分

用来控制和调节油液的压力、流量和流动方向。控制元件有各种压力控制阀、流量控制阀和方向控制阀等，如图 17-1 所示中的溢流阀 13 和换向阀 5。

4. 辅助部分

辅助部分将前面三部分连接在一起，组成一个系统，起储油、过滤、测量和密封等作用，以保证液压系统正常工作。辅助元件有管路和接头、油箱、过滤器、储能器、密封件和控制仪表等。如图 17-1 所示中的油箱 19、滤油器 18 和管路 16 等。

任务 3　液压动力元件

一、液压泵的工作原理

图 17-3 所示为液压泵的工作原理图。柱塞 2 装在缸体 3 内，并可作左右移动，在弹簧 4 的作用下，柱塞紧压在偏心轮 1 的外表面上。当电动机带动偏心轮旋转时，偏心轮推动柱塞左右运动，使密封容积 a 的大小发生周期性的变化。当 a 由小变大时就形成部分真空，使油箱中的油液在大气压力的作用下，经吸油管道顶开单向阀 6 进入油腔 a 实现吸油；反之，当 a 由大变小时，a 腔中吸满的油液将顶开单向阀 5 流入系统而实现压油。电动机带动偏心轮不断旋转，液压泵就不断地吸油和压油。

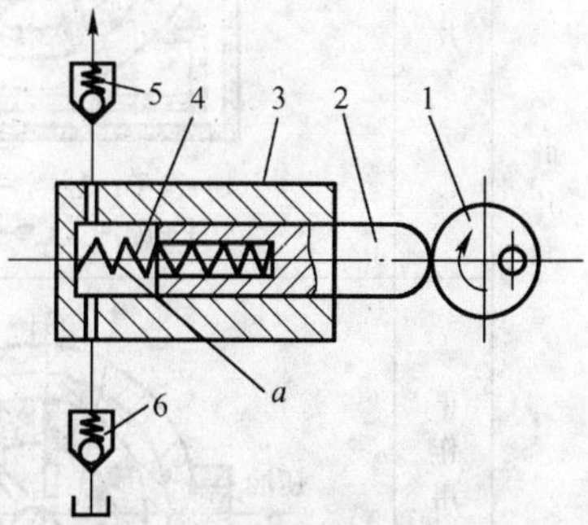

图 17-3　液压泵工作原理
1—偏心轮；2—柱塞；3—缸体；4—弹簧；5、6—单向阀

二、液压泵的类型

液压泵的种类很多，按其结构不同可分为齿轮泵、叶片泵、柱塞泵等；按其输出的流量能否调节可分为定量泵和变量泵；按其额定压力的高低可分为低压泵、中压泵、高压泵

等。

三、液压泵的图形符号（见表 17-1）

表 17-1　液压泵的图形符号

单向定量	双向定量	单向变量	双向变量

四、常用液压泵

常用液压泵的组成、工作原理和特点如表 17-2 所示。

表 17-2　常用液压泵的组成、工作原理和特点

类型		工作原理图	组成	工作原理	特点
齿轮泵		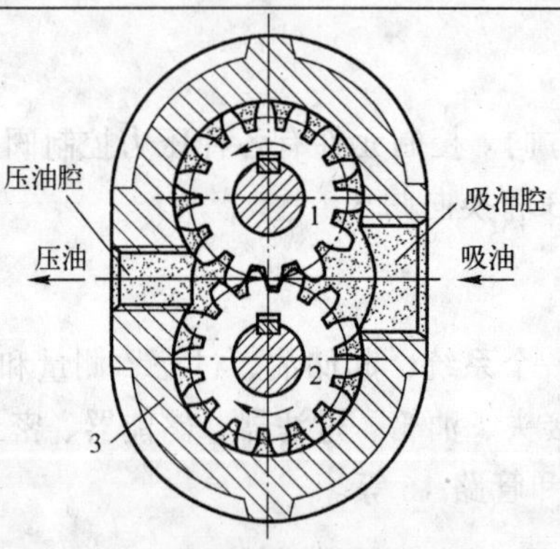 1、2—外啮合齿轮；3—泵体	由外啮合齿轮 1、2，泵体 3、前、后端盖等组成； 齿轮的齿间槽、端盖及泵体组成密封腔	齿轮 1 逆时针旋转，吸油腔容积不断增大，形成真空而吸油，随着齿轮的旋转被带到压油腔； 压油腔容积不断减小，齿间的油液被压出。齿轮不停地转动，齿轮泵就不断地吸油和压油	结构简单，价格便宜，多用于低压系统； 用作单向定量泵
叶片泵	双作用叶片泵	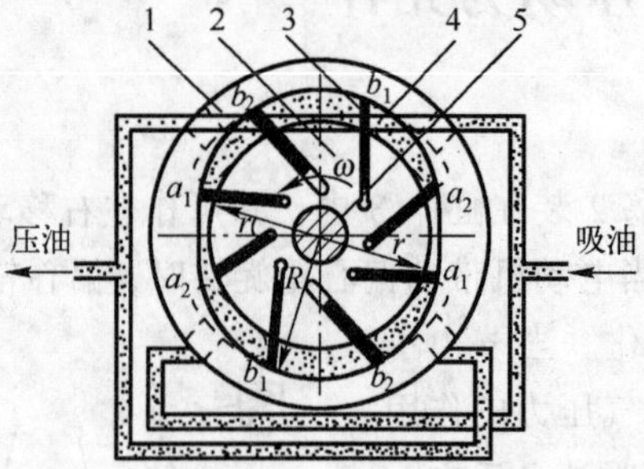 1—转子；2—定子；3—叶片；4—配油盘；5—传动轴	由定子 1、转子 2、叶片 3、配油盘 4、转动轴 5 和泵体组成； 两叶片之间和转子外表面、定子内表面、前后配油盘形成密封腔	转子逆时针旋转，密封腔容积在右上角和左下角处逐渐增大，形成真空而吸油；在左上角和右下角处逐渐减小而形成压油； 转子每转一周，每个密封容积吸、压油各两次，故称双作用叶片泵	流量均匀，运动平稳。多用于中压系统； 用作单向定量泵
	单作用叶片泵	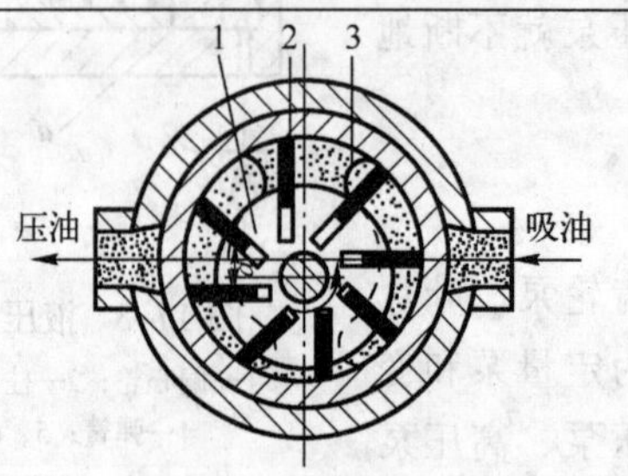 1—转子；2—定子；3—叶片	由转子 1、定子 2、叶片 3 和端盖等组成； 定子、转子叶片和两侧配油盘形成密封的工作腔	转子逆时针旋转，吸油腔容积逐渐增大，形成真空而吸油；压油腔容积逐渐缩小，将油液压出 转子每转一周，每个密封容积完成一次吸油和压油，故称单作用式叶片泵	流量匀，运动稳。常用低压系统； 可用作向变量泵

续表

类型		工作原理图	组成	工作原理	特点
柱塞泵	轴向柱塞泵	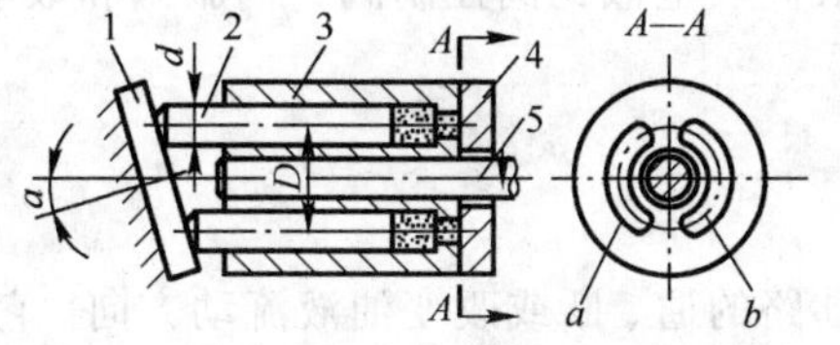 1—斜盘　2—柱塞　3—缸体 4—配油盘　5—传动轴	由缸体3、配油盘4、柱塞2、斜盘1、传动轴5等组成 配油盘、缸体、柱塞组成密封容积	传动轴按图中方向旋转时，柱塞在自下向上回转的半周（吸油窗口a）密封容积不断增大而吸油；柱塞在自上向下回转的半周（压油窗口b）密封容积不断减小而压油	密封性好，且泄少。用于压系统 用作双变量泵

任务4　液压执行元件

液压缸又为油缸，它是液压系统中的一种执行元件，其功能就是将液压能转变成直线往复式的机械运动，常见液压缸的种类及特点如表17-3所示。

表17-3　常见液压缸的种类及特点

分类	名称	符号	说明
单作用液压缸	柱塞式液压缸	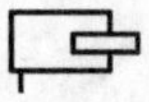	柱塞仅单向运动，返回行程是利用自重或负荷将柱塞推回
	单活塞杆液压缸	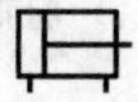	活塞仅单向运动，返回行程是利用自重或负荷将活塞推回
	双活塞杆液压缸	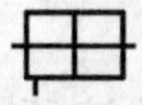	活塞的两侧都装有活塞杆，只能向活塞一侧供给压力油，返回行程通常利用弹簧力、重力或外力
	伸缩液压缸		它以短缸获得长行程。用液压油由大到小逐节推出，靠外力由小到大逐节缩回
双作用液压缸	单活塞杆液压缸		单边有杆，两向液压驱动，两向推力和速度不等
	双活塞杆液压缸	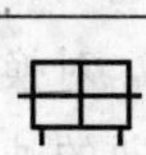	双向有杆，双向液压驱动，可实现等速往复运动
	伸缩液压缸		双向液压驱动，伸出由大到小逐步推出，由小到大逐节缩回

任务5　液压控制阀

一、对液压控制阀的要求

液压系统中所采用的液压控制阀应满足如下要求：

（1）动作灵敏，使用可靠，工作时冲击和振动小，寿命长。

（2）油液流过时压力损失小。

（3）密封性能好。

（4）结构紧凑，安装、调整、使用、维护方便，通用性强。

二、液压控制阀分类

按用途分类：液压控制阀可分为方向控制阀、压力控制阀和流量控制阀。

按控制方式分类：液压控制阀可分为开关阀、电液比例控制阀、伺服阀和数字阀等。

三、常见液压控制阀

1. 方向控制阀

方向控制阀主要用来控制液压系统中各油路的通、断或改变油液流动方向。它包括单向阀和换向阀。

（1）单向阀。单向阀有普通单向阀和液控单向阀等。

① 普通单向阀。普通单向阀是只允许液流单方向流动而反向截止的元件。当液流从 P_1 口流入时，作用在阀芯上的压力油液克服弹簧力顶开阀芯 2，流向 P_2，实现正向导通；当液流从 P_2 口流入时，实现反向截止，如图 17-4 所示。

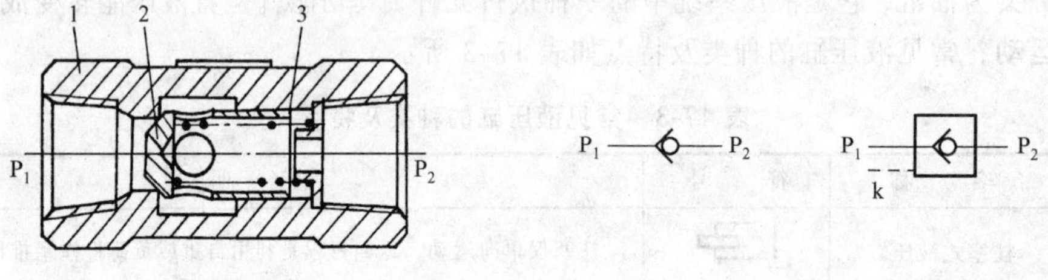

（a）结构图　　（b）职能符号图

图 17-4　单向阀

1—阀体；2—阀芯；3—弹簧

② 液控单向阀。液控单向阀，它是液压系统经常使用的液压元件。当液流从 P_1 口流入时，液压力顶开阀芯，导通 P_1 至 P_2 油路，实现正向导通；当液流从 P_2 口流入时，实现反向截止。

（2）换向阀。换向阀是借助于阀芯与阀体之间的相对运动，控制与阀体相连的各油路实现通、断或改变液流方向的元件。对换向阀的基本要求是：①液流通过阀时压力损失小；②互不相通的油口间的泄漏小；③换向可靠、迅速且平稳无冲击。

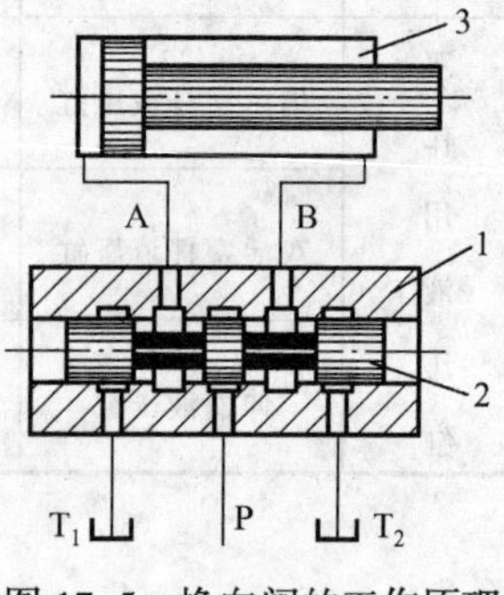

图 17-5　换向阀的工作原理

1—阀体；2—阀芯；3—液压缸

① 换向阀的工作原理：图 17-5 所示为滑阀式三位五通换向阀的工作原理。液压阀由阀体和阀芯组成。阀体的内孔开有五个沉割槽，对应外接五个油口，称为五通阀。阀芯上有三个台肩与阀体内孔配合。在液压系统中，一般情况设 P、T（T_1、T_2）为压力油口和回油口；A、B 为接负载的工作油口。在图示位置（中间位置），各油口互不相通；若使阀芯右移一段距离，则 P、A 相通，B、T_2 相通，液压缸活塞右移；若 P、B 相通，则 A、T_1 相通，液压缸活塞左移。

② 换向阀的图形符号。换向阀的工作状态和连通方式可用其图形符号较形象地表示。表 17-4 所示列出了几种常用换向阀的结构原理和职能符号。

表 17-4　换向阀的结构原理及职能符号

名　称	结构原理图	职能符号	使用场合		
二位二通阀	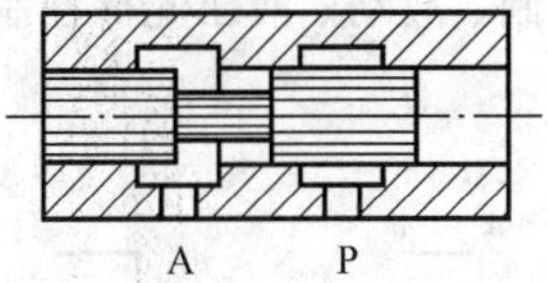	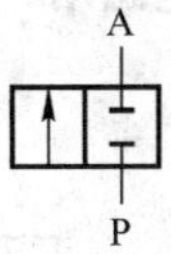	控制油路的接通与切断（相当于一个开关）		
二位三通阀	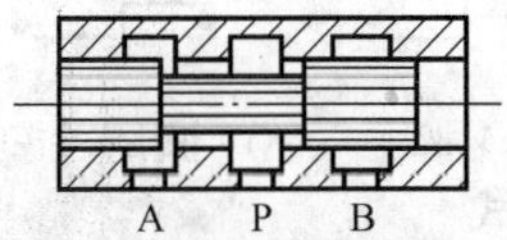		控制液流方向（从一个方向变换成另一个方向）		
二位四通阀	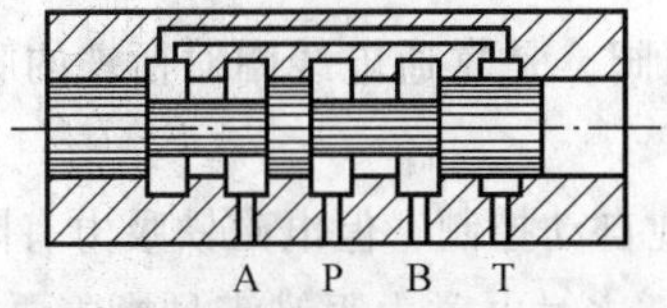	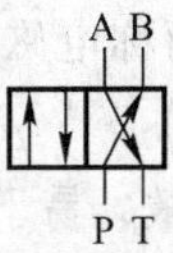	控制执行元件换向	不能使执行元件在任一位置上停止运动	执行元件正反向运动时回油方式相同
三位四通阀	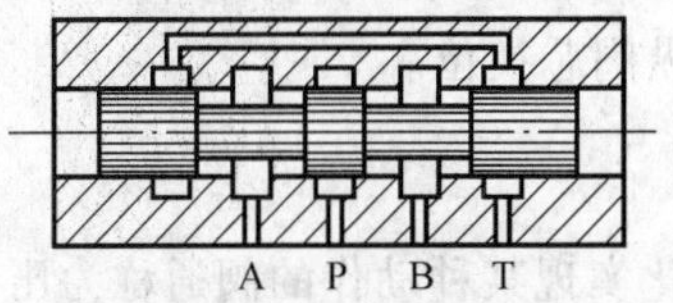	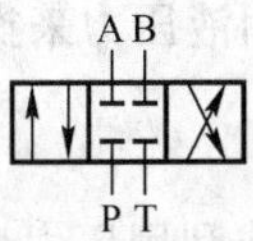		能使执行元件在任一位置上停止运动	
二位五通阀	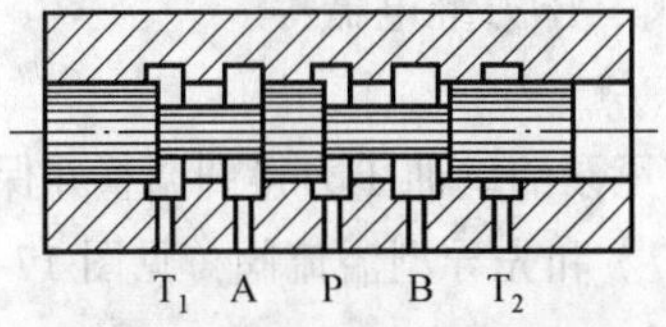	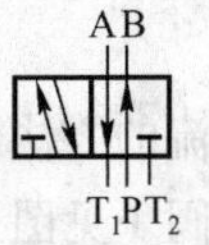		不能使执行元件在任一位置上停止运动	执行元件正反向运动时可以得到不同的回油方式
三位五通阀	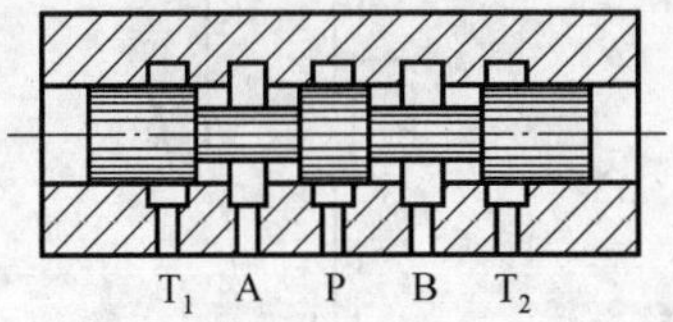	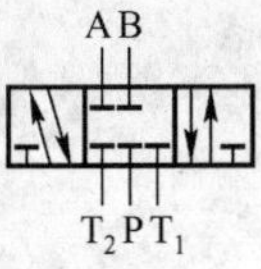		能使执行元件在任一位置上停止运动	

由图 17–5 所示换向阀的工作原理可知，当阀芯处于不同的工作位置时，阀体上的主油路就有不同的连通方式，那么归纳表 17–4 中换向阀的职能符号含义为：

方框——表示换向阀的“位”，有几个方框表示该阀芯有几个工作位置。

方框内的箭头“↑”、“↓”——表示在这一位置上的油路处于接通状态，但箭头并不一定表示油液的实际滚向。

方框内的堵塞符号“⊥”、“⊥”——表示此通路被阀芯封阀，即该通路不同。

在一个方框内箭头“↑”、“↓”或者堵塞符号“⊥”、“⊥”与方框的交点数，表示换向阀的通路数。按此规则，大家试着读表 17–4 中的职能符号，看与对应的名称是否相等。

③ 常用换向的种类如下：

a. 机动换向阀。机动换向阀结构简单，动作可靠，换向位置精度高。但由于必须安装在液压执行元件附近，所以连接管路较长，使液压装置不紧凑。

b. 手动换向阀。手动换向阀结构简单，动作可靠。一般情况下还可以人为地控制阀开口的大小，从而控制执行元件的速度，在工程机械中得到广泛应用。

滑阀操纵方式有手动式、机动式、电磁动、弹簧控制、液动、液压先导控制和电液控制等，如图 17–6 所示。

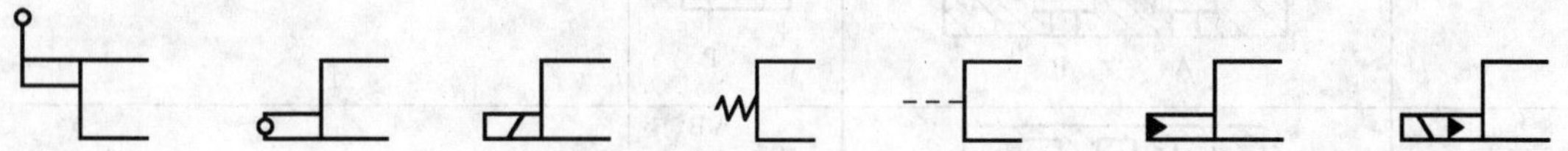

（a）手动式　（b）机动式　（c）电磁动　（d）弹簧控制　（e）液动　（f）液压先导控制　（g）电液控制

图 17–6　滑阀操纵方式

c. 电磁动换向阀。电磁动换向阀简称电磁换向阀，是靠通电线圈对衔铁的吸引转化而来的推力操纵阀芯换位的换向阀。

d. 液动换向阀。电磁换向阀动作灵敏，易于实现自动控制，但电磁铁吸力有限。当液压阀规格较大，通过的流量大时，产生的液动力就很大，这时电磁力很难满足换向要求。实际上，当换向阀的通径大于 10mm 时，常采用液压力来操纵阀芯换位。

2. 压力控制阀

在液压系统中控制油液压力高低或利用压力变化实现某种动作的阀通称为压力控制阀。常见的压力控制阀按功用分为溢流阀、减压阀、顺序阀、压力继电器等。

（1）溢流阀。

溢流阀有多种用途，主要是运用溢流的方法使液压泵的供油压力得到调整并保持基本恒定。溢流阀按其结构原理可分为直动型溢流阀（见图 17–7）和先导型溢流阀（见图 17–8）两种。

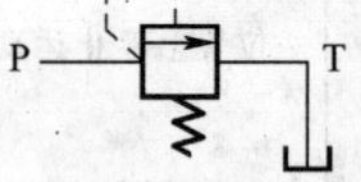

图 17–7　普通直动式溢流阀

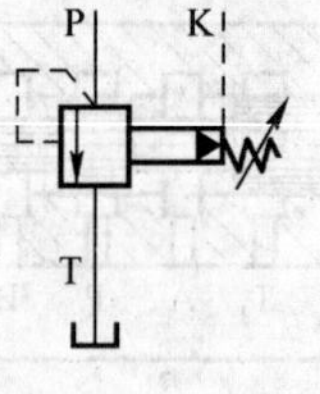

图 17–8　先导式溢流阀

（2）减压阀。

减压阀是使出口压力（二次压力）低于进口压力（一次压力）的一种压力控制阀。其作用是降低液压系统中某一回路的油液压力，使用一个油源能同时提供两个或几个不同压力的输出。减压阀在各种液压设备的夹紧系统、润滑系统和控制系统中应用较多。此外，当油液压力不稳定时，在回路中串入一个减压阀可得到一个稳定的较低的压力（见图 17–9）。

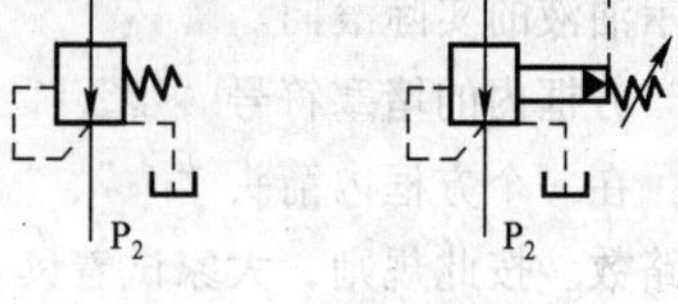

图 17–9　减压阀

（3）顺序阀。

顺序阀是用来控制液压系统中各执行元件动作的先后顺序。顺序阀也有直动式（见

图 17–10）和先导式（见图 17–11）两种，前者一般用于低压系统，后者用于中高压系统。

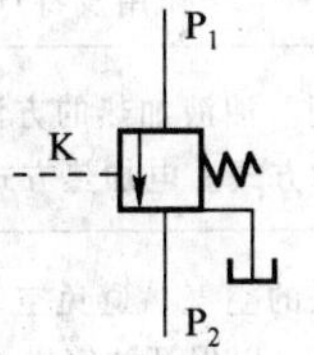

图 17–10　直动式外控顺序阀

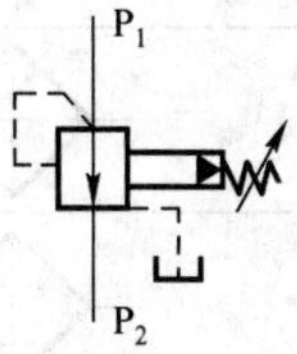

图 17–11　先导式顺序阀

3. 流量控制阀

流量控制阀就是依靠改变阀口通流面积(节流口局部阻力)的大小或通流通道的长短来控制流量的液压阀类。常用的流量控制阀有普通节流阀、压力补偿和温度补偿调速阀、溢流节流阀和分流集流阀等，如图 17–12 所示。

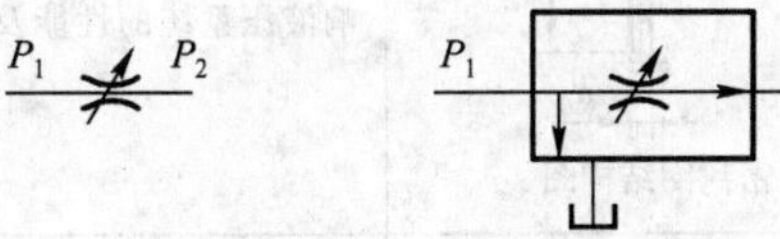

（a）普通节流阀　（b）溢流节流阀

图 17–12　流量控制阀

任务 6　液压辅助元件

液压系统中的辅助元件是保证系统中的动力部分、执行部分和控制部分的可靠、稳定及持久地工作。它包括蓄能器、过滤器、油箱、密封装置、热交换器等。常用的液压辅助元件的种类与其作用如表 17–5 所示。

表 17-5　液压系统中常用的辅助元件

名　称	图形符号或结构图	作用及特点
蓄能器		储存和释放能量，将具有一定压力的液压油储存在耐压的容器内，供系统使用
过滤器		对油液进行过滤，以减少相对运动件的磨损和卡死等，并且防止节流口堵塞影响系统正常工作
油箱		储存油液的装置，并具有使混入油液中的空气逸出、沉淀油液中的污物和散热等功能
冷却器	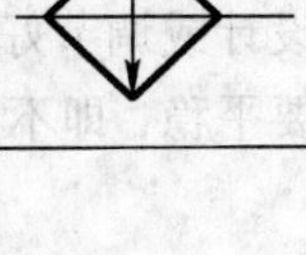	除了可以通过管道散热面积直接吸收油液中的热量外，还可以增加油液的传热系数

续表

名　称	图形符号或结构图	作用及特点
加热器	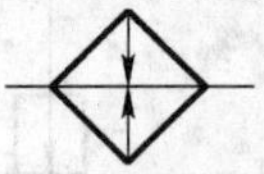	提高油液温度。油液加热的方法有热水（或蒸汽）加热和电加热两种方式。电加热方式应用广泛
空气过滤器	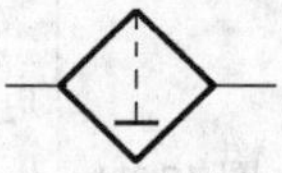	过滤油箱吸入的空气，避免空气中的灰尘、细微飘浮杂质进入油箱中，以保证油箱中油液的清洁
压力计及其开关		压力计用于观测系统压力。压力计开关用于接通或断开压力计与测量点的通路
密封件	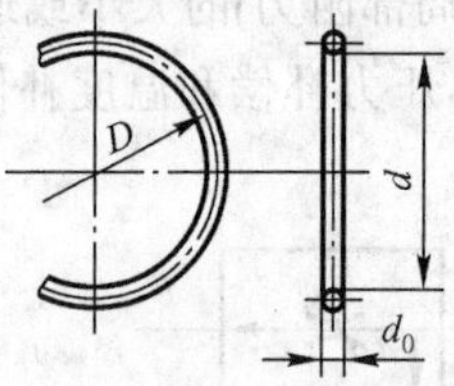 “O”形密封圈结构图	用来防止油液泄漏、外部空气和泥水的侵入，避免影响液压系统的性能及污染环境
管接头	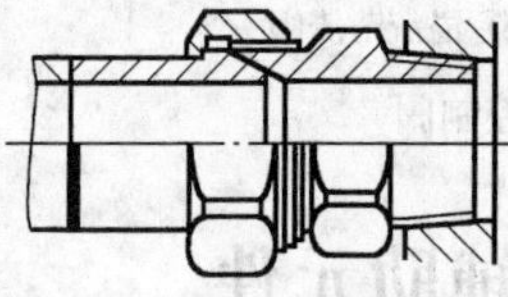 焊接管接头结构图	管接头是油管与油管、油管与液压元件间的可拆卸的连接件。管接头与其他元件的连接螺纹采用国家标准来制锥螺纹和普通细牙螺纹
油管	常用的有钢管、钢管、塑料管、尼龙管、橡胶管等	油管安装时应避免过多的弯曲，弯曲角度尽量小，长度尽可能短而直。必要时将油管加以固定，以免产生不必要的振动

任务 7　液压基本回路

任何一个液压系统，无论它所要完成的动作有多么复杂，总是由一些基本回路组成的。所谓基本回路，就是由一些液压元件组成，用来完成特定功能的油路结构。熟悉和掌握这些基本回路的组成、工作原理及应用，是分析、设计和使用液压系统的基础。

【例 17-1】 变量泵和定量液动机的容积调速回路。

这种调速回路可由变量泵与液压缸或变量泵与定量液压马达组成。其回路原理图如图 17-13 所示，图 17-13(a)所示为变量泵与液压缸所组成的开式容积调速回路；图 17-13(b)所示为变量泵与定量液压马达组成的闭式容积调速回路。

其工作原理是：图 17-13(a)中活塞 5 的运动速度 v 由变量泵 1 调节，2 为安全阀，4 为换向阀，6 为背压阀。图 17-13(b)所示为采用变量泵 3 来调节液压马达 5 的转速，安全阀 4 用以防止过载，低压辅助泵 1 用以补油，其补油压力由低压溢流阀 6 来调节。

【例 17-2】速度换接回路。

速度换接回路用来实现运动速度的变换，即在原来设计或调节好的几种运动速度中，从一种速度换成另一种速度。对这种回路的要求是速度换接要平稳，即不允许在速度变换的过程中有前冲（速度突然增加）现象。快速运动和工作进给运动的换接回路，图 17–14 所示为用单向行程节流阀换接快速运动（简称快进）和工作进给运动（简称工进）的速度换接回路。在图示位置液压缸 3 右腔的回油可经行程阀 4 和换向阀 2 流回油箱，使活塞快速向右运动。当快速运动到达所需位置时，活塞上挡块压下行程阀 4，将其通路关闭，这时液压缸 3 右腔的回油就必须经过节流阀 6 流回油箱，活塞的运动转换为工作进给运动（简称工进）。当操纵换向阀 2 使活塞换向后，压力油可经换向阀 2 和单向阀 5 进入液压缸 3 右腔，使活塞快速向左退回。

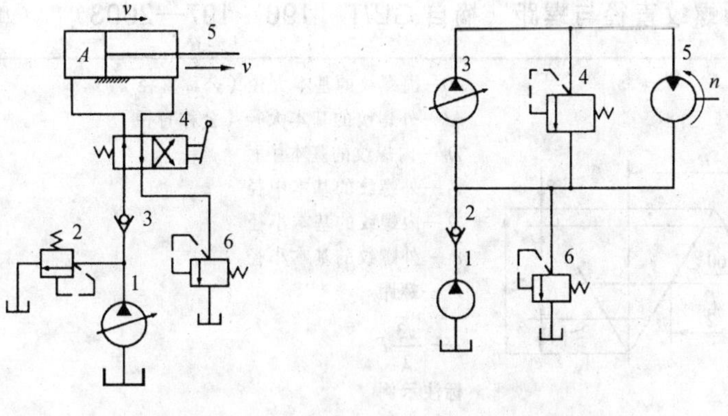

(a) 开式回路　　(b) 闭式回路

图 17–13　变量泵定量液动机容积调速回路

在这种速度换接回路中，因为行程阀的通油路是由液压缸活塞的行程控制阀芯移动而逐渐关闭的，所以换接时的位置精度高，冲出量小，运动速度的变换也比较平稳。这种回路在机床液压系统中应用较多，它的缺点是行程阀的安装位置受一定限制（要由挡铁压下），所以有时管路连接稍复杂。

行程阀也可以用电磁换向阀来代替，这时电磁阀的安装位置不受限制（挡铁只需要压下行程开关），但其换接精度及速度变换的平稳性较差。

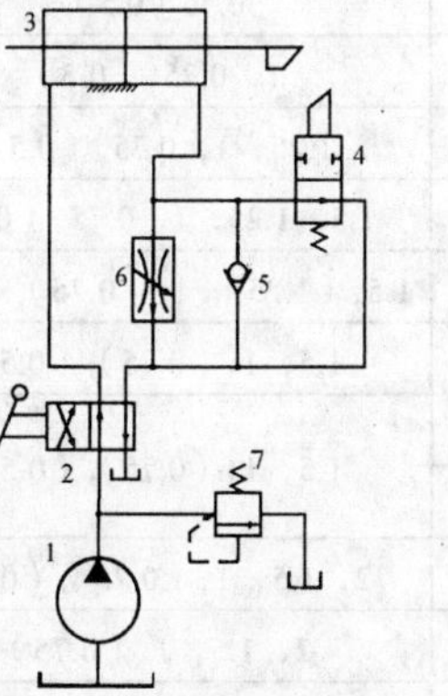

图 17–14　速度换接回路

附 录

附录 1　普通螺纹直径与螺距（摘自 GB/T　196～197—2003）　（单位：mm）

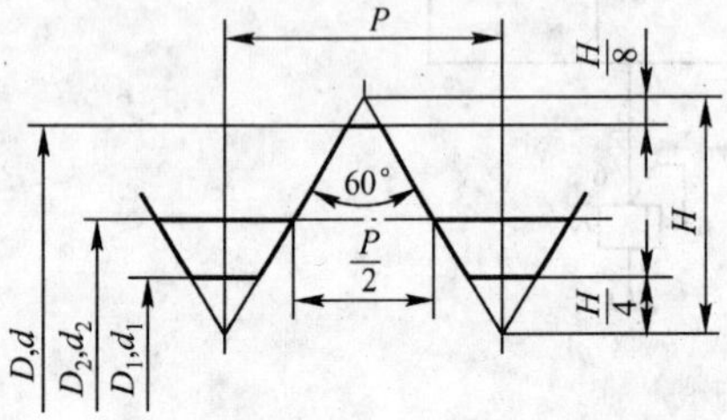

D—内螺纹的基本大径（公称直径）

d—外螺纹的基本大径（公称直径）

D_2—内螺纹的基本中径

d_2—外螺纹的基本中径

D_1—内螺纹的基本小径

d_1—外螺纹的基本小径

P—螺距

$H—\frac{\sqrt{3}}{2}P$

标注示例

M24（公称直径为 24mm、螺距为 3mm 的粗牙右旋普通螺纹）

M24×1.5-LH（公称直径为 24mm、螺距为 1.5mm 的细牙左旋普通螺纹）

公称直径 D、d		螺距 P		粗牙中径	粗牙小径
第一系列	第二系列	粗牙	细牙	D_2、d_2	D_1、d_1
3		0.5	0.35	2.675	2.459
	3.5	（0.6）		3.110	2.850
4		0.7	0.5	3.545	3.242
	4.5	（0.75）		4.013	3.688
5		0.8		4.480	4.134
6		1	0.75（0.5）	5.350	4.917
8		1.25	1，0.75，（0.5）	7.188	6.647
10		1.5	1.25，1，0.75，（0.5）	9.026	8.367
12		1.75	1.5，1.25，1，0.75，（0.5）	10.863	10.106
	14	2	1.5，（1.25），1，（0.75），（0.5）	12.701	11.835
16		2	1.5，1，（0.75），（0.5）	14.701	13.835
	18	2.5	1.5，1，（0.75），（0.5）	16.376	15.294
20		2.5		18.376	17.294
	22	2.5	2，1.5，1，（0.75），（0.5）	20.376	19.294
24		3	2，1.5，1，（0.75）	22.051	20.752
	27	3	2，1.5，1，（0.75）	25.051	23.752
30		3.5	（3），2，1.5，1，（0.75）	27.727	26.211

注：1. 优先选用第一系列，括号内尺寸尽可能不能，第三系列未列入。

2. M14×1.25 仅用于火花塞。

附录 2　55°非密封管螺纹（摘自 GB/T 7307—2001）

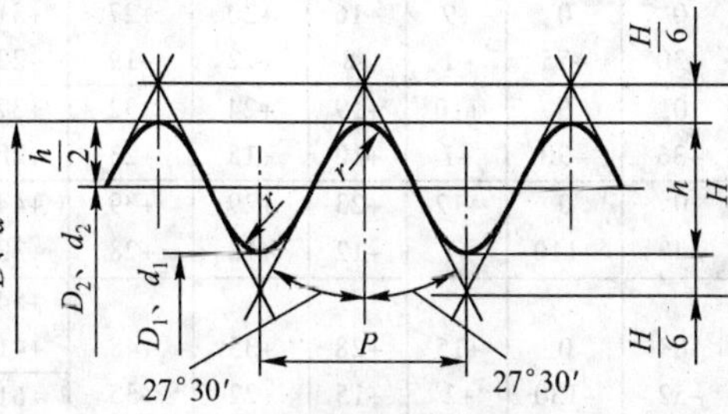

螺纹的设计牙型

标注示例：

G2（尺寸代号 2，右旋，圆柱内螺纹）

G3A（尺寸代号 3，右旋，A 级圆柱外螺纹）

G2-LH（尺寸代号 2，左旋，圆柱外螺纹）

G4B-LH（尺寸代号 4，左旋，B 级圆柱外螺纹）

注：$r=0.137329P$

$P=25.4/n$

$H=0.960401P$

尺寸代号	每 25.4mm 内所含的牙数 n	螺距 P/mm	牙高 h/mm	基本直径		
				大径 $d=D$/mm	中径 $d_2=D_2$/mm	小径 $d_1=D_1$/mm
1/16	28	0.907	0.581	7.723	7.142	6.561
1/8	28	0.907	0.581	9.728	9.147	8.566
1/4	19	1.337	0.856	13.157	12.301	11.445
3/8	19	1.337	0.856	16.662	15.806	14.950
1/2	14	1.814	1.162	20.955	19.793	18.631
3/4	14	1.814	1.162	26.441	25.279	24.117
1	11	2.309	1.479	33.249	31.770	30.291
1 1/4	11	2.309	1.479	41.910	40.431	38.952
1 1/2	11	2.309	1.479	47.803	46.324	44.845
2	11	2.309	1.479	59.614	58.135	56.656
2 1/2	11	2.309	1.479	75.184	73.705	72.226
3	11	2.309	1.479	87.884	86.405	84.926
4	11	2.309	1.479	113.030	111.551	110.072
5	11	2.309	1.479	138.430	136.951	135.472
6	11	2.309	1.479	163.830	162.351	160.872

附录3　轴的极限偏差(摘自GB/T1800.4—1999)

基本尺寸/mm		公差带												
		c	d	f	g	h				k	n	p	s	u
大于	至	11	9	7	6	6	7	9	11	6	6	6	6	6
—	3	−60 −120	−20 −45	−6 −16	−2 −8	0 −6	0 −10	0 −25	0 −60	+6 0	+10 +4	+12 +6	+20 +14	+24 +18
3	6	−70 −145	−30 −60	−10 −22	−4 −12	0 −8	0 −12	0 −30	0 −75	+9 +1	+16 +8	+20 +12	+27 +19	+31 +23
6	10	−80 −170	−40 −76	−13 −28	−5 −14	0 −9	0 −15	0 −36	0 −90	+10 +1	+19 +10	+24 +15	+32 +23	+37 +28
10	14	−95 −205	−50 −93	−16 −34	−6 −17	0 −11	0 −18	0 −43	0 −110	+12 +1	+23 +12	+29 +18	+39 +28	+44 +33
14	18													
18	24	−110 −240	−65 −117	−20 −41	−7 −20	0 −13	0 −21	0 −52	0 −130	+15 +2	+28 +15	+35 +22	+48 +35	+54 +41
24	30													+61 +48
30	40	−120 −280	−80 −142	−25 −50	−9 −25	0 −16	0 −25	0 −62	0 −160	+18 +2	+33 +17	+42 +26	+59 +43	+76 +60
40	50	−130 −290												+86 +70
50	65	−140 −330	−100 −174	−30 −60	−10 −29	0 −19	0 −30	0 −74	0 −190	+21 +2	+39 +20	+51 +32	+72 +53	+106 +87
65	80	−150 −340											+78 +59	+121 +102
80	100	−170 −390	−120 −207	−36 −71	−12 −34	0 −22	0 −35	0 −87	0 −220	+25 +3	+45 +23	+59 +37	+93 +71	+146 +124
100	120	−180 −400											+101 +79	+166 +144
120	140	−200 −450	−145 −245	−43 −83	−14 −39	0 −25	0 −40	0 −100	0 −250	+28 +3	+52 +27	+68 +43	+117 +92	+195 +170
140	160	−210 −460											+125 +100	+215 +190
160	180	−230 −480											+133 +108	+235 +210
180	200	−240 −530	−170 −285	−50 −96	−15 −44	0 −29	0 −46	0 −115	0 −290	+33 +4	+60 +31	+79 +50	+151 +122	+265 +236
200	225	−260 −550											+159 +130	+287 +258
225	250	−280 −570											+169 +140	+313 +284
250	280	−300 −620	−190 −320	−56 −108	−17 −49	0 −32	0 −52	0 −130	0 −320	+36 +4	+66 +34	+88 +56	+190 +158	+347 +315
280	315	−330 −650											+202 +170	+382 +350
315	355	−360 −720	−210 −350	−62 −119	−18 −54	0 −36	0 −57	0 −140	0 −360	+40 +4	+73 +37	+98 +62	+226 +190	+426 +390
355	400	−400 −760											+244 +208	+471 +435
400	450	−440 −840	−230 −385	−68 −131	−20 −60	0 −40	0 −63	0 −155	0 −400	+45 +5	+80 +40	+108 +68	+272 +232	+530 +490
450	500	−480 −880											+292 +252	+580 +540

附录 4　孔的极限偏差(摘自 GB/T1800.4—1999)

基本尺寸/mm		公差带												
		C	D	F	G	H				K	N	P	S	U
大于	至	11	9	8	7	7	8	9	11	7	7	7	7	7
—	3	+120 +60	+45 +20	+20 +6	+12 +2	+10 0	+14 0	+25 0	+60 0	0 -10	-4 -14	-6 -16	-14 -24	-18 -28
3	6	+145 +70	+60 +30	+28 +10	+16 +4	+12 0	+18 0	+30 0	+75 0	+3 -9	-4 -16	-8 -20	-15 -27	-19 -31
6	10	+170 +80	+76 +40	+35 +13	+20 +5	+15 0	+22 0	+36 0	+90 0	+5 -10	-4 -19	-9 -24	-17 -32	-22 -37
10	14	+205 +95	+93 +50	+43 +16	+24 +6	+18 0	+27 0	+43 0	+110 0	+6 -12	-5 -23	-11 -29	-21 -39	-26 -44
14	18													
18	24	+240 +110	+117 +65	+53 +20	+28 +7	+21 0	+33 0	+52 0	+130 0	+6 -15	-7 -28	-14 -35	-27 -48	-33 -54
24	30													-40 -61
30	40	+280 +120	+142 +80	+64 +25	+34 +9	+25 0	+39 0	+62 0	+160 0	+7 -18	-8 -33	-17 -42	-34 -59	-51 -76
40	50	+290 +130												-61 -86
50	65	+330 +140	+174 +100	+76 +30	+40 +10	+30 0	+46 0	+74 0	+190 0	+9 -21	-9 -39	-21 -51	-42 -72	-76 -106
65	80	+340 +150											-48 -78	-91 -121
80	100	+390 +170	+207 +120	+90 +36	+47 +12	+35 0	+54 0	+87 0	+220 0	+10 -25	-10 -45	-24 -59	-58 -93	-111 -146
100	120	+400 +180											-66 -101	-131 -166
120	140	+450 +200	+245 +145	+106 +43	+54 +14	+40 0	+63 0	+100 0	+250 0	+12 -28	-12 -52	-28 -68	-77 -117	-155 -195
140	160	+460 +210											-85 -125	-175 -215
160	180	+480 +230											-93 -133	-195 -235
180	200	+530 +240	+285 +170	+122 +50	+61 +15	+46 0	+72 0	+115 0	+290 0	+13 -33	-14 -60	-33 -79	-105 -151	-219 -265
200	225	+550 +260											-113 -159	-241 -287
225	250	+570 +280											-123 -169	-267 -313
250	280	+620 +300	+320 +190	+137 +56	+69 +17	+52 0	+81 0	+130 0	+320 0	+16 -36	-14 -66	-36 -88	-138 -190	-295 -347
280	315	+650 +330											-150 -202	-330 -382
315	355	+720 +360	+350 +210	+151 +62	+75 +18	+57 0	+89 0	+140 0	+360 0	+17 -40	-16 -73	-41 -98	-169 -226	-369 -426
355	400	+760 +400											-187 -244	-414 -471
400	450	+840 +440	+385 +230	+165 +68	+83 +20	+63 0	+97 0	+155 0	+400 0	+18 -45	-17 -80	-45 -108	-209 -272	-467 -530
450	500	+880 +480											-229 -292	-517 -580

参考文献

[1] 金大鹰. 机械制图习题集（非机械类）. 北京：机械工业出版社，2004.

[2] 李炜新. 金属材料与热处理. 北京：机械工业出版社，2011.

[3] 陈雪. 机械基础项目教程. 大连：大连理工大学出版社，2011.

[4] 徐瑞银. 液压传动技术. 济南：山东科学技术出版社，2009.